中文社会科学引文索引（CSSCI）收录集刊

外国美学

International Aesthetics

第35辑

主编　高建平

中华美学学会外国美学学术委员会
中国社会科学院文学研究所文学理论研究室　编
扬州大学文学院

江蘇鳳凰教育出版社

图书在版编目(CIP)数据

外国美学. 第35辑/高建平主编. —南京:江苏凤凰教育出版社,2021.11
ISBN 978-7-5499-9661-2

Ⅰ. ①外… Ⅱ. ①高… Ⅲ. ①美学—国外—丛刊
Ⅳ. ①B83-55

中国版本图书馆CIP数据核字(2021)第250730号

书　　名	**外国美学(第35辑)**
主　　编	高建平
责任编辑	吴文昊
装帧设计	张金风
出版发行	江苏凤凰教育出版社(南京市湖南路1号A楼　邮编210009)
苏教网址	http://www.1088.com.cn
照　　排	南京前锦排版服务有限公司
印　　刷	江苏中山印务有限公司(电话:0511-86917816　86917818)
厂　　址	丹阳市朝阳路1-3号
开　　本	787毫米×1092毫米　1/16
印　　张	19.5
版　　次	2021年11月第1版
印　　次	2021年11月第1次印刷
书　　号	ISBN 978-7-5499-9661-2
定　　价	65.00元
网店地址	http://jsfhjycbs.tmall.com
公 众 号	江苏凤凰教育出版社(微信号:jsfhjy)
邮购电话	025-85406265,025-85400774
盗版举报	025-83658579

目　录

Contents

自 然 美 学

身体感觉与环境[①]

[德]格诺德·伯梅 著
无 野 译
姜 雪 校

在与智者派的对话中，苏格拉底总是不时打断智者派的滔滔大论。他先是同意，接着又表示还有一个小问题要问呢。在与普罗泰戈拉关于道德可授性的对话中，他问道："你认为知识是主导性的吗？"[②]由诸如此类的小问题入手，他对智者派冗长的演说展开质询。

这也发生在我们与古典美学之间。我们是从一个外国区域，一个几近肮脏的角落，即生态自然美学发出质询，试着掀翻欧洲古典美学的整个建筑。阿诺德·伯林特(Arnold Berleant)问道，将自然当作环境的经验，是否可以被描述为"无利害"呢？我自己的问题是，自然美的经验真的不在于自然"触动"(anrührt)我们吗？陈望衡的问题是，对自然的崇敬是否真的不在于对自然之美的兴趣，而是对它的自发性(Selbsttätigkeit)的尊重？

从康德到阿多诺，古典自然美学径由"无利害性"所规定。即使在马丁·塞尔(Martin Seel)那里，知觉惟因其无利害性才称得上审美：自然的魅力绝不会为了被鉴赏为"审美的"，而促使我们去消费它。无怪乎他由此推断，自然知觉中的距离性感官即视觉和听觉，具有无条件的优先性。与之不同，伯林特认为，将自然当作环境来经验，实际上涉及五种感官，因此，对自然的审美鉴赏关乎我们卷入自然的方式：他的表达是"参与"(engaged)。伯林特执著于五种感官的教条而寻觅

---

① 本文涉及2019年10月20日湖北大学第9届东方美学会议"气氛美学与国际协作"讨论会内容。

② Plato, dialogue Protagoras 352d. See Platos Werks, Band 1, trans. Friedlich Schleiermacher, Berlin: De Gruyter, 2019, S. 203.

自然经验的整体性，比如，以术语"通感"即诸感官之间的模糊互动，来捕捉爬山或划独木舟的经验。必须指出，他的现象学并没有比梅洛-庞蒂走得更远。我本人则是在新现象学（如赫尔曼·施密茨）的发展中成长起来的，因之能够借助身体概念做出界定：将自然作为环境的审美经验的最基本知觉是身体感觉："我通过自己的置身感，去感觉自身处于何样的空间之中。"[①]气氛概念由此引入：气氛是有情绪的空间，是我们在情感震动中体验周遭环境之客观性质的中介。

经由这一概念，将美学回溯到 1750 年鲍姆嘉通创立这门学科时的原初方法：与彼时占主导的理性主义相反，美学应是经由感官获得的知识：知觉(Aisthesis)。然而，鲍姆嘉通后，美学却迅速演变成了美术理论。

古典美学的形成乃是康德式建构主义的后果。康德声称的认识论上的哥白尼式革命，正在于这一议题：理性只能看见它自身"置于自然"的东西。[②] 在康德美学中，则是："瓶是美的"这一句子中的"美"，描述的不是瓶的性质，而是我们的想象力在看到瓶时的兴奋状态。在黑格尔这里，这种建构主义导向这一观点：自然唯有在艺术的安置(Aneignung)中——在绘画中，在诗中——才是美的。在美学家里尔(Riehl)（1844—1924）那里，我们更读到了"风景的眼睛"[③]：正是我们的观看，将自然给定的多样性概括为整体和风景。

相反，我曾指出过，自从恩斯特·黑克尔(Ernst Haeckel)以来，生态学谈论的是植物共同体，大面积区域通过共生和反馈循环形成生态系统。然而，风景是自然的整体，且以其外形招引着我们。歌德和亚里山大·洪堡便是这般谈论意大利风景的。这倒不排除，人类也在其中提供了影响因素，即通过农业和林业造就风景。因此，正如美国和德国的自然美学家所言，并非荒野的自然，而是文化风景。伯林特甚至走得更远，他甚至不在环境美学框架之下区分风景和城市环境。在我看来，这有点过头了，因为自在(Von-sich-aus-Sein)恰恰属于自然施予的影响，即使经过了人类的安排。这好比布莱希特的考伊纳

---

① Gernot Böhme, *Für eine ökologische Naturästhetik*, Frankfurt, M.: Suhrkamp, 1999.

② Immanuel Kant, *Critique of Pure Reason*, trans. by Norman Kemp Smith, New York: St. Martin's Press, 1965, Preface p. B XIII："他们知道，理性只能觉察那些按事先计划而产生的东西。"

③ W. H. Riehl, *Kulturstudien aus drei Jahrhunderten*, Stuttgart: Cotta, 1859，包含"Das landschaftliche Auge", S. 5 - 14.

(Keune)先生对每一棵树赞美不迭:“他们至少让我拥有树……某种抚慰人心的自足之物,一种不会顾及我的存在物。”[①]

倘若你以这种接受性的凝视走向艺术,你便会发现艺术作品也向你靠拢,并触摸你。路德维希·克拉格斯(Ludwig Klages)言及“图像的现实性”,一种效果意义上的“现实性”。克里斯托夫·门克(Christoph Menke)则论及,或许略为不快地论及“艺术的活力”。由此,古典美学走出了阐释学和符号学:美学不再只是阐释和判断了,而更多的是经验的解释,而正是经验使得艺术作品成为可能。

倘若这种经环境美学更新的美学,少谈论判断,多谈论经验,那么,审美谓词的范围就会大为拓展。它不再只是关于美、崇高和如画,而是关于人们在自然、艺术中经验到的全部情感:不只是关于美,而且是丑、可惧、恶心。它是关于快乐的、轻微忧郁的情绪,关于感人和崇高,简言之,关于个人感性经验的一切情感。为理解这一点,可引入知觉的基本经验——气氛:这种所谓的特质就是那种人们借此识出一种气氛特殊之处的性质。在这里,当涉及自然和艺术源于什么,以及它们又以何种方式吸引我们时,古典美学及其谓词的三分被证明是惊人的有限。

倘若我们眼下在这个经环境美学所拓展的美学的框架之下谈论环境美学,那么,环境美学则仅仅是美学的一小部分,一个特殊案例而已;其审美经验本质上被那个范畴规定,这一范畴,或可借用海德格尔的话:“在之中”的存在主义。这种环境美学,如伯林特正确地指出的,是无关对象的。这种环境美学,不是关于感知对象的审美资质,而是关于人们如何在环境中感受。我们也可再次借鉴海德格尔式的存在主义:置身感受(Sich-Befinden)。伯林特苦于命名这种经验“在此之中”(Darin-Sein)的官能——从新现象学看,却再清楚不过:它讲的是身体感觉(leibliche Spüren)。

命名了这一官能之后,我们就会遇见那些可被描述为环境美学发明的东西。我们通常是如此专注于对象物,惯于将自己理解为身体-物(Körper-Ding),乃至将身体感觉训练得精准。这一美学面向,早已被康德界定为趣味教育。与之相反,伯林特却不认为他所说的审美经验是以审美教育为前提。他只是极偶尔地言及,“识别一处风景的审

① Bertold Brecht, *Gesammelte Werke*, Bd. 12, Frankfurt: Suhrkamp, 1967, S. 381-382, Herr K. und die Natur.

美价值，感性地、知性地评估之，是让我们的文明变得人性的艰辛进程中有意义的一步”[①]。

但这种可被解读为倡导审美操练的言论，并不多见于伯林特。在他那里，审美实践的倡导就更少见了。即使在“重申美国风景”的标题下，他也仅仅止步于对荒地的批评，诸如，人们不得不忍受纽约州高速公路及其沿线的荒凉之景。与之相反，德国环境美学却与美学设计实践紧密相连。一般而言，美学可以分为接受美学与生产美学。虽然从词源学看，希腊词 αἰθησι 意为知觉，从中似可推衍出与接受美学的天然关联，但的确存在着一种超逾鲍姆嘉通生产美学的传统，即谓诗学。自亚里士多德以降，诗学处理的是创制文学作品的规则。在德国，新自然美学从一开始就关注这一问题：自然区域如何设计成可接受的，但并不是说，设计成可接受的人类环境。原因也许在于，在德国，或许是由于空间的有限，让那些遭到工业发展“毁损”的自然区域放任自流，是不可接受的。使那些遭到破坏的自然再度文明化的需要，是自然美学必须面对的巨大挑战（图 1）。一个典型的例子就是龙讷堡(Ronneburg)和盖拉(Gera)一带的风景：它是苏联和东德征用的铀矿和铋矿开采区。这处风景非但不堪入目，更因大面积辐射而难以踏入。柏林墙倒塌后，人们费尽周折将它再度文明化，比如，不得不搬移山脉，投资数十亿欧元。最终，该场地在 2007 年的联邦花园展上大放异彩，也成为工业历史纪念地。相似的美学实践包括[②]：

——埃姆舍尔(Emscher)公园：前埃姆舍尔河及其邻近的采矿-景观的复垦和再开发。那里还有废料堆体顶部的埃姆舍尔眺望台，一个可供参观的钢四面体地标。（图 2）

——杜伊斯堡北部景观公园，原为煤矿遗址，以及萨尔布吕肯(Saarbrücken)的码头岛，原为煤炭装卸点的公园。（图 3、4）

——比特费尔德附近的褐煤露天矿上创建的大戈彻湖。

——莱比锡南的褐煤覆盖区，正在转变为带湖泊的当地休闲区。

——柏林 Gleisdreieck 公园，系三角铁路公园，是在交通荒地的遗址上建造的。（图 4）

---

① Arnold Berleant, *The Aesthetics of Environment*, Philadelphia: Temple University Press, 1992, p. 144.

② 参见 Gernot Böhme, *Die Natur vor uns. Naturphilosophie in pragmatischer Hinsicht*, Zug/Schweiz: Die Graue Edition, 2002.

图 1 毁损的自然。褐矿开采地,波兰 Radomierzya,邻近德国格尔利茨镇(Görlitz)。

图 2 IBA(国际建筑展),埃姆舍尔公园及四面体(建筑师: Wolfgang Christ, 1995),作者摄

图 3　萨尔布吕肯码头岛，作者摄

图 4　萨尔布吕肯码头岛公园，风景建筑，Peter Latz 设计，1989，作者摄

对于所有这些自然设计项目来说，不仅要创造一个具有自我生产最大可能性的生态系统，更要通过美学设计使每一块土地再次成为人的环境。这些已被实践的东西，在伯林特那里，却只是一种提问方式："一处环境如何可以是人的居所？"[①]

超越德国的典型发展的是新自然美学的第三条道路——中国自然美学。原因或许是，不同于美国和德国，中国自身并不处于去工业化的阶段，而恰恰是激进的工业发展阶段。因此，武汉大学的陈望衡教授所做的是一种超越可行性的思考，旨在新的天人合一，所以是乌托邦式的。在他这里，荒野再次作为放任的自然出现——这在德国已然彻底消失，在美国则为国家保护区所禁闭。"如果荒野长存，生态平衡就有希望长期持续。"[②]这种思想于我们并不陌生。想一想我们谈论的绿色肺、亚马逊森林、曼哈顿的中心公园吧，但是现在，由于新冠的经历，关于荒野与城区毗邻的观念再次成问题。陈望衡也只能想象人与自然之间的令人神往的合一是一种各分离部分的和谐了。然而，支持中国版的新自然美学的，正是陈望衡的这个观点，即，它不再主要关于美，从而不再关于自然之乐，而是关于崇高，从而是关于崇敬，对自然的自主性及其本质的崇敬。但是，天人之间共存的这个版本看起来有点浪漫："想象一种将几片荒地与房子、高楼相互交织的城市构造吧！人们可以同时生活在城市、野生丛林、海滩，既能享受城市基础设施带来的便利，又能享受呼吸和野趣带来的清新。那该是多么壮丽的风景！"[③]

今天人类面对的主要任务是重组我们与自然的关系。气候的变化，生物多样性的锐减，农业用地的逐步丧失，自然再生产循环的打断甚至破坏，以及一切自然媒介的污染，空气、水和土壤，要求人类生产和消费方式的变化，但在这些变化之前，需要改变我们对自然的态度。这正是自然美学可以有所作为的地方。它的贡献尽管微薄，却也不可或缺。原因在于，这种自然美学是一种关于自然的知识，而人类情感性地参与着自然。让我们再回顾一下我们眼前的三条线路，分别来自

① Arnold Berleant, *The Aesthetics of Environment*, p. 136.

② Wangheng Chen, Pingting Hao, Jun Qi, "Ecological Landscapismus on the Horizon: Introducing Wilderness into Human Landscape", in: *Journal of Scottish Thought*, Vol. 9, pp. 160 - 174.

③ Wangheng Chen, p. 170, see note 7.

伯林特、伯梅和陈望衡。

通过伯林特的书，读者逐渐重获他因生活在商业主义和技术文明中已然丢失的对自然的敏感性。伯林特的自然写作重新定位自然之已然遗失的图像，总是呈现人类对自然生活的参与。

由于伯梅在其环境美学中执行的实用转向，自然美学有责任对遭到毁损的自然重新自然化。重新修复被毁损的自然即是重新文明化，也即，不仅走向功能性的生态系统，而且走向作为人性的、宜居的环境。自然美学对此应尽一己之力。

陈望衡的自然美学再次连接古典的崇高概念，倡导我们尊重自然的独立性。与此相关的，荒野与人类文明共生的观点，不仅仅只是乌托邦式的，因为每个人与肠道中数十亿的微生物共生，且只能如此。[①] 另一方面，在大型动物都灭绝或驯化之后，人类的天敌将是在微生物中。因此，人类的卫生文明要求，[②] 从长远来看，须与野生自然保持一定的距离，尽管我们承认它们于气候保护是必要的。

我的结论是，这三种自然美学，对于应对我们当前与自然关系中出现的问题是必要的，应独立前行，但也应相互协作。

【本文为国家社会科学基金重大招标项目“西方自然美学通史”（项目编号19ZDA044）的阶段性成果】

（译者单位　中国社会科学院文学研究所）

学术编辑：姜　雪

① Giulia Enders, *Darm mit Charm*, Berlin: Ullstein, 2018.

② Gernot Böhme, “Eine vierte hygienische Revolution”, in: *Philosophie Magazin*, 03/2021, S. 16 - 19.

论天气何以进入美学

王　茜

内容提要　天气美学是基于当代人的生态焦虑而产生的美学。与传统美学模式相比,它不是专为欣赏天气而产生的美学,而是站在天气化世界之中感受存在的美学;它不是为给人们的审美经验再增添一些令人惊喜的宇宙戏剧而生的美学,而是尝试从感知经验层面对与人命运攸关的气候危机做出回应的美学。它既面向天气本身,同时也思考人在天气化世界中的命运。天气美学建立在现象学的方法论——直面事情本身的基础之上,从直接描述和分析人们丰富复杂的天气感知经验入手,发展出与之相匹配的理论话语,从而帮助人们透过生态焦虑更加深入地理解人与天气化世界的关系。

关键词　天气美学　生态美学　气氛美学　现象学

天气美学是随着生态美学、气氛美学的发展而出现的一个新概念,虽然对天气现象的审美欣赏自古就有,但专门以天气为主题的美学理论反思却是新鲜事物。随着人类社会现代化程度的提高,环境污染导致的气候灾害也日趋严重,从 1992 年联合国环境与发展大会通过《气候变化框架公约》,到 1997 年的《京都协议》,再到 2009 年《哥本哈根宣言》的制定,联合国已经针对日益严重的全球气候变暖问题组织过多次国际会议。相应地,在日常生活中,“天气”也成为让人关注的话题,温室效应、雾霾、厄尔尼诺现象等名词早已为大众所熟知。天气美学正是发端于后工业时代人们普遍的生态焦虑,它所追求的,并非只是用一个新概念重新整合历史上既有的天气审美经验,而是要通过加强对天气活动的美学反思提升人们的生态敏感度和生态责任意识,使“天气美学从一场浪漫的观云白日梦转变为以负责任的方式与大气相处的预备教育”[1]。这样一来,天气美学必然就牵涉到一个始于康德的古老问题：审美活动如何能架起从认知通往伦理的桥梁？当代天气美学是否有可能与生态气象学知识相结合并最终导向一种真正的生态伦理关怀？学者们对天气美学有不同的看法。奥地利学者迪亚科努认为,天气审美应该“通过获得适当的知识来获得更好的操练”[2],对天气现象的审美体验如果能结合气象学知识将会加深人对自然和宇宙的理解,但是对气象学知识为何以及如何能与审美体验相交融并进而通向生态伦理,他并没有从本体论层面给出更深入的分析。日本学者青木孝夫关注东亚文化中的气象美学传统,研究环境中的气象因素如何影响审美感知,[3]不过青木更多是从日本美学传统的优雅趣味出发谈论气象审美经验,很少涉及雷电、狂风、干旱之类灾难性或者极端气象情况,这显然与当代人天气经验的关注点存在差距。

天气美学可能是一种怎样的美学？天气美学之所以能作为一个当代美学话题出现,首要原因是气候问题给人们的生活造成了实际影响,所以,与其说当代天气美学是因循美学传统而生,不如说它更多是因现代人的生态困境和生态焦虑而生。与传统美学相比,至少有两个新角度会影响天气美学的理论思考。第一,生态学对天气美学的影响。天气美学诞生于当代世界的生态文化运动背景之下,生态学对人与天气和世界关系的新认知,势必会影响天气感知并使天气美学呈现出新面目。第二,天气与人的现实生存关联对天气美学的影响。关于天气,人们看到什么,欣赏和体验什么,首先是由天气与人的存在相关度决定,而并不只是由天气现象本身“美不美”决定,天气美学从一开始就不是传统意义上静观和非功利的美学。以上两点决定了哪些天气现象会受到美学关注,它们可能不仅包括人们习以为常的好天气,还包括传统美学并不关注或者无法给出恰当解释的异常天气;不仅包括天气现象本身,也包括置身于天气化世界中的人的生存状况,天气美学正是要对丰富多样的天气景观以及人们的天气感知经验做出理

---

① Madalina Diaconu, *Between Sky and Earth: Towards an Eco-aesthetics of the Atmosphere*,《“对话与理解：生态美学话语研究”国际研讨会论文集(一)》(非正式出版),山东大学文艺美学研究中心 2019 年,第 25 页。

② 同上,第 26 页。

③ 参见青木孝夫:《气象美学导论》,梁青译,《湖北大学学报》(哲学社会科学版)2020 年第 1 期。

论解释。总之，天气美学的价值在于它能否对与人命运攸关的天气世界给予恰当的美学回应，诞生于当代生态文化运动背景下的天气美学注定是一种打破认知、审美和伦理区隔的新美学，下文想要探讨的，也正是这样一种美学话语的可能性。

一、天气与世界的构成性关联

天气审美经验只是对天气的对象性知觉经验吗？自然科学将天气解释为某一个地区距离地表较近的大气层在短时间内的具体状态，即某瞬时内大气中各种气象要素（如气温、气压、湿度、风、云、雾、雨、闪、雪、霜、雷、雹、霾等）空间分布的综合表现。相应地，天气审美经验也就是对这些可见可感的大气活动状况的感知，人与天气的感知关系起始于人们观看或者体验天气的知觉活动发生的那一刻。但现象学主张在一切二元论的对象性关系形成之前，主客体就已经拥有某种先在关联性，正因如此客体才可能成为主体意向活动的对象。根据这一理论，天气在作为对象被感知之前就已经与人存在着先在关联性了，正是因为人在一个天气化世界之中生存，天气才会成为人们的感知对象，意识到这一点对于理解天气美学非常重要。

我们生存的世界充斥着时刻流动变化的大气，也时刻处于阴晴、温度、湿度、风力大小等特定的天气状态中，但人们多半是在自己习以为常的天气状况发生变化，常态化生活受到气候变化影响时才会关注天气。比如，比起晴天人们会更关注雨雪天气；很多人只有在大风天气才会特别注意到风，对微风或无风天气则视而不见；至于气温、气压、湿度、温度这些常规性天气指标，只有在过冷或过热、过度干旱或潮湿时才会引起注意。海德格尔对“上手之物”的描述很适合用来解释天气，一把锤子在劳作中并不是使用者自觉关注的对象，它作为对象的身份消融在劳作者对劳作对象有所作为的实践活动中，与被刻意关注的对象性状态相比，自我隐匿的上手状态才是工具在存在论意义上的真正存在方式。天气不是工具，但是人每时每刻都携带和承受着天气从事生存活动，常态化天气在人们的日常生存中就如上手工具一般隐匿，而一旦非常态天气影响了日常生活，人们才会从沉浸其中的天气世界中跳出来，将注意力投向变得“不上手”或者“过分上手”（此处用来形容带给人格外的愉悦满足体验)的天气本身,天气由此成为审美体验的对象。作为感知对象的天气现象背后是人在天气化世界中生存这个基本事实,人与天气的存在关联是使天气成为人的知觉对象并对人显示出意义的原因,这也正是当代天气美学产生的主要原因。

天气化世界应当如何理解?长期以来,天气与世界的关系都被理解为“在……之中”的关系,天气被看作是在世界之中发生的自然景象,仿佛世界是舞台,天气是舞台上上演的宇宙戏剧,人则是舞台下的观赏者。相应地,天气美学也就成了以视觉为主导、以人为中心的美学。这种看法与人们想象世界的方式有关。基于素朴的直观经验,人们将世界想象为一个以天空和大地为实体性边界的空间,天气是与边界分离并在边界之内发生的事件。比如英国生态心理学家詹姆斯·吉布森就持这种看法,吉布森的本意是要强调地球上的各种自然事物对于生物发展出与环境相匹配的感知能力十分必要,但是在进行论证时,他将适宜生物生存的环境与天地区分开来,仿佛天空和大地是已经搭建好的房屋,环境则由安置在房屋中作为家具的自然万物另外组成。吉布森认为家徒四壁的房间虽然不足以构成充分的栖居环境,但还是能维持生命体最基本的存活,他说:“无云的天空是不适合居住的,因此不能构成生物生存环境的任何一部分。鸟不能在里面飞。而一个空旷的地球只为陆地动物提供基本的支持。”[①]根据这种将天地和万物相分离的世界想象模式看天气,天气也就成了天地间的一种事物。与此持类似看法的还有海德格尔,不过海德格尔的“天、地、人、神”理论已经显示出解构天地作为现成边界的意味,海德格尔说:“大地是承受者,开花结果者,它伸展为岩石和水流,涌现为动物和植物。”“天空是日月运行,群星闪烁,四季轮转,是昼之光明和隐晦,是夜之暗沉和启明,是节气的温寒,是白云的飘忽和天穹的湛蓝深远。”[②]大地与大地上的生命不可分,天空与天体运动、节气、光和云不可分;并且海德格尔还认为,在天、地、人、神这四者中,每当谈及其中一者,“我们就已经一道思及其他三者”[③]了。海德格尔的理论已经体现出世界作为生成活动的“生态”倾向,遗憾的是,他以“涌现”“伸展”“承受”“运行”

---

① Tim Ingold, *Being Alive: Essays on Movement, Knowledge and Description*, London: Routledge, 2011, p. 116.

②③ 海德格尔:《筑·居·思》,《海德格尔选集·下》,孙周兴选编,上海三联书店 1996 年版,第 1192—1193 页。

等动态发生方式解释世界的做法并没有最终贯彻下去，天地与万物依然是分离的。

英国生态人类学家英格德提供了另外一种从彻底的生成和变化视角解释天气与世界关系的方式，按此方式来理解，天地和万物的边界与实体关系被解构，天气是生命运动的介质和推动力，世界是在天气作用下的生命运动过程。英格德认为天气是“表面、物质和介质之间的联系”[①]，是搅动和关联各种物质使之生成万物的动态力量。在天气的推动下，自然物质处于持续流动和变化中，“降雨可以把耕地变成一片泥海，霜冻可以粉碎坚硬的岩石，闪电可以点燃夏天炎热的土地上的森林大火，风可以把沙子吹成沙丘，把雪吹成漂流，把湖水和海洋的水变成波浪”[②]。天气变化既造就万物，又造就各种地貌。没有作为单独实体与万物分离的大地，大地就是混杂着植物的根系和落叶、动物的巢穴、排泄物和尸骨的泥土以及石块，构成大地的每一个生命都是风、雨、阳光和物质的结合体。由大地上的水体、物质微粒、生物等参与的物质循环又反过来塑造着天气与天空，雨雪来自地表的江河，大气层既包含地球公转引力吸附的外太空物质，也是亿万年来地表火山排放、绿色植物的光合作用以及生物机体呼吸作用的共同产物，除了天体透过大气层折射的光芒和水蒸气的聚集分离运动，也没有另外一个作为实体边界的天空。英格德说：“一个人越是读懂这片土地，就越难确定物质的终点和媒介的起点。因为正是通过介质和物质的结合，风和天气才会留下印记。”[③]天空和大地并没有分离，它们互相塑造，互相参与，在彼此之中显示对方，天地就是天气介质推动下的物质运动所呈现的面貌。天气化世界既不拥有作为天空和大地的边界，本身也没有内部或外部，只有物质运动的来来往往，它始终处于翻滚、聚集、运动中，就像梵高《星月夜》中被无数卷曲线条以及互相渗透的蓝色与黄色贯穿的画面。

人及其他生物以能呼吸的身体参与到天气化世界之中。“无论哪里有生命和居住，物质和介质的界面分离就会被破坏，让位给相互渗透和结合。因为正是在生物自身的本性中，通过它们自己的呼吸过

---

① Tim Ingold, *Being Alive: Essays on Movement, Knowledge and Description*, p. 118.

② Ibid., p. 119.

③ Ibid., p. 120.

程，呼进和呼出，媒介与物质结合在一起，形成自己在世界上的生长和运动。”[①]呼吸是生命存在的基本方式，作为能呼吸的身体的人先于作为有自觉意识的主体身份的人，在人作为意识主体感知天气现象之前，人首先作为身体-主体参与着天气化世界的生命运动。在身体存在层面上，人和世界不是主客体关系而是共鸣共振的关系，这一点在中国的水墨山水绘画中得到了很好的展现。水墨山水画中的黑白对比以抽象的方式象征着最基本的生命发生与运行的节奏，它可以表示阴阳、天地、呼吸、男女等一系列关乎生命化育的基本元素；画面上的空白之处又给人以云雾缭绕、水汽氤氲的感受。如果说墨色与纸张的黑白对比意味着抽象的变化生成，那么留白之处则如同被“气”所贯通的世界的丰腴肌质，其中似乎含云化雨，隐含着无限变化和生成的可能，水墨点染的山石、树木、人物无一不是既从中涌现，又仿佛隐没其中。虽然山水画极少直接画天气，但是与直接通过色彩和光线明暗变化展现具体天气状况的风景绘画相比，它却以相对抽象的方式表达出世界作为一个生气灌注、生机流转的生命运动过程的本质。山水画中的“气”并不能直接等同于“天气”，但是天气作为大气运动状况的具体表现也并非与“气”全然无关，“天气化世界”是一个从自然物质层面延伸到哲学本体层面的命题，山水画不妨被视为对天气化世界本体的一种形象阐释。对于具有生态学知识背景的现代人来说，“天气化世界”并不难理解，对传统文化中向来充满神秘感的“气”，它也不失为一个解释的维度。当天气与世界之间的构成性关联被揭示出来之后，美学上的转变也将随之发生：人对天气的对象性感知经验将转变为人在天气世界之中的沉浸式感知经验。

二、天气作为构成感知视域的情感基调

对于置身于天气化世界之中的人来说，“与其说天气是一种感知对象，不如说它是我们在其中感知的东西，它保证了我们看、听和触摸

① Tim Ingold, *Being Alive: Essays on Movement, Knowledge and Description*, p. 120.

的能力”[①]。光引导着眼睛，温度和湿度包围着皮肤，朝向世界进行感知的身体首先承受着天气化世界在它身上烙下的印记，再将被后者浸染过的目光投向感知对象。深谙身体与世界之间辩证关系的梅洛-庞蒂说：“朝向天空的眼睛懂得月光和阳光，会将这些光线的品质带入自己的感知方式。”[②]与二元论的传统审美感知理论相比，天气美学认为审美感知是从受到天气化世界浸染的而不是空白的身体开始的，天气化世界主要以“天气-气氛”的方式发挥着感知视域的作用。

“气氛”这个概念经由德国哲学家赫尔曼·施密茨引入新现象学中，指的是从外部涌入、在空间中侵袭着感受者的力量，波默进而将“气氛”视为日常审美经验中的一个核心概念。气氛美学主张主体总是在一个具有某种特定气氛的整体性情境中知觉到某个事物，气氛“似乎是以某种情感基调、某种程度上犹如雾霭般地充盈着空间”[③]，它构成了事物显现的背景。社会生活场景常常是气氛性的，比如婚礼或葬礼；自然风景通常也具有某种气氛，比如春日的明媚或冬日的肃杀。波默并没有强调自然气象因素对于形成气氛的重要性，但事实上，无论对社会场景还是自然风景来说，阳光、温度、降水、风等气象因素都不可忽视。灿烂的阳光会使婚礼现场的气氛更加欢乐，而同样天气下的葬礼则可能使参与者在阳光与黑暗、明媚与悲伤的对比之间加深对生命与死亡的理解。在露天场景下，天气是影响气氛的关键因素；而即便是在室内，房屋也不可能将一切天气要素隔绝在外，室外的天气状况与室内环境的差异性本身就是构成气氛的一部分。青木孝夫认为：“气氛这种现象和概念往往与表示气象和气候的词语相关。在欧洲，气氛(atmosphere)一词源于希腊语中表示气象现象的词。‘气氛’作为 atmosphere 的译词，在汉字传统上也是与气象相关联的。这些词的词根里都有‘气’，它表征着大气中或漂浮或降下的水分。”[④]在西欧，“风景”(landscape)更偏重指大地上已经成型的自然构造；而在东

---

① Tim Ingold, *Being Alive: Essays on Movement, Knowledge and Description*, p. 130.

② Maurice Merleau-Ponty, *Phenomenology of Perception*, trans. by. C. Smith, London: Routledge & Kegan Paul, 1962, p. 317.

③ 格诺特·波默：《气氛美学》，贾红雨译，中国社会科学出版社 2018 年版，第 10 页。

④ 青木孝夫：《气象美学导论》，梁青译，《湖北大学学报》(哲学社会科学版)2020 年第 1 期。

亚，对环境之美的体验却向来“更加重视四季、朝夕的明暗与温度、云雨的样态以及随着季节推移产生的动植物变化等与气象相关的感受性”①。对于空间气氛而言，天气要素从未缺席过，只是由于人们对伴随人类千万年的天气早已习以为常、熟视无睹，才忽略了它在气氛构成中的重要性。

天气化世界中的气氛对人而言首先不是作为感知对象而是作为感知视域发挥作用，这表现为气候状况会影响人的情绪。比如郭熙《林泉高致》写道：“春山烟云连绵人欣欣，夏山嘉木繁阴人坦坦，秋山明净摇落人肃肃，冬山昏霾翳塞人寂寂”②，“人欣欣”“人坦坦”“人肃肃”“人寂寂”不是人们专门感知天气的心情，而是处在一定季节性气候状况之中的人的存在面貌。晴朗的天气容易让人心情愉悦，阴雨连绵往往让人情绪低落，干旱炎热令人烦躁焦虑，人们携带着这些情绪朝向世界，受到天气气氛影响的情绪成了人们展开各种感知和实践活动时携带着的情感基调。比如中国传统诗歌中常见的伤春悲秋主题，常常是在春秋季节特定的气候条件下抒写人事感慨，像宋玉的《九辩》就是在秋风萧瑟、天气寂寥、白露既下、秋霖淫溢的秋季气候特征下抒发人生飘摇、壮志难酬的感喟。从诗学角度理解，这是借景抒情的修辞手法；从天气美学角度来看，“情”其实是人在作为“景”的气氛性天气世界中获取的特定感知方式，是天气化世界的特殊气氛使朝向生活世界的诗人的目光充满悲愁和忧伤。至于天气化世界为什么能使人以情感方式朝向世界，不妨借用波默的理论将其解释为身体知觉与自然事物之间的“同声相求”。波默把事物的气氛性在场比喻为一场盛大的音乐演奏会，听众（感知者）既是聆听者又是共鸣者，当从乐器上弹奏出的音乐同时在聆听者的耳朵中回响时，就意味着听众不仅是在被动接受声音刺激，而且是在以音乐所特有的声音方式做出相应的身体回应，情感基调正是人与天气化世界的气氛发生共鸣的方式。

主张天气-气氛构成感知视域中的情感基调不等于天气决定论。同样天气状况下的人们各怀心事，晴好天气中一样有人悲伤，阴郁天空下一样有人快乐。影响情感的因素很多，基于天气-气氛的情感基

---

① 青木孝夫：《气象美学导论》，梁青译，《湖北大学学报》（哲学社会科学版）2020 年第 1 期。

② 郭熙：《林泉高致》，周远斌点校，山东画报出版社 2010 年版，第 26 页。

调只是感知视域的一重底色，它可能会被凸显，也可能会被其他各种因素遮蔽、掩盖，这都需要根据具体感知情境做出具体辨析，无法一概而论。多数情况下，人们并不认为天气对心情有多大影响，情感体验更多地和社会生活遭遇联系在一起，但这很可能是因为天气是“正常”的，令人安心而放松，所以天气气氛造就的情感基调只是一重近似透明的背景，稀薄的天气气氛本身就意味着一种令人珍视的价值——安全的气候环境；而一旦气候状况偏离常态，天气气氛造就的原本淡薄的情感基调就由隐而显，变成人们能够自觉意识到的清晰浓烈的情感体验，这时候天气现象就成了一个能为人们自觉意识到的审美对象。所以，作为感知视域的天气和作为感知对象的天气并不是分离的，两者会随着天气状况对现实生活的实际影响程度发生自然而然的转换。而天气美学想要表明，人与天气的审美感知关系并不是从天气成为自觉感知对象的那一刻才发生，在此之前和之后的任何一个时刻人们其实都处在天气化世界造成的感知视域之中，这个视域从不中断，但它由隐至显的凸显意味着我们和天气的关系发生了某种“非常态”的转变，这种转变究竟是肯定性还是否定性的，是值得我们警惕还是可以为之欣喜的，则需要给予充分的思考。

海德格尔的现身情态概念有助于更好地理解天气气氛引发的情感基调。海德格尔认为，作为存在者的人总是处于“现身情态”中，“‘现身’所意指的东西从存在者状态上看是某种非常熟悉的东西，即我们的心境”[①]，人总是怀着某种心境存在于世，现身情态不是由事物激发的具体情绪，而是属于原初本有的存在结构。因为人总是与上手之物打交道或与他人打交道的“操心”者，因此必然会处于现身情态之中。不过在讨论令人操心的他物时，海德格尔并没有将天气等自然要素或自然事物与上手之物相区分。长期以来，自然环境对人类的承载和包容都因被视为理所当然而受到忽视。天气既不是他人，也不同于人造的他物，它属于超越于人类之外的生命赋予者和塑造者，所以为物质性的身体能否在天气化世界中健康存活而操心，也就应当是“操心”中的首要之义，这个原本是文明系统中最低层级的基本条件长久以来被日益复杂和精致化的人类文明话语所忽视，只有到了生态危机

---

① 约瑟夫·科克尔曼斯：《海德格尔的〈存在与时间〉》，陈小文等译，商务印书馆 1996 年版，第 168 页。

时代才在我们的话语系统中作为一个质朴但也是最重要的事实凸显出来。天气化世界造就的情感基调正可以被理解为经过上述“生态”改造后的现身情态。

根据以上解释，天气气氛引发的情感基调显然不是“非功利”的，恰恰相反，影响这种情感基调的第一要素就是天气与人的生存安危的直接关系。能保障人生存无虞的天气化世界作为情感基调是稀薄透明的，以此为基础产生了各种对天气的非功利性纯粹审美体验；而如果天气化世界对生存产生了威胁，天气就成为人们担心忧虑的对象，天气化世界与人的现身情态的存在论关系也以一种否定的方式被揭露出来，后者正是我们所处的这个生态危机时代的现状。而在后一种情况下，天气美学显然也就不可能再局限于传统美学的既有模式，既不可能再将天气审美当作如画式的视觉审美，也不可能将天气审美只视为吟风弄月的风雅之事。天气美学将要做出理论回应的是与我们的生存命运攸关的天气世界，倘若脱离了科学认知和伦理反思，天气美学就没有生命力，当代天气美学对传统美学的突破首先表现为审美对象范围的拓展。

三、天气景观对审美对象范围的突破

天气美学将要面对哪些与天气相关的审美现象？首先，能够成为天气景观的绝不限于那些能带给人愉悦体验的“好天气”，无论是好天气、坏天气还是异常化天气，只要它因其对现实生活的影响而引发人们关注，都可能成为天气景观。其次，对于一些因环境污染而生的异变性天气现象，虽然看似也能带来令人愉悦的视觉感知，但是仅用传统美学的理论范畴解释它们是不充分的，需要天气美学给出合适的理论解释。第三，能够成为天气景观的不只是自然天气现象，还包括处于某种天气状况下的人类生活场景，天气与受其影响的生活世界不能分离，对此类天气景观的感知经验中渗透着伦理意识。最后，天气美学需要对天气景观的“变化”特性保持敏感，丰富多样的天气景观是对人们习以为常的晴好天气的各种“偏离”，正是这些偏离和变化因素有可能成为思考身体与宇宙的物质性关联以及思考存在问题的契机。

根据英格德的考察，“景观”一词的原初含义并不是指特定范围之内的视觉对象，而是人参与自然世界共同塑造的生活世界的面貌。“景观”一词“起源于中世纪早期，最初指的是一块土地，与农业社区的日常生活和习惯相联系。但是后来它融入绘画描绘的语言中——首先是通过17世纪发展起来的荷兰艺术传统——这导致一代又一代学者将后缀‘scape’的含义误认为是一种特定的‘视觉体制’（scopic regime），即细节和客观公正的观察。他们似乎被scape和scope之间表面上的相似性所欺骗，事实上，这种相似完全是偶然的，在词源学上并没有基础。‘scope’来源于古希腊语‘skopos’——字面意思是‘弓箭手的目标，他瞄准的目标’，由此衍生出动词‘skopein’，意思是‘去看’（to look）。恰恰相反，Scape来自古英语sceppan或skyppan，意思是‘塑造’（to shape）”①。中世纪的农民用自己的手脚、斧头和犁，同时也依靠家畜耕种土地，在大地上创造出不断演变的纹理，也创造出作为大地景观的“landscape”。与今天作为遥远距离之外沉思对象的全景式景观不同，“landscape”意味着人的身体与土壤、草地、树木的接触和创造，它既不是固定的对象，也不是只需要给予经验观察、描述和测量的物理常数，更不是供人们凝神远眺的风景，而是意味着人在事物之中与之构成的运动关系。“景观与它的居民，他们的生活、活动和目的，以及他们居住的地方有关，并从这些关系中获得它的意义。……景观具有与人相关的意义和外观，人们在其所处的景观中发展技能、知识和身份。”②“简言之，景观就是那些居住在其中的人所知道的世界，他们居住在那里，沿着连接它们的道路旅行。”③但是当“scape”与“scope”等同，原本作为人和自然事物共同参与而塑造出的生活世界面貌的景观，就成了一个被看的纯粹视觉对象，从有人在场的生活转变成画布上的风景。

虽然“landscape”主要是指大地上的风景，但天气美学主张从天气或者气象因素角度来理解景观，一方面是因为大地上的景观从来都离不开气象因素的参与，比如农业生产相当大程度上会受到天气影响，建筑设计要考虑阳光、风向、降水等不同的气候条件，沿海地区的日常

---

① Tim Ingold, *Being Alive: Essays on Movement, Knowledge and Description*, p. 126.

② Ibid., p. 129.

③ Tim Ingold, *the Perception of the Environment: Essays on Livelihood, Dwelling and Skill*, London and New York: Routledge, 2011, p. 193.

生活更是受到海洋与气候双重作用的影响，天空和大地、人类共同充当景观的塑造者。另一方面，强调天气景观是要有意识地拓展人们所关注的“景观”的范围，使目光更多地从大地投向天空。虽然与其他环境相比，天空是被认为受到人类活动影响最小的，迄今依然算是一个真正原生的自然领域，但是从工业文明再到后工业文明时代，随着人对自然的影响程度不断增强，人类活动对天气的影响也越来越不容忽视，比如碳排放量增多导致全球气候变暖，暴雨、洪涝、干旱等极端性天气增多，草原生态环境破坏导致的沙尘暴天气，空气污染造成的雾霾天气等，都令人无法回避。如果将景观理解为人与自然共同参与塑造出的生活世界的面貌，那就没有理由仅用“景观”去指称那些令人赏心悦目的风景，而将这些令人忧虑和痛苦的景象排除在外。

审美对象一般是人们愿意予以精细感知的对象，而人们向哪些东西投注感受力，或者说哪些东西能吸引知觉并不取决于事物自身的美丑，而是由事物与人的存在相关性决定。关联程度越密切，人们为之“操心”的程度越深切，事物就越容易引人注意，越容易成为人们投注感知精力的对象，美丑则是对那些已经吸引人们注意力的事物进行感知价值判断的结果。虽然“坏”天气并没有美好事物闪闪发光的魅力，但它们却因其之于生存的重要性强硬地闯入知觉经验中，逼迫人们不得不去体验它，也逼迫美学不得不对它做出正面回应。其实从历史发展的角度看，美学从未限定过自身的边界，反而随着历史发展不断将新感知经验容纳其中并发展出与之相应的美学范畴。比如用以描述现代都市人浅表破碎的片段性生存体验的“震惊”概念，就经由本雅明发展为一个重要的美学范畴，大量现代派文艺作品更是通过表现虚无、荒诞等现代人和现代生活面貌而使美学变得更具张力和包容性。

值得注意的是，气候变化创造了一些以前很少有过的异变性天气，这些天气很难用传统的美学概念给予解释。比如因空气污染而呈现出绯红色的城市夜空，雾霾中朦胧一片的城市景观，甚至包括由于与先前的雾霾天气对比鲜明而引人注意的“APEC 蓝”，由全球气候变化导致的持续时间过久的晴好天气等等。环保知识的普及使今天的人们已经不可能再像 19 世纪的印象派画家那样，怀抱纯粹的审美态度，兴致盎然地欣赏工业污染造成的雾气朦胧的天空，人们对那些异变性天气景观可能会产生既包含有视觉快感，又掺杂着忧虑、无奈、厌恶等各种情绪的复杂体验。天气美学有必要借助相关气象学和生态学知识解释这些天气现象的成因，帮助人们克服仅从视觉现象层面去欣赏这些天气景观的倾向，发展出一种能够与科学认知相结合的审美理论。

天气景观不仅包含天气现象本身，还包括沉浸在某种天气状况下的生活世界场景。暴风雨中阴沉的天色、被雨水模糊的城市和零乱摇摆的树木属于天气景观，顶风冒雨的路人、因风雨抛锚的车辆、路边等待天晴的焦虑摊贩同样属于天气景观。面对这些景观，我们不再是心中充满诗情画意的旁观者，而是分享着他人经历与心情的同情共感者。因为天气包容世界，所以天气-景观并不在我们对面，而正是我们与他人和万物共同置身其中的生活世界的面貌，对“天气-景观”的体验里总是隐含着人对他人和自我命运的隐忧与期待，这样的天气景观体验中包含着伦理态度并终将指向伦理实践。

天气景观不是静止的画面，天气美学还需要培养对“变化”的敏感。迪亚科努认为：“从心理学的角度讲，晴朗的天气相当于一种经验的零点，它往往被认为是正常的，因此被忽视了。所以，关于好天气的美学因其离心性特点在事实上似乎不可能成为一种气象美学：理想的天气本身很少被享受，它经常将人们拖向天气之外的那些‘真正重要的’东西。……相反，从这个角度来看，我们似乎更容易关注甚至美学地思考我们对气象事件的‘零点’的偏离。当雾、雨或雪——所有尘世的云彩现象——使我们感到震惊，模糊了世界的形象，并使我们无法进行户外活动，天气逼迫着我们的注意力。”[①] 正是借助于对偏离好天气这个“零点”的气象变化的体验，人们有可能从气象角度更加深入地思考人与世界的关系。比如雾造成的视觉障碍更容易“使人们认识到视觉与‘身体沉浸在大气空间中’这两者之间的关系，这种关系经常被忽视。用现象学的术语来说，在雾中游荡的经验增强了我们对存在于世界之中的意识，对身体与世界互相缠绕的意识，而不再去假设一个脱离实体性身体、从世界之外的位置观察自身的主体”[②]。同理，其他各种偏离作为经验零点的好天气的天气体验，都会在一定程度上给我们造成带有“陌生化”效果的感知经验，这一方面有助于人们更好地理解物质性的身体与物质性的自然交融共生的关系；另一方面，对“变

①② Madalina Diaconu, “Longing for Clouds-Does Beautiful Weather Have To Be Fine?”, *Contemporary Aesthetics*, 2015, vol. 13.

化”的直接感知也有助于唤起人们深入理解此类天气现象的认知兴趣，对此类天气景观的哲学美学解释也将成为天气美学的新领地。

四、应对当代生态焦虑的天气美学

在今天，天气之所以成为一个专门的美学话题，其根本原因还是生态危机及其带给人的焦虑。生态焦虑不仅是天气美学产生的外部动因，更影响到天气美学理论本身的形态。总的来说，回应当代人生态焦虑的天气美学不同于建立在知、情、意三者相区隔基础上的近代美学模式。它不是站在天气现象对面欣赏天气的美学，而是站在天气化世界之中感受存在的美学；它不是为了给人们的审美经验再增添一些令人惊喜的宇宙诗学的美学，而是从感知经验层面尝试对与人的现实生存命运攸关的气候危机做出回应的美学；它也不是专门指向天气本身的美学，而是同时思考人在天气化世界中命运的美学。在今天，人们对天气的感知经验既不可能脱离基本的科学常识，也不能完全像过去那样带着孩子般无知的安全感去欣赏天气，对气候变化的忧虑已成为天气感知经验中一重无法褪去的情感基调，天气美学正是对这些伴随着当代生态焦虑出现的天气感知经验的美学回应。它的目的既不是制造一套新话语，也不是提出一套可供人们直接践行的解决气候问题的具体办法，而是尝试通过在美学层面阐释人们的天气感知经验，来推进对人与天气化世界存在关联性的理解，进而激发起更多了解自然的兴趣和愿意为生命世界承担责任的生态伦理意识。

天气美学的基础是对人、天气、世界三者关系的重新理解。天气不只是可见可感的自然现象，更是作为推动物质运动的介质和动力，它是联结地球上一切物质，使之成为一个生生不息的生命整体的关键要素，世界就是在天气介质推动下持续不断的物质运动过程，所以世界可以被称为天气化世界。天气化世界为我们提供了一种新的世界观，在这种世界观看来，人和万物首先都是物质流动、交换、转化和塑形的结果，人和万物作为有边界的封闭实体是暂时的或阶段性的，而受天气介质推动的物质运动和变化过程却是永恒的。以有自觉意识的理性主体自居于世界中心的人，首先是作为能呼吸的身体参与着天气化世界生命进程的人。身体与天气并非主客体的对象性关系，相反,身体通过呼吸敞开自身应和着天气世界的生命节奏并与之共鸣。当天气与世界之间的构成性关联被揭示出来之后,美学上的转变也将随之发生,人对天气的对象性感知经验将转变为人在天气世界之中的沉浸式感知经验。

在感知经验层面上显现的天气化世界是一个气氛性的整体,天气会影响人的情绪,天气化世界使置身其中的人产生某种情感基调,再以这种沾染了天气气氛的情感基调朝向世界,去展开各种感知和实践活动。天气气氛构成了人的感知视域,很多人对此可能并无觉察,这是因为他们处在一个安全的、没有威胁到人的生存的天气气氛里,天气气氛是隐匿的,与之相应的情感基调也是稀薄的。一旦天气给生活造成影响,隐匿的感知视域就会转化成自觉的感知对象。受到天气气氛影响的情感基调不只是在人们有意识地感知天气时才有的具体情感反应,它更类似于海德格尔所说的现身情态,是人的存在结构中原初本有的东西,当代人因生态焦虑而产生的天气敏感以否定的方式揭示了这一点。在今天,气候焦虑日益增强,人们对天气的关注不再停留在对令人赏心悦目的好天气的单纯欣赏中,而是更多地关注非常态的异变性甚至灾难性天气,为之忧心忡忡,愿意对它们了解更多并愿意为它们承担责任和改变自身。即使是对好天气,欣赏的目光中也可能多了几分质疑,“好天气”真的“好”吗? 它们是否也是气候变化所导致的非常态气候现象的一种? 在生态危机时代,不包含任何生态隐忧的纯天气审美正变得越来越奢侈。

天气美学作为一种思索人在天气世界中存在命运的美学,在审美对象方面突破了传统美学的局限。天气景观不限于充满诗情画意的好天气,也包括影响人们生存的异常天气;对于一些后工业时代出现的异常天气现象也已经不能只用美、丑、崇高之类单纯的传统美学范畴来解释,天气美学一方面要借助科学,帮助人们克服以视觉形式为中心的天气欣赏方式,一方面要使美学理论变得更有张力,以容纳人们复杂的天气感知经验;天气景观不只包括作为自然现象的天气现象,还包括在具体天气状况下人们参与其中的生活世界场景,对这些天气景观的感知与人的伦理意识有机交融在一起。此外,天气景观还可以通过关注特殊天气对惯常天气的偏离,从而更深入地思考人与自然的关系。总之,天气美学建基于一种更符合现象学原则的方法论基础:直面事情本身,从直接描述和分析人们丰富复杂的天气感知经验本身入手，发展出与之相匹配的理论话语，以帮助人们透过生态焦虑更好地理解人与天气世界的关系。

波默说："就整个地球范围而言，人几乎完全占有了外在自然，因而我们对对象性的和风景性的自然的审美兴趣，明显的日渐式微，所以如今我们是通过其气氛性的现象，如风、天气和季节范例性地经验自然的。"①天气如今已经成为所剩不多的尚未被人类文明彻底覆盖的自然表征，与天气打交道，也是与超越人类有限生命的自然打交道，这也预示着天气美学有可能会成为一种真正祛除人类中心主义视角的美学。也许只有这样的美学理论才能部分地抚慰我们心中的生态焦虑，这样的天气美学仍在探索的路途之中。

（作者单位：华东师范大学国际汉语文化学院）

学术编辑：李素军

① 格诺特·波默：《气氛美学》，第 72 页。

法国自然式花园的兴起与自然审美

赵 靓

内容提要 18世纪上半叶法国处于从规则式园林向自然式园林过渡的酝酿阶段。本文从1731年法兰西学院的征文比赛题目进入，结合伏尔泰、孟德斯鸠和马里沃的园林观察与美学思考，来考察这一时期法国的园林观念变迁及其引发的自然审美问题，包括规则式园林的特征及危机，自然式园林的观念与特征，两类园林背后的自然观与审美观，围绕自然式园林的诸多审美感受及其范畴，以及风景画作为自然式园林设计源泉所导致的问题等。

关键词 自然式园林 自然美 不可名状 多样化之乐 惊讶之乐

1731年，法兰西学院宣布当年的征文比赛题目为"在路易大帝统治下园林艺术的进步"，这彰显了昔时法式花园的可喜发展。以勒·诺特(André Le Nôtre)修建的沃子爵城堡花园(1658—1661)和凡尔赛宫苑(1662—1687)为代表的规则式园林，经过长期发展，开花结果，传遍欧洲。在勒·诺特之前，赛尔《园景论》(1600)的实践总结表明，法国造园艺术已经脱离意大利独立，稍晚造园师布阿依索《论依据自然和艺术的原则造园》(1638)以及莫莱家族提炼的古典主义构图原则和造园要素已经成熟。勒·诺特只是将主轴线、递减原则、透视和比例等原则彻底运用，构图更加完整和谐，适应了路易十四伟大风格的要求。法式规则园林以巨大尺度和充满活力的"几何学精神"为特征，建筑与周围环境表达出的权力意志不仅作用于阶级之间，还体现在人对自然的控制上。

然而，此时路易大帝统治的接力棒早已传至路易十五，伟大风格的园林没有受到一点质疑或挑战吗？这一征文标题强调的进步是否暗含某种变化、某种身份危机，因其地位开始受到某种威胁？我们需要追踪这些潜在变化，并总结其内外因素和条件，以考察18世纪西方对自然的审美经验在法国是如何开启与行进的。

一、法国出现自然式园林观的内外因素

变革首先来自法国自身的要求。尽管对秩序的要求出现在凡尔赛宫的早期建筑中，但即便在路易十四时期，凡尔赛宫也是混沌与秩序、巴洛克和新古典主义风格并存。[①] 庞大的凡尔赛宫苑，没有一处不被数次修改的。17 世纪 60 年代路易十四在凡尔赛宫西面建造离宫“瓷特里阿农”，它更精致更宜居，拥有意大利风格的外表和中国风格的室内装饰。园内大量采用花卉美化，拥有迥异于凡尔赛宫的小树林，被勒·诺特称为“花神宫”。这时候自然化的革新已然出现。

1715 年路易十五上台，他入主凡尔赛宫后没有大兴土木，整体上延续了路易十四的风格。只将瓷特里阿农宫改成大特里阿农宫。从 1749 年开始，受到蓬皮杜夫人的影响，路易十五显示出新兴植物学家的一面，将位于凡尔赛宫北面的菜园开辟成当时欧洲最大的植物园，收集了从世界各地带回的奇花异草，和巴黎的皇家药草园不相上下。然后又紧挨着这个植物园，修建了洛可可风格的小特里阿农宫(1758—1768)，以便就近欣赏和观察。

新型植物园的出现离不开 17、18 世纪法国自然科学的发展。它最初显现于勒·诺特 1664 年从认知论角度改造皇家杜乐丽宫花园的设计中。其中植物分门别类栽种在不同的格子里，遵循认知和归类法则。各类格子又运用了对称原则，从而呈现出艺术性。由此表现出来的花园科学论将花园视为交流方式，其中植物的功能是为人类精致华美的生活提供赏心悦目的环境，而不再是文艺复兴时期作为研究和冥想的对象。皇家药草园(1635—1793)在 1666 年法国皇家科学院成立之前，是法国最早的科学机构之一。它在博物学家布封(1707—1788)等的管理下，变成一座自然博物馆，囊括各种珍禽异兽，进行分类管理，将认知原则贯彻得更为彻底。

在王公贵族和科学家们之外，一部分法国人本身也怀抱着对大自

---

① 园林史和艺术史对路易十四时期的凡尔赛宫贴有不同的标签，或称“巴洛克盛期”，或称“新古典主义”，还有观点认为是巴洛克与新古典主义的融合。本文倾向于第三种观点。

然的热爱。《于埃传》(1722)记录了于埃主教对古典主义园林的反对,对天然泉水、草地和荒芜郊原的赞美,宣称自己喜爱自然的美胜过艺术的美。随着人们对自然之野趣和诗意的重新发现,森林、山川不再是危险的象征,规则式园林的影响被逐渐打破。

其实,规则式园艺观发生观念变革,始于它被立为典范之时。在勒·诺特诸弟子们协助下,德扎利埃总结的《园林理论与实践》(*Théorie et Pratique du Jardinage*, 1709)被认为是"造园艺术的圣经"。[①] 该书数次再版并被译成多国语言,极力推动了规则园林的传播。然而在总结这一形式主义造园艺术的规范和教程的同时,书中出现了不少自相矛盾的论断。一方面,书中的大量插图展示了各种规范的造园要素,比如刺绣花坛、小树丛、草坪的布置等;另一方面,作者认为勒·诺特和圣克鲁等的作品都是"自然的"。这种"自然"显然不是指向大自然的随性自由。该书提出,造园艺术的第一准则是"要使艺术顺从自然",这其实与勒·诺特等强调园林服从建筑的原则针锋相对。为了接近自然,作者还反对高台、过分装饰的喷泉、有栏栅的绿廊和绿室等人工味浓厚的造园要素,指出不再吃香的刺绣花坛要被英式有花边的草地取代,总之尽量模仿自然的形式。

英式花园对德扎利埃的影响不言而喻。其实,英国的建筑与园林艺术在18世纪初还处于法式新古典主义园林的影响下,但实证科学和经验主义哲学的发展,使得英国许多哲学家和文人墨客如培根、艾迪生和蒲伯等都在提倡未经雕琢的自然可以是美的观念。这类理念率先在造园家那里得到响应,以凡布娄和布里奇曼为先驱,由坎特、勃朗等设计的"庄园园林化"(ferme ornée)和钱伯斯设计的"图画式"园林,构成18世纪英国自然式园林的两个阶段。"英式"或自然式园林同时再现了自然最原始和最现代的特征,有时候难免有沦为野林子之嫌。法国人一开始对此报以审慎态度。英式园林的目标不在于给自然打上人的痕迹或让人感到对自然的操控,而是让人享乐。其特点是不规则,使用一些点缀建筑作装饰,融合不同的装饰类别,植物的形式和颜色多变,草地和路径非常适合人诗意地闲逛和溜达;它不设置清

---

① 德扎利埃(Dezallie d'Argenville, 1680—1765),法国艺术史家和自然史家。德扎利埃在学习绘画后,先后去意大利游学和英国旅行,归国后担任国王顾问。他还著有《最著名画家生平摘要》(*Abrégé de la Vie des Plus Fameux Peintre*, 1745—1742)和《自然史》(*Histoire Naturelle*, 1755)。

晰的路线，激发游人探索的好奇心。它也不愿作一个封闭的空间，而想成为“风景”和艺术品。这种概念也开始纠正了园林在形式和尺寸上的观念：“small is beautiful(小即秀美)。”从此这种花园被整个欧洲接受。

在德扎利埃之外，第一批引介英国园林及其观念的法国有识之士，还包括 18 世纪 20 年代旅居英国的伏尔泰、孟德斯鸠以及马里沃这类提倡情感主义的诗人。1726—1728 年流亡英国期间，伏尔泰详细考察了英国君主立宪制和社会风俗，和当时大多数法国知识分子一样追崇邻邦的政治和宗教自由，从此信奉英国的自然神论和自然科学，批判本国的哲学与科学。《哲学通信》里记载了他在英国的观感，其中将莎士比亚艺术与法国规则式园林的自然性相互比对。他指出，莎士比亚的怪异人物比起现代人的贤智可爱很多；天才的英国诗人野蛮、无序地生长着，“如果您想强制它自然的生长，而像马尔里花园中的树木那样去修剪它，它就非死不可”①。马尔里城堡是路易十四的优美行宫，也由勒·诺特主持修建。伏尔泰的字里行间透露出对法式园林的批评。1738 年伏尔泰在《致普鲁士国王书》中明确表达了对传统法式花园的反感：“院子里花木双双对称/矮树成行顺着一根绳/谁把你夷为平地/徒劳地鼓掌，喊道/看这小块地/花园呀，我必须逃离你/太多的艺术让我反感和烦恼/我更喜欢这些广阔的森林/自由和大胆的自然/不规则的特点/符合我的心意。”②

早在《波斯人信札》(1721)中，孟德斯鸠已经嘲弄了一位几何学家对花园艺术投注的眼光：“那人参观过一座富丽堂皇的城堡和一个魅力的花园。而在他看来，那只不过是一座六十尺长、三十五尺宽的楼房和一片面积为十阿尔邦的树林子。他竭力主张严格遵守透视法。那样，所有林荫道看上去都会到处一样宽。他希望提供一个能做到这一点的可靠方法。”③18 世纪 30 年代孟德斯鸠表达了一个十分类似于伏尔泰的苏醒甚或卢梭的主题：“过于整齐匀称，有时甚至令人讨厌。没有比天空更美的了，但是它被点缀着杂乱繁星。围绕着巴黎的房屋

① 伏尔泰：《哲学通信》，高达观等译，上海世纪出版集团 2005 年版，第 100 页。

② Voltaire, *Épitre LIV, au Prince Royal de Prusse*, 1738, in Edouard Guitton, *Jacques Delille (1738 -1813) et le Poème de la Nature en France de 1750 à 1830*, Paris: Klincksieck, 1974, p. 332.

③ 孟德斯鸠：《波斯人信札》，罗国林译，译林出版社 2000 年版，第 158 页。

和花园错在彼此的一模一样：它们都是对勒·诺特的持续复制。您总能看见同样的风格。……如果有人有一块奇怪的土地，不去使用它，就将它修葺一番，盖一个和别处一样的房子来。我们的房子就像我们的性格。"[①]对他来说，那种带来自由和愉悦的自然风光肯定不在他出于政治原因而憎恶的凡尔赛宫苑，[②]而在他1729—1731年漫游过的自由英国。孟德斯鸠参观过位于牛津附近的布林海姆宫，[③]它与凡尔赛宫齐名，是英国最大最豪华的贵族府邸，建成之初是巴洛克风格，后来经过新思潮造园家如凡布娄、布朗和钱伯斯的修改。孟德斯鸠看到的就是已经带有自然式园林特点的布林海姆宫。1731年孟德斯鸠返回自己的领地布莱德后，在护城河前留出一大片绿草地。他的府邸是一个带有哥特风格的城堡，装饰迷人，来自他从英国获得的灵感。

当然，在18世纪上半叶法国园林还是以规则式园林为主，直到下半叶英式不规则园林才在法国扎根。比如，小特里阿农宫在路易十六上台后被赠予玛丽-安托瓦内特王后，1774—1784年间这里的花园被改造成了"英中式"风格花园，拥有小河、湖、小山丘、贝壳与石块构成的岩洞、爱神庙、瀑布以及小农庄等。玛丽皇后宣称自己践行的是哲学家们尤其是卢梭自然思想指导下的合理化改革建议。此外，巴黎东北埃默农维尔镇的卢梭公园始建于1776年，也是法国最早的不规则园林之一，它的主人和设计者吉拉德侯爵也宣称汲取了开明哲学家们尤其是卢梭传播的自然观念。[④]

回到18世纪30年代，英式的自然风园林观念开始被法国有识之士们接受，并伴随着对本国古典园林的审美疲劳。这算是对开头法兰西学院的征文标题做出的迟到且"不尽人意"的回答。尽管对园林艺术的考察不可止步于自然审美问题，它受到一定时代、民族的政治和文化等多维因素的推动，尤其是规则式园林，它有着极端反自然的倾

---

① *Mes Pensées*, n° 1131。Montesquieu, *My Thoughts*, Henry C. Clark (ed), Indiana: Liberty Fund, 2012, p. 305.

② "在凡尔赛使我不快的，是我们到处看见的做大事的虚弱欲望。"*Mes Pensées*, n° 661;"我恨凡尔赛，因为在那整个世界都是小的。我爱巴黎，因为在这整个世界是大的。"*Mes Pensées*, n° 998。

③ Michel Baridon, *Les Jardins*, *Paysagistes-Jardiniers-Poètes*, Paris: Laffont, 1998, p. 801.

④ 卢梭和狄德罗生于18世纪头十年，他们的社会影响开始于18世纪40年代末至50年代，本文集中于18世纪上半叶，因此未展开论述两人的相关观点。

向，自然在此被转化为符号、象征和舞台。然而，自然式园林的出现毕竟给出了这个契机，让我们转而思考自然审美的问题。那么，作为欧洲园林史的一个重要节点，法式规则式园林向英式自然风园林的观念转变背后，隐藏着哪些自然哲学及其自然观念的存在与角逐？

二、诸自然观念的鼎立并存

法国18世纪研究者让·埃拉尔对18世纪上半叶法国自然观念的区分，也许有助于我们澄清这个疑问。埃拉尔认为，这一时期的法国思想尚未被唯一一种关于自然的观念所支配，而是同时并存三种观念，它们从空间上呈三国鼎立之势，从编年史的序列看又组建成了一个可变的比例矩阵。[①] 第一种自然观，经过法国化了的16世纪意大利文艺复兴遗产，可称为一种魔力的自然。启蒙时代还依然保留着许多类似痕迹，或者是前笛卡尔的自然主义的遗留，尤其是在地下文学和手稿中，1740年以前的法国社会还一直残留着这种哲学思考的痕迹：自然是一个神秘力量和谐共处的储藏库，永远未成年的人类既被它保护又受到它的威胁。这一观念由文艺复兴时期关于人与自然的特殊理论背景造就。当时与古典科学及医学实验中的人文主义兴趣相吻合的是两种截然不同的观念，即部分天文学家、数学家、医学家的工作建立在从亚里士多德到托勒密和盖伦等人的著作之上，另一些人则追寻柏拉图主义、新柏拉图主义和埃及神赫耳墨斯主义的著作，认为只有完全推翻经院式的科学和医学，才有可能发现真理。

第二种自然观，根据一系列文本的不断重申，指向机械主义者的“自然—时钟”(Nature-horloge)观念。它既继承了笛卡尔和马勒布朗士的相关学说，又受到丰特奈尔[②]的指导。这些哲学家认为，我们称之为自然的，不过是隐藏在可感世界多样性之下的简单法则和知性法则的可见效应；其中的认识法则允许人作为世界的真正国王，用知识和

---

① 参见 Jean Ehrard, *L'Idée de Nature en France dans la Première Moitié du 18 siècle*, Paris: Albin Michel, 1963, pp. 235-269.

② 丰特奈尔(Bernard Le Bouyer de Fontenelle 1657—1757)，法国作家和科普工作者，1691年入选法兰西学院院士，笛卡尔主义者，著有《关于多重宇宙的对话》(1686)等，认为宇宙的一切都由碰撞和运动构成。

活动来主宰宇宙。丰特奈尔的《关于多重宇宙的对话》表达了理性主义信念的教导。即使在牛顿科学的压力下,丰特奈尔也从未否认他的笛卡尔主义原则,不过他还是用一种带有怀疑论色彩的经验主义来区分笛卡尔和牛顿的思想。因为"物理学"(自然知识)的某些晦暗,还有一些经验上公认的现象,总是会逃脱数学的分析。普遍数学更多的是一个假设,而不是一个确信。

机械论下的自然缺乏生命性和神圣性,没有自己的价值和尊严。在它那里,自然之所以美,在于自然自身各个组成部分的对称、合度、和谐,并合乎一定的数量关系。在这种思想指导下,新型植物园再现的不是我们看到的自然,而是科学认识的自然,它遵从支配自然物的法则的严谨和简洁。规则式园林则绝佳阐释了"宇宙的几何化",目的在于控制自然,显示人的力量。它体现在以下方面:其一,植物服从于建筑,如凡尔赛宫中的花神喷泉两侧是精巧巨大的绿墙,将树木隔在外围,如同城市与自然的边界,刺绣花坛有着严格的对称性,曲线图案穿过主轴线,嵌入散碎的非植物材质构成色彩变化,为了造型很少使用花卉,以防植物生长破坏了几何图案的完美,只在花坛边框用上绿植并定期修剪;其二,绿色作为社交活动的背景,使得园林就像一个戏剧舞台,有着固定的装饰性景致和附加植物。

第三种自然观为有机论者的"自然-动物"(Nature-animal)观念,产生于牛顿的科学和最初的新生命科学。这种自然既是一种创造的力量,也是一种盲目的力量,朦胧地寻求着那些人类精神不可得的目的。这种思想其实也是帕斯卡关于"人类迷失在混沌宇宙之中"之类主题的再现,后来狄德罗和霍尔巴赫也论述过这类主题。伴随着英国经验主义哲学美学的发展,牛顿的自然科学著作《原理》偏离了早期和表面上支持的机械论哲学,而在《原理》第2版《研究哲学的准则》中似乎更赞成对自然科学的经验主义说明。然而,对绝对空间和时间的承诺及其存在背后离不开无限上帝之存在的观念、引力理论等才是其自然科学与哲学思想的实质。[1] 尽管牛顿将世界的第一推动力留给了上帝,他比帕斯卡皈依基督教后对自然科学的不信任还是前进了一步。

---

① 参见G. A. J. 罗杰斯:《科学与英国哲学:波义耳与牛顿》,斯图亚特·布朗编:《劳特利奇哲学史》第五卷《英国哲学和启蒙时代》,高新民、冯俊等译,中国人民大学出版社2008年版,第50—78页。

狄德罗和霍尔巴赫所主张的生命从非生命物质中“自然发生”的唯物论纲领，才最终把上帝彻底排除出第一因的位置。

近代的自然有机-整体论反对把自然理解为一种纯然物性的性质和实体，也就否定了机械论的自然，从而主张一种特殊的自然有灵论。反映到自然美上，它认为自然美的基础不是物质，而是自然中超出自身的力量，这种力量引导物质的变化，使得自然的变化带有目的和生命主义的色彩。因此其自然美反对把自然的形式与比例的因素看成是自然美的原因。[①] 反映到自然价值的层面上，也就支持了“自然全美”的观点。因此近代有机论和整体论自然观与非人类中心主义有着紧密联系，它在当代的环境伦理话语体系中占据道德优势。

具体说来，培根的《论美》不反对美与比例的传统联系，但他更主张美是有机的整体，比如某些面孔从各个部分孤立地看并不美，但从整体来看才显得美[②]，由此反对了几何主义和形式主义的倾向。培根的园林论强调园林艺术是人类精神最大的滋补，为此他讨论了整个园林的布局，考虑植物花卉、季节气候、色彩、香气和喷泉等的重要性。他指出园林在讲究精致的同时要有野趣，“尽其可能地做成荒野的样子”[③]；园林之路要曲径通幽。18 世纪英国自然式园林的实践遵循的正是这一观念。

根据埃拉尔的分析，18 世纪的法国新古典主义园林与自然风园林并存的背后，正是机械论自然观与有机-整体论自然观的并存。这种并存恰好反映了早期法国启蒙运动思想的特点。其领袖伏尔泰和孟德斯鸠，正是衔接笛卡尔和牛顿的自然观念及其审美思想的中坚人物。对笛卡尔机械论自然观作出的突破，较早出现在伏尔泰对牛顿的引介和赞美之中。在关于形而上学的著述中，伏尔泰批判笛卡尔哲学的二元论，认为心物、身体与思维之间存在着同一性；只有在脱离自然的形而上学家那里，才有这种二元论错误的理解。本体论上的唯物主义倾向导致伏尔泰走向认识论上的经验主义：推崇洛克的认识论，反对笛卡尔的天赋观念论，认为所有观念不外乎是感觉的经验集合。不

---

① 参见丁来先：《自然美的审美人类学研究》，广西师范大学出版社 2005 年版，第 10—12 页。

② 范明生：《西方美学通史第三卷 · 十七十八世纪美学》，上海文艺出版社 1999 年版，第 34 页。

③ 同上，第 39 页。

过他还是局限于自然神论，认为感觉只能说明观念的来源，不能说明观念的真理性。

尽管歌颂新哲学与新科学，孟德斯鸠在古今之争中并不完全偏向尚今派，他也拒绝在几何学和诗歌之间、笛卡尔和荷马之间作选择。此外，法国的启蒙思想者大都吸收了英国的自然神论思想。自然神论信仰一个至高无上、作为造物主的上帝；承认上帝是有位格的，独立存在于这个世界之外。上帝还对这个世界有影响，但只是通过自然的法则，而不以任何超自然的方式起作用。自然神论的影响使得自然法则依然具有最高的典范意义，并在新古典主义之后再次被启蒙美学确定为艺术的模仿对象。肯定自然的唯一实体性，肯定感觉的第一属性和先决属性，是当时百科全书派的共同立场。

在这一含混的自然观的影响下，伏尔泰、孟德斯鸠等率先发表了自己的审美感受，如相对美，自然式园林魅力的"不可名状"，它带来的"多样化之乐"和"惊讶之乐"等。他们的思考还触及了自然观念与自然审美、自然美与艺术美的关系等基本的自然美问题。

三、从相对美到"不可名状"的魅力

伏尔泰的文艺观被认为代表了新古典主义趣味向启蒙主义的过渡。相比于面对牛顿科学的忠诚和信奉，他对莎士比亚的态度可谓"前恭后倨"，其后期对英国的德莱顿、蒲伯和艾迪生等新古典主义诗人却依然推崇备至。大多数研究都认为这折射出伏尔泰的新古典主义趣味。然而对伏尔泰的"自然"的评估不可止步于此。因为他同时指出，高雅的审美趣味在于对自然美保持敏感，自然和质朴更令人愉快。① 伏尔泰的审美趣味论是其转向经验主义认识论的突破，服从于其整个历史哲学批判。他认为，对大自然和社会现实的接触与交流有利于促进审美趣味的建立与发展，一个国家和民族的社会生活状况、宗教道德状况和政治状况，都深刻影响到审美文化的特点；只有审美趣味的健全发展，才是一个民族或国家艺术繁荣的基础。因此伏尔泰

---

① 伏尔泰：《论鉴赏力》，马奇：《西方美学史资料选编》，上海人民出版社 1987 年版，第 592 页。

趣味说中的"自然"虽带有新古典主义痕迹，但它并非普遍天赋的人性本质，更不是贵族与王权的自然状态，而是亲近真实的大自然与社会现实，可为艺术创作和人民趣味的培养提供养料的宝库。"老实人"的花园，终不是逃脱俗世的避难所，而是重新培育世界的苗圃。

新古典主义趣味也未能阻碍伏尔泰对异邦自然式园林的欣赏。18 世纪 50 年代以后为百科全书撰稿时，他专辟"美"的词条，用中国园林的审美体验来说明美感的相对性。耶稣会士阿提莱担任康熙皇帝的御用画师，他向法国友人描述了圆明园的奇观异景，回过头觉得凡尔赛宫既小又暗淡无光。然而德国人却对凡尔赛宫极为神往，会觉得阿提莱神父的判断过于刁钻古怪。① 伏尔泰认为，寻求"美"的唯一本质是徒劳无益的；同一出悲剧引起法国观众的赞叹和快感，到了英国却让人厌倦，由此美和美感都是相对的。但是，和善相关联的美是确切的、绝对的，可以超越种族、时空而为人感知。

伏尔泰对中式园林之美的欣赏，要归功于法国传教士们在欧洲对中国园林等文化艺术的大量引介，他也有可能是通过阅读蒲伯、艾迪生等在宣扬自然风园林理念时对中国园林的赞赏而获得的。其实，17 世纪开始的欧洲"中国热"是以法国为主要据点，路易十四的瓷特里阿农宫装饰即为见证。对中国艺术元素的猎奇率先出现在一些艺术家那里。18 世纪 30 年代于埃(Christophe Huet)等为一些贵族城堡画过所谓的中国巧艺(chinoiserie)、老叟猴子图(singerie)或中国花园图案的装饰壁画。中国元素也为 18 世纪洛可可风格的兴盛做出贡献，画家布歇画有《中国花园》(1742)等一系列中国题材画。到了 18 世纪中下叶，法国洛可可风格的宫殿必有一两个瓷器厅和中国风的房间，花园中必有宝塔、亭阁、逍遥楼或观景楼等中国元素。同一时期扎根法国的英国"图画式"园林，由英国早期的自然园林和中式园林糅合而成，蜿蜒曲折，也必有中国元素。"英中式"或"中英式"园林(Jardin anglo-chinois ou sino-anglais)的名称，表明法国人接受了该风格，却不肯承认此为英国独创。这也从侧面反映了"中国热"在法国的热烈程度。

伏尔泰对中国文艺元素的接受程度较高，有着自己对借用他国文明来启发民智的考虑，这还体现在他对中国文学文化的吸收上，如对

---

① 伏尔泰：《哲学辞典》，王燕生译，商务印书馆 1991 年版，第 212—214 页。

元杂剧《赵氏孤儿》的改写。相比之下，许多西方学者表现出了不屑甚至民族主义情绪。1765 年，为百科全书派撰写词条“Jardin(Arts)”的若古骑士(Louis de Jaucourt, 1704—1780)直指中式花园为“叟猴”。比起新潮风格的轻浮，他更愿意赞颂勒·诺特的天才和伟大趣味，尤其是赞叹英式“田园风俗画”般的园林，称后者不亚于弥尔顿的伊甸园。

对于英式不规则花园，马里沃则表现出了一个道德学家和哲学家的思考。[①] 马里沃属于 18 世纪上半叶重新发现了感性自然丰富性的一代人，因为更直接启发他们思考的导师是丰特奈尔而非笛卡尔。马里沃在笔记《哲学家的书房》的第二章从论爱过渡到论美，指出关于两种花园之间的一个奇怪对照：“美”(beauté)和“不可名状”(je ne sais quoi)。[②] 他的论述策略是让一个了解它们的旅行者漫步“美”的花园，叙说自己无法描画见到的魅力，感觉自己很惊讶、被击中。“……想象一下，所有伟大的、精湛的、有魅力的事物都可以进入一个花园；所有最准确的对称性，最理智的分布，都可以令人惊讶；你很快就会明白我在经历什么。”[③]然而，他很快厌倦了这种针对眼睛而非灵魂的欣赏，这种花园在伟大和规律背后隐藏的傲慢态度激起的不是同情，而是被动的尊重乃至抗议。然后马里沃让他的旅行者找到了下一个花园，它大相径庭：“这个地方没有什么奇怪的，什么都没有安排：一切都被随意扔了；甚至混乱统治着这里，但是世界上最好的趣味的混乱。它有一个迷人的效果，其原因无法被解开，无法显示。”[④]这正是“不可名状”的花园，它忽视了第一个花园的那些美好比例，却无限地取悦人。“我理解为‘不可名状’，这种散落在一张脸的魅力，它使一个人变得可爱，而我们说不出它源自何处。”[⑤]

---

① 马里沃(Pierre de Marivaux 1688—1763)，1743 年击败伏尔泰当选法兰西学院院士，他在戏剧中创立的法式爱情风格被称为马里沃风格。他的杂记有《贫乏的哲学家》(*L'Indigent Philosophe*, 1727)和《哲学家的书房》(*Cabinet du Philosophe*, 1734)等，幽默地描述了当时等级森严的社会和时人的一些缺点。这些作品还体现了他对自己的美学概念和自发性写作的趣味等的捍卫。

② “Je ne sais quoi”字面上可译为“我不知是什么”“妙不可言”或“不可名状”。具体论述见文内。

③ Pierre de Marivaux, *Le Cabinet du Philosophe*, Genève: Slatkine reprints, 1970, p. 39.

④ Ibid., p. 44.

⑤ Ibid., p. 26.

这里“美”的花园指传统的规则式园林，而下一个花园就是自然式园林，具有“不可名状”或“妙不可言”的效果。“不可名状”一词源于文艺复兴时期的意大利和西班牙，17 世纪变成了法国美学讨论里的一个热门主题，并获得法语表述“je ne sais quoi”。在马里沃之前，蒙田和帕斯卡讨论过这个概念，博乌尔斯(Bouhours)将之进行阐述和定位。作为古典理性主义的边缘人，在与布瓦洛的《诗艺》同一时期的名著《阿里斯特与欧仁的对话》[①]中，博乌尔斯神父对“不可名状”的思考构成了浪漫主义之前法语批评的一个基本词汇。他巧妙地剖析了何谓“不可名状”：自发的同情和反感，不能解释的倾向或排斥，这种完全神秘的力量补充或纠正了理性，而不否认理性——全部的细腻和雅致(délicatesse)，它没有拉辛般激情的盲目暴力，但在一个只愿受唯一理性引导的文明社会，是非理性不可缩减的部分。“不可名状”包含的不可理解和不可解释性，对我们是强大万能的，因而它彰显了神恩(Grâce)。[②] 博乌尔斯指出，若缺少“神恩”，即使一切看来合乎比例，也不会令人愉悦，而考虑“神恩”就会产生莫大的效果。[③] 相比之下，马里沃肯定比博乌尔斯更犹豫、更不会用旧物理学的神秘美德、占星术或者宗教的恩典概念的影响来加以比较。他那“不可名状”的花园不是唯一神恩的优选地，而是属于众多神恩的，确切地说是多元的“风雅”或者“魅力”。[④]

另一方面，根据博乌尔斯的观点，“不可名状”是“激活美和其他自然完善的一种消遣或娱乐”。马里沃的旅行者也发展了这个想法：“在这些风雅的身影下，我是触动男女们的‘不可名状’：在此‘不可名状’在绘画中取悦人；在彼‘不可名状’在建筑、家具、花园等一切趣味对象之中取悦人。不要以某种形式来寻找我，我有一千个而不是一个固定的形式。”[⑤]因此，尽管存在着超自然主义和自然主义两种态度，对于新

---

① 该书展示了两位博学机智的好友之间自由随意的六则对话。主题包括大海——作为沉思的对象、法语、秘密、真正的智慧、不可名状、格言等。博尔乌斯对“不可名状”的思考，终止于逃脱理性追索的一种神秘。它受其细腻雅致的外表、它不可见的魅力、在自然和艺术中取悦或不取悦人的感觉等决定，构成了浪漫主义之前法语批评的基本词汇。

② Grâce 指“神恩”，基督教意义上的“恩典”“特赦”，也指“优雅”“风雅”“魅力”。

③ Dominique Bouhours(1628 - 1702), *Entretiens d'Ariste et d'Eugène* (1671), René Rqdouant (ed.), Paris: Bossard, 1920, pp. 194 - 213.

④ Marivaux, p. 47.

⑤ Ibid., pp. 47 - 48.

式花园的情感，马里沃和博乌尔斯分享了非几何精神、非理性主义的同一立场："不可名状"对抗"美"，甚至高于"美"，它属于一种"风雅"范畴。它包括两个对立的含义："无法解释"(混沌的)和"吸引人"(神秘性)。前者对抗理性主义的"知"，后者对抗古典主义的比例和明晰的"美"。这实质上认可了两个层次的美：在一般层面上，美在于比例、对称、统一性等外在性质；而在"不可名状"的层次上，美无迹可寻、不可言说、无法习得。因此"不可名状"抵制了古典主义美学的基本原则——模仿，并促成了"风雅"范畴的成熟。

四、从"多样化之乐""惊讶之乐"到自然美的遮蔽

相比伏尔泰的零星评论和马里沃的审美感受，孟德斯鸠对园林和自然美的思考具有更多启示，且代表了当时自然审美的范式。《论趣味》集中体现了他的美学思想，其中几处思考了花园艺术和自然。[①] 他认为趣味的本质只有从感性和追求快乐的感觉中才能说明。趣味指通过感觉而使我们注意到某一事物的能力；"趣味就是快乐的标准"，它主要涉及的是人的某种精致而微妙的快乐。[②] 对应"自然的趣味"和"习得的趣味"，是作为审美经验中心的"自然的快乐"和"习得的快乐"。"自然的快乐"包括"来自感官的快乐"和"精神的快乐"，"习得的快乐"包括秩序之乐、多样化之乐、对称之乐、对比之乐、惊讶之乐、理性之乐、游戏之乐等，这是从戏剧表演、绘画或视觉经验、理性思维等层面做出的判断。

面对美感对象的形式规律，孟德斯鸠抗拒过度的简化，不过他还

---

① 《论趣味》(*Essai Sur le goût*)，孟德斯鸠写于1753—1755年，晚于夏夫兹博里和哈奇生的趣味理论，但早于休谟的《论审美趣味的标准》(1757)，未完成稿，原手稿已毁。1757年首次出版在《百科全书》第七卷的"论趣味"词条中，原名为《在自然与艺术的事物中的趣味》(Sur le goût dans les choses de la nature et de l'art)，放在已转托伏尔泰所写的《论趣味》之后。1783年版补充了1节，在《孟德斯鸠全集》中以专著形式出版。1816年Lefèvre版增加了5节。目前比较权威的版本有 *Oeuvres complètes*, Daniel Oster(ed), Paris: Éditions du Seuil, 1964; *Oeuvres complètes de Montesquieu*, t. IX, Pierre Rétat and Annie Becq(ed), Oxford, Voltaire Foudation, 2006.

② 孟德斯鸠：《论趣味》，孟德斯鸠：《罗马盛衰原因记》，婉玲译，商务印书馆2009年版，第157—158页。

是面临着在多种形式的审美快乐之间的矛盾。在多样性与秩序之间他难以取舍，最后只能认为这两者应是一种相辅相成的关系。秩序体现的是事物之间的联系，没有它则造成混乱；然而如果多样性丧失了则显得呆板无趣。总之，如果心灵热爱秩序，发现自己"被众多观念的混乱所辱"，它也同样需要多样性、对立、惊奇。① 为此他作了一个折衷主义的评论："借此人们可以解释为何当看到一座整齐的花园我们会快乐，当看到一块蛮荒的田野我们仍然会快乐：造成这些效应的是同一种原因。"②

在提倡多样化之乐的前提下，心灵得以产生美感也是多因论决定的。孟德斯鸠以花园艺术为例来加以说明。他指出令人愉悦的花园存在着不同风格，既有传统的规则花园，也有新式的自然园林：

> 我请你看一看原因的多种多样性吧。我们更喜欢看到一座打理好的花园，而不是一丛乱树林，这是因为：(1)我们的目光不会停留在后者上；(2)前者的每条路都构成一个伟大的事物，而在混乱中每棵树都是不起眼的东西；(3)我们看到了一种我们不习惯看到的配置和条理；(4)我们感谢别人花费在这上面的劳作；(5)我们欣赏人们不断反抗自然的努力，这个自然通过我们不需要的产物，试图把一切搞乱。这如此真实，以至于一个被疏忽的花园是我们不能忍受的；使我们愉悦的，有时是作品的艰难，有时是它的流畅：就像在一个壮丽的花园里我们赞叹它的伟大和主人的豪奢，有时我们也能愉快地欣赏着那些不带多少劳作和开销的艺术。③

孟德斯鸠看到了壮丽的传统园林艺术在反抗自然上带来的惊叹和令人敬佩感，这让人想起了笛卡尔的主题（与自然的斗争），说明他似乎更倾向于规则式花园，也折射出其总体上所持的古典主义和理性主义立场。

这种惊叹也让人回想起当初路易十四站在沃子爵堡的园林里感

---

① 孟德斯鸠：《论趣味》，见其中《秩序的快乐》《多样性的快乐》《对称的快乐》《论对比》《惊讶的快乐》。

② 孟德斯鸠：《论趣味》，《罗马盛衰原因记》，婉玲译，第 159 页。

③ 同上，第 169 页。译文在原有基础上略有改动。

到的惊讶乃至震惊。在孟德斯鸠的趣味说中，“惊讶之乐”(plaisir de la surprise)与“好奇”构成了审美心理的两端。快乐尤其精神的快乐根源于人的自由认知的愿望即“好奇”，后者构成产生和培育趣味的一个前提。而“惊讶之乐”被当作美感活动中的一种基本情绪：“精神永远追求不同事物的这一倾向，使得它可以享受从惊讶产生出来的一切快乐。”[①]在具体阐述“惊讶”时，孟德斯鸠专辟一节来论“不可名状”以及“风雅”。他认为“不可名状”是一种不可见的魅力，是一种自然的风雅，无法定义；它是一种主要建立在“惊讶”之上的效果；风雅在人的精神中而不在容貌中，多见于言谈举止；它多属于女性；风雅是自然流露出来的，不可习得。[②] 总之，因为好奇心而产生的惊讶之乐，使得一种不同于古典“美”的“风雅”显现，它无法定义也“不可名状”。与博尔乌斯和马里沃等的讨论相比，对于风雅之美是非理性的和神秘的这一点，众人意见一致。当然，孟德斯鸠的讨论接近马里沃，认为风雅是一种自然的、多元的力量而非超自然的力量，不过它和园林之美的关系较为间接，不及马里沃直接关切自然式园林之美。

通过悬置、冲突和困惑等元素，孟德斯鸠把快感的问题复杂化了，并构成了对古典理性主义立场的逃逸。这也对应于他将趣味置于规则和教条之外的首要原则：“艺术产生规则，而趣味产生例外：趣味告诉我们，在什么样的情况下艺术应当服从，在什么样的情况下趣味应当服从艺术。”[③]而且，通过“惊讶”和“持续的惊讶”来定义趣味，可以联系到朗吉努斯对诗歌震惊特性的说明。这一点使“趣味”可以延展到“崇高”。孟德斯鸠将崇高作为构成趣味对象的一种形态。[④] 在美学史上，孟德斯鸠把崇高与趣味相关联，这不是朗吉努斯和维柯以来的美学史传统，却影响了伯克。[⑤] 不过孟德斯鸠没有像伯克和康德那样细

---

① 孟德斯鸠：《论趣味》，《罗马盛衰原因记》，婉玲译，第 167 页。

② 同上，第 172—174 页。

③ 同上，第 181 页。

④ 同上，第 154 页。

⑤ 很多美学研究者都关注到休谟对伯克的影响，鲜有提及孟德斯鸠，因为休谟恰在 1757 年 1 月发表了《论审美趣味的标准》，同一年孟德斯鸠在《百科全书》中发表了《论趣味》，伯克出版了《论崇高与美两种观念的根源》。其实孟德斯鸠早于 1753—1755 年就撰写了“论趣味”的文章，1757 年伯克翻译了孟德斯鸠《论趣味》的大部分内容，放在其杂志《纪(转下页)

致谈论自然的崇高，并系统地将美和崇高的对立理论化。他只探讨过天主教的崇高观念，还认为感官的重建伴随着一种崇高精神。尽管如此，这并不妨碍我们指出对传统花园艺术的敬佩感可以关联到某种自然的崇高感。

最后，在论好奇心时，孟德斯鸠思考了自然与艺术的功能以及两者的高低之分。人的精神总是寻求逃出界限，然而人在凝视远方时，无论身处城市还是乡野都有所受限，那如何做到精神的自由超越呢？对此，艺术和自然发挥了各自的功能。

> 艺术拯救了我们，通过它我们发现了隐藏自身的自然；我们爱艺术，比起爱自然——逃避我们目光的自然——来更爱艺术；但是当我们身处良境，登高临远，目光可以投向更远处，山川、河流此时像是被特意创造出来的，比起我们的目光投向勒·诺特背后的花园来，可以产生不一样的愉悦，因为自然并不会复制自己，而艺术处处相似。这就是为什么，比起世界上最美丽花园的平面图来我们更爱一幅画里的风景；绘画只提取自然中美的部分，提取自然在目光所能极尽之处，提取自然的全部边界，提取它多变的地方，提取它可以被愉快观赏到的地方。①

孟德斯鸠的评论充满含混。他一方面认为，勒·诺特的花园是一种人工的作品，展现的不是真的大自然，这里似乎把勒·诺特的花园看作处处相似的艺术；另一方面，他又指出，绘画是艺术，而花园平面图不是艺术，难以表现自然美的多变性和灵活性。那么，这段话至少包含三层意味：第一，一般说来，艺术高于自然。艺术招人喜爱在于它非直接的自然，超越了自然，能够将隐秘的自然界另类地向人类呈现；对它的接触既满足了人类的认知需要，也符合人的审美需要。第二，真

（接上页）事年鉴：历史、政治与文学观念一览》(*The Annual Register or a View of the History, Politics and Literature*)里；然后他在《论崇高与美两种观念的根源》一书中探讨了惊奇、人工的无限性、“连续和统一”、“美与崇高的二难”、“清晰和能量”等问题。此后，在该书的再版序言《论趣味》(1759)中，伯克则受孟德斯鸠的启发重新思考了审美趣味等问题，从崇高研究过渡到趣味研究，一种由崇高来表现的趣味。

① 孟德斯鸠：《论趣味》，《罗马盛衰原因记》，婉玲译，第 159—160 页。译文在原有基础上略有改动。

实的自然相比勒·诺特的花园,能产生不一样的愉悦,因为自然千姿百态,而勒·诺特的艺术处处复制某些元素,难免让人审美疲倦。第三,艺术的优势又被提上日程。在表现自然美的能效上,风景画高于花园平面图,原因在于它能摄取自然最美的、多变的和令人愉悦的部分。

从园林观念史来看,孟德斯鸠的评论具有时代的代表性。风景画正是英国自然式园林的设计源泉。凡布娄、坎特和钱伯斯等造园师都是这一理念的坚决实践者。启发他们灵感的风景画主要是 17 世纪以来荷兰风景画尤其是佛兰德风景画。后者由法国的洛兰、普桑和意大利的罗萨等带来,描绘了一个纯自然、未经开发的世界,大都是牧歌田园诗般的理想画面,其诠释自然的方式是当时欧洲园林中无处可寻的。从传统、封闭、人工的"jardin"(花园)走向开放的、"顺其自然"的"paysage"(风景)的观念,英国的自然式园林带来的革新追求正是后来被称为"如画美"和"如画原则"(picturesque)的效应:意指人们热衷于欣赏那些看起来像(洛兰的)风景画或适合作为风景画题材的自然风景。随着 18 世纪下半叶"图画式"园林和开放景观的实践,法国围绕吉尔丹侯爵和让-马利·莫罗的造园艺术还出现了一个争议:景观规划涉及的是一个创造人工景观的过程,还是一个管理自然的过程?① 可见,这类园林尽管试图削弱人工痕迹和人对自然的控制,它不是也重新转向了人工(美),不是同样把艺术隐藏在自然的表面之下吗?由此关于艺术表现的对象"美的自然"也不过是一个美丽的谎言。

孟德斯鸠的评论仍然将艺术美作为自然审美欣赏的基础,这一艺术高于自然的顽固观念导致了真实的自然之美的遮蔽。传统艺术美只提取自然中美的部分,意味着拒绝自然不美而真实的一面。这反映了近代美学的一个基本难题,我们要"真的自然"还是"美的自然"?传统的模仿论认可(艺术)美来自于自然又高于自然,认可"美的自然",经验主义美学和启蒙主义美学出现后,"美的自然"越来越受到"真的自然"的挑战。在孟德斯鸠这里,尽管园林介于自然与艺术之间。"真

---

① René-Louis de Girardin 著有《论风景的组织》(*De la Composition des Paysages*, 1777),Jean-Marie Morel 著有《园林理论》(*Théorie des Jardins*, 1776)。两人在埃默农维尔镇建造的园林和景观广为流传,即卢梭公园的前身。

的自然”还是让位于“美的自然”。“真的自然”在法国取得胜利，至少要等到现实主义者狄德罗才出现可能性。尽管如此，直到 19 世纪末尤其是环境美学的兴起和“自然全美”观念的出现，如画原则及其隐藏的艺术美欣赏模式才真正受到挑战。

简言之，法国早期启蒙美学的自然观是对巴洛克和新古典主义美学自然观的部分沿袭，但赋予了崭新的时代内容，更贴近真实的大自然和市民生活。伏尔泰是这场自然观念改革的旗手和主力军，马里沃和孟德斯鸠不仅描述了关于园林和自然美的审美感受及其范畴，而且提出了有关自然审美价值的基本问题。他们的自然观念及其审美思想回应了 18 世纪上半叶法国园林观念的变迁，也为下半叶从宫廷到世俗园林指导思想的演变准备了舆论条件。

【本文为国家社会科学基金重大招标项目“西方自然美学通史”(19ZDA044)的阶段性成果】

（作者单位：扬州大学文学院）

学术编辑：张　冰

自然美的特殊启蒙价值：卢梭的现代性自然美学

杜学敏

内容提要 “自然”概念是卢梭所有作品的“红线”，“回归自然”则是卢梭最鲜明的思想标识。卢梭启蒙思想中的“自然”，既是卢梭指控人类文明与现代社会的立足点，也是考验、启示、呼唤人类的良师益友，还是和谐完满人性的理想状态、生活原则与终极依据。其中，理想的自然状态意义上的自然是卢梭“自然”概念的核心内涵。卢梭的自然美观，既重视崇高也不轻视优美，认为二者均具有有益身心的功效；不仅指向自然物之美的自然美，更深刻地高扬自然本性之美的自然美。卢梭立足于趣味或审美力的自然审美观强调，“回归自然”既意指回归到大自然、感受大自然之美，也意味着回归到一种自由状态、过一种自然而然的生活。卢梭重视甚至膜拜两种内涵的自然美甚于艺术美，其自然美学以其审美教育理念与审美自由内涵同时表现出启蒙现代性和审美现代性特征，在西方美学史上前所未有地彰显了自然审美的解构与建构双重价值，从而代表着现代性自然美学话语的功能维度。

关键词 卢梭 自然美 自然美学 启蒙 现代性

卢梭(Jean-Jacques Rousseau，1712—1778)是法国和欧洲启蒙运动中颇为另类的领袖级人物。此“另类”缘于他对“自然”而非整个启蒙运动的主旋律“理性”的偏爱。“自然”成为卢梭所有作品的“红线”始于其成名作《论科学与艺术》(1750)，自那以后“自然状态”“自然人性”“自然情感”“自然的人”“自然教育”“自然宗教”等一系列“自然”概念所传达出来的“回归自然”思想就贯穿于其政治学、教育学、文学、宗教、哲学、美学等诸多研究领域，从而堪称卢梭思想的核心或最鲜明的思想标识。

从历史文献看，西方人对自然的欣赏很早就已开始，但只有到卢梭及其所开辟的浪漫主义时代，自然审美方才变得更加自觉、普遍而成熟。卢梭对自然美怀有一种特别的兴趣。他抓住一切机会，在欣赏、描绘自然，抒发对自然喜爱之情的同时，零散而又启人深思地表达了对自然美及其价值的高见。这首先跟他对“自然”的高度关注与独特理解，对“回归自然”思想的反复申述密不可分。

尽管并未直接使用“自然美”概念，其自然美之思也非出于自觉的美学意图，但以竭力反对法国上流社会一切矫揉造作和腐败的审美趣味而进入自然之思的卢梭，明显存在着其自然美观念或自然美学思想。本文主要关注启蒙思想家卢梭之“回归自然”说中的“自然”概念及其自然美观，试图从美学视角探究：卢梭在西方思想史上率先明确标举其“自然”观念的同时表达了怎样的自然美与自然审美观？此自然美学思想有何特征与贡献，尤其是同启蒙现代性与审美现代性有何关系？又是如何凸现自然美学功能维度的？

一、卢梭启蒙思想中的“自然”概念

“自然”在卢梭的整个生平活动与思想观念中占据着一个极其重要的位置，以至罗曼·罗兰说卢梭与“自然”之间存在着一种罕见的师生或情人关系。[①] 卢梭的“自然”并未超出“自然界”与“本性”这两种自然概念的基本内涵，但被他大量使用的“自然”随着其不同运思方向的展开实际获得了多个层面的内涵与用法。正如他自己所言：“自然这个词的意义是太含糊了，在这里，应当尽量把它明确起来。”[②]不过，卢梭其实并未对“自然”概念有明确界定，其颇具特色的“自然”概念及其内涵与用法总体是功能性的，而非实质定义性的。

首先，作为人类文明对立面的“自然”概念，成为卢梭指控人类文明社会各种弊端与罪状，批判现代社会腐朽堕落的立足点和参照系。

在《论科学与艺术》中卢梭开始将“自然”视为科学与艺术的对立面。在他看来，在科学和艺术产生之前的原始时代，虽然各方面并非

---

① 参见罗曼·罗兰：《让-雅克·卢梭简介》，罗曼·罗兰编：《卢梭的生平与著作》，王子野译，三联书店 1993 年版，第 10 页。

② 卢梭：《爱弥儿：论教育》，李平沤译，商务印书馆 1978 年版，第 8 页。

完美无缺，但社会风尚纯洁质朴，人们依其自然天性或德性而生活得自由、安全；而到了文明时代，日渐精微、细腻的科学研究与艺术趣味不断地败坏着社会风尚，人们不再听从自我天性，表现真我，转而听从习俗和礼节的摆布，追求虚荣华贵，整个社会流行的是一种邪恶而虚伪之风。[①] 因而，科学、艺术同人的自然本性是完全对立的，或者说是对人自然本性的背叛，而这正是科学与艺术不能敦风化俗反而伤风败俗的根本原因。

在其五年后的《论人与人之间不平等的起因和基础》(1755)中，卢梭在人与自然相互对立的意义上更深刻地揭示了人与人之间不平等的原因。他指出，在人与人之间大自然安排了平等，而人自己则制造了不平等，所以“人类的苦难都是自己造成的；大自然对我们并无过错”[②]。在承认人类文明巨大成就和进步的同时，卢梭更对给自己带来巨大痛苦与麻烦的人类文明给予了深刻批判。[③] 人类之所以能够超出于动物之上，能够同时利用和违背造福人类的大自然，是因为有动物所无的“自我完善的能力”，而“这种几乎是无可限量的特殊能力……使人在获得知识的同时，也产生了许多谬误；既培养了道德，也犯了过错，最后终于使他成为他自己和大自然的暴君”，做出了许许多多“欺骗大自然”“侮辱大自然”[④]的丑恶之事。

倡导“自然教育”的《爱弥儿》(1762)开篇伊始，卢梭对人类违背自然的各种罪责做出了鞭辟入里的分析与揭露：“出自造物主之手的东西，都是好的，而一旦到了人的手里，就全变坏了。他要强使一种土地滋生另一种土地上的东西，强使一种树木结出另一种树木的果实；他将气候、风雨、季节搞得混乱不清；他残害他的狗、他的马和他的奴仆；他扰乱一切，毁伤一切东西的本来面目；他喜爱丑陋和奇形怪状的东西；他不愿意事物天然的那个样子，甚至对人也是如此，必须把人像练马场的马那样加以训练；必须把人像花园中的树木那样，照他喜爱的样子弄得歪歪扭扭。”[⑤]《爱弥儿》反复渲染的主题就是：自然和乡村使

① 参见卢梭：《论科学与艺术》，何兆武译，上海人民出版社 2007 年版，第 23 页。

② 卢梭：《论人与人之间不平等的起因和基础》，李平沤译，商务印书馆 2007 年版，第 130 页。

③ 参见卢梭：《论人与人之间不平等的起因和基础》，李平沤译，第 130—131 页。

④ 卢梭：《论人与人之间不平等的起因和基础》，李平沤译，第 58 页、第 134 页。

⑤ 卢梭：《爱弥儿：论教育》，李平沤译，第 5 页。

人幸福，文明和城市则使人堕落。改变此反常现象的具体方略就是循序渐进地按照自然规律及儿童自然天性听任其身心自由发展，以“自然教育”培养与现代文明人相对的“自然人”。

在晚年的《卢梭评判让-雅克：对话录》(1772—1776)中，卢梭继续强调指出：“人天生是幸福而善良的，但是社会使他堕落使他变坏了。”[①]所谓“天生”即“自然天性/本性”。可以说，无论是大自然意义上的自然概念，还是自然而然意义上的自然概念，均成为卢梭用以否定和批判人类社会诸多社会问题的根本依据。

其次，在卢梭看来，与人类社会相对的“自然”也是一位考验、启示、呼唤人类的良师益友和真诚伙伴。

卢梭以为，并非人人都适合从事科学与艺术活动，这从大自然似乎是有意设置的种种障碍可以得到证明，但是执迷不悟的所谓文明人，置人类导师大自然的忠告劝诫于不顾，自以为是，一意孤行，以致造成了种种祸端。不过，卢梭尽管否定科学与艺术可以敦风化俗的功能，但他并不否定科学与艺术活动本身所分别体现出来的人的理性精神与自然情感。卢梭其实并非完全否定科学(或艺术)，更非否定科学本身，他只是对启蒙思想家们竭力进行的科学普及化持保留意见。因为科学一经普及就蜕化为意见，所以并不适合普通常人；科学只是那些“自然注定了要使之成为自然的学徒”的少数人像培根、笛卡尔、牛顿等这些人类的导师们的领地。[②]

卢梭在后来的著作中反复重申大自然“这本书”对于人类的重大意义。他号召：人应该不是在人世间“谎话连篇的著述家的书中，而是在从不撒谎的大自然这本书中”阅读自己“真实的故事”，因为“凡是来自自然的东西，都是真的”[③]；“若想成为世上最聪明的人，你只要善于阅读大自然这本书就行了”[④]；“如果你想永远按照正确的道路前进，

---

① 卢梭：《卢梭评判让-雅克：对话录》，袁树仁译，第 257 页。此处引文中虽无“自然”，但其中“天生”也可译为“自然”。参见卢梭：《论人类不平等的起源和基础》，李常山译，商务印书馆 1962 年版，第 120 页注 1。

② 参见卢梭：《论科学与艺术》，何兆武译，第 59 页。“因此，在《论科学与艺术》中，他攻击的不是科学本身，而是普及化了的科学或科学知识的流播。”列奥·施特劳斯：《自然权利与历史》，彭刚译，生活·读书·新知三联书店 2006 年版，第 266 页。

③ 卢梭：《论人与人之间不平等的起因和基础》，李平沤译，第 48 页。

④ 卢梭：《新爱洛伊丝》，李平沤、何三雅译，译林出版社 1993 年版，第 667 页。

你就要始终遵循大自然的指导”[①]。在卢梭看来，相比于人类所写的书，大自然的书才是更值得人们永远信赖和学习的真理之书，是人类真正的知识之源，是需要每个人认真去汲取真养料和营养之所。

尤其在《爱弥儿》中卢梭直接把“自然”称作“老师”，称作一本大书的“作者”，认为这位老师和作者应是每一个孩子和每一个人崇奉的对象：“教育是随生命的开始而开始的，孩子在生下来的时候就已经是一个学生，不过他不是老师的学生，而是大自然的学生罢了。”[②]卢梭还指出，自然就像一位真诚的伙伴一样向人类发出深切的呼唤，我们没有任何理由不去倾听：“自然的呼声就是天真无邪的声音”[③]，“圣洁的自然呼声，胜过了神的呼声，所以在世上才受到尊重，它好像把一切黑恶和罪人都驱逐到天上去了”。[④] 因而，只要“我们服从自然，我们就能认识到它对我们是多么温和，只要我们听从了它的呼声，我们就会发现自己做自己的行为的见证是多么愉快”[⑤]。在卢梭看来，人只有听从内外在自然的召唤，才能不致迷失本性，懂得自己的职责，从而走在正确的道路上。

第三，对于卢梭而言，自然也是和谐完满人性的理想状态、生活原则与终极依据。

此种意义上的“自然”观集中体现在卢梭的“自然状态”“自然人性”“自然情感”等概念上。卢梭的自然状态观是在批判继承霍布斯和洛克“自然状态”观的基础上提出来的。卢梭以为纯粹自然状态下的原始人虽然有年龄、健康、体力、智力等的不同，但这些并不具有道德的意义，不会因此造成精神或政治上的不平等。他们的生活尽管粗野无知，但也平等、自由、纯朴。自然人中没有一个人依赖他人的劳动来为自己的利益服务，没有发生奴役的情况。卢梭曾在《论人与人之间不平等的起因和基础》中对此有生动描述。在卢梭看来，自然状态“对人类来说是最好的状态。……人类本来就是为了永远处于这种状态而生的，这种状态是人类真正的青年时期”[⑥]。卢梭的“自然状态”一经

---

① 卢梭：《爱弥儿：论教育》，李平沤译，第 536 页。

② 同上，第 46 页。

③ 同上，第 378 页。

④ 同上，第 414 页。

⑤ 同上，第 413—414 页。

⑥ 卢梭：《论人与人之间不平等的起因和基础》，李平沤译，第 93 页。

提出，在当时即遭受了很大的误解甚至辛辣讥讽（如伏尔泰），认为卢梭是要人退回到动物状态中去。但卢梭人类原始的自然状态思想并非是要开历史倒车，它与其说是描述了人类已经逝去的黄金时代，不如说是表达了对桃花源般的人类理想状态的向往，并试图以此理想状态来省察现有文明的偏误和缺陷。[①] 有学者指出，卢梭的“自然状态究竟是什么意义，他没有清晰地说明，并且常不能自圆其说”[②]。不过，即便卢梭本人对“自然”术语的使用是随意甚至矛盾和混乱的，却并不影响他使用此概念的价值性指向，即借此反思源于自然却经常反自然的人类文化。

卢梭论述过与“自然状态”相联系的两种重要的“自然人性”。人的心灵活动被卢梭一分为二，一是理性部分，二是前理性或超理性部分。自然的人是用前理性或超理性的感情、本能来考察事物，采取行动的。[③] 卢梭将前/超理性的两个原动力分别称作自爱心和怜悯心，并强调自爱心是“人类唯一具有的天然的美德”[④]，怜悯心是“我们这样柔弱和最容易遭受苦难折磨的人最应具备的禀性，是最普遍的和最有用的美德；人类在开始运用头脑思考以前就有怜悯心了；它是那样的合乎自然，甚至动物有时候也有明显的怜悯之心的表现”[⑤]。卢梭把“自爱心”和“怜悯心”视为人的自然情感，认为正是它们的相互制约使人生活于和平友善的自然状态之中。

卢梭还反复强调“自然”对于人类真善美三种元价值的本源性地位及其根本意义：“凡是来自自然的东西，都是真的；只有我添加的东西才是假的”[⑥]；“出自造物主之手的东西，都是好的，而一到了人的手里，就全变坏了”；“一切真正的美的典型是存在在大自然中的”。[⑦] 对

---

① 参见卢梭：《卢梭评判让-雅克：对话录》，袁树仁译，上海人民出版社 2007 年版，第 257—258 页。另参见康德的相关论述及卡西尔对康德的引述，康德：《实用人类学》，邓晓芒译，上海人民出版社 2002 年版，第 254 页、第 255 页；卡西尔：《卢梭 · 康德 · 歌德》，刘东译，三联书店 2002 年版，第 11—12 页、第 31 页；卡西勒：《启蒙哲学》，顾伟铭等译，山东人民出版社 1988 年版，第 265 页。

② 威廉 · 邓宁：《政治学说史》修订版下卷，谢义伟译，吉林出版集团有限责任公司 2015 年版，第 5 页。

③ 参见卢梭：《论人与人之间不平等的起因和基础》，李平沤译，第 37—38 页。

④ 卢梭：《论人与人之间不平等的起因和基础》，李平沤译，第 72 页。

⑤ 同上，第 72—73 页。

⑥ 同上，第 48 页。

⑦ 卢梭：《爱弥儿：论教育》，李平沤译，第 5 页、第 502 页。

于卢梭，真善美的典型均是存在于自然之中的，只有自然才是鉴别我们行为是否正当的永恒标准。所以，与往往视“自然”为“蒙昧”“动物本能”同义语的同时代的其他启蒙思想家们不同[①]，卢梭主要是从塑造、建构完整而全面的理想人性立论的，他以自然状态、自然人性和自然情感为主要内容的“自然”概念具有鲜明的人文理想性，而且既被视为人性完满与和谐的终极依据，也成为用以批判现代社会腐朽与堕落的参照系。

正是在用“自然”观念对抗科学与艺术所带来的社会问题，用原始人的自然本性对抗现代文明的社会性，深刻揭露文明与社会进步之间尖锐矛盾的过程中，卢梭提出了其著名的“回归自然”的思想：“我们对风尚加以思考时，就不能不高兴地追怀太古时代的纯朴的景象。那是一幅全然出于自然之手的美丽景色，我们不断地在回顾它，并且离开了它我们就不能不感到遗憾。”[②]卢梭对“自然”概念之外部自然与内部自然的双重性是有清醒认知的，故而他所要回归的“自然”，既指的是自由、平等的人性自然，也指的是给予人类以最真实启示的自然界。卢梭的“回归自然”思想实际存在着回归外界大自然与回到自然本性两种内涵。

总体而论，卢梭在其整个启蒙思想中往往从多个层面上用到“自然”概念。自然有时是用以指称独立于人类社会而存在的自然界的实体概念，有时则意指用以启迪人类当顺应自然及其规律的价值概念；有时意指外在自然，有时则意指内在自然；有时是他批判整个人类文明的一把有力武器，有时又成为寄托其社会政治、文学艺术思想的一种理想状态。尽管卢梭明确地认识到并不存在完美的自然界[③]，其“自然”概念具有不能予以简单归纳的复杂性，但理想的自然状态意义上的自然仍然构成了卢梭“自然”概念的核心内涵，它既是卢梭“回归自然”命题产生的思想基础，也是我们理解卢梭自然美观念及其价值的前提。

---

① 在卢梭的思想中，“自然”概念即使具有生理自然义，也已不存在纯生物与本能的内涵。参见卢梭：《论人与人之间不平等的起因和基础》，李平沤译，第 45 页。

② 卢梭：《论科学与艺术》，何兆武译，第 47 页。

③ 参阅卢梭：《忏悔录》第二部，范希衡译，人民文学出版社 1982 年版，第 733 页。

二、回归自然：卢梭的自然美与自然审美论

由于卢梭没有关于美学问题的专门论著，其主要涉及美学问题的《新爱洛伊丝》《爱弥儿》《忏悔录》《卢梭评判让-雅克：对话录》《漫步遐想录》等作品本身也未能提供一个独立的美学体系，因而较之于人们对其在西方思想和文化史上之于哲学、社会学、伦理学、政治学、法学、教育学、文学、神学等诸领域的杰出贡献与影响的不断追溯与阐发，西方美学史家从美学方面对卢梭的关注与研究显得非常有限。[①] 正像罗素指出的卢梭尽管并不是严格意义上的哲学家但他却对哲学产生了很有力的影响[②]一样，卢梭虽然也不是专门的美学家，但他却深刻地影响了西方美学某些方面的气质。尤其是在其大量的文学和非文学著作中，卢梭自觉不自觉地深入论及美的问题，其中就有本文所关注的自然美。而且，归属于其整个启蒙思想体系中的自然美学观念所具有的鲜明而深刻的现实指向，足以使他能够从美学人才辈出的 18 世纪脱颖而出，从而成为在自然美学史中占据一章或至少一大节篇幅位置的美学家。

卢梭的心灵似乎生来就富于感受大自然的美。童年在一个名为包塞(Boissy)的乡村度过的两年时光，培养了他对宁静、纯朴的田园生活的感情。青年时代他在意大利都灵有过为期七八天的徒步旅行，阿尔卑斯群山美丽的风光激发了他丰富的想象力与对大自然及其美的

---

① 鲍桑葵和克罗齐的美学史尽管有时会提到卢梭的名字，但未给卢梭的美学思想一席之地；卡西尔在其《启蒙哲学》(1932)第六章虽然精辟地阐释了卢梭关于法律、国家和社会的思想及其价值，在集中讨论启蒙时代"美学的基本问题"的第七章里却没给予卢梭的美学思想应有的位置(卡西尔后来意识到了这一缺憾，在其《人论》(1944)第九章中曾给予一定弥补)；在比尔兹利的美学史中，卢梭的名字甚至从未出现。相对而言，俄苏和中国的西方美学史著作大都能够用一定篇幅对卢梭的美学思想给予特别注意，但其自然美学思想基本上未得到应有的关注。参见苏联奥夫相尼科夫的《美学思想史》(吴安迪译，陕西人民出版社 1986 年版)和舍斯塔科夫的《美学史纲》(樊莘林等译，上海译文出版社 1986 年版)，及李醒尘的《西方美学史教程》(北京大学出版社 1994 年版)和范明生著《西方美学通史 · 十七十八世纪美学》(上海文艺出版社 1999 年版)等。

② 参见罗素：《西方哲学史》上卷，何兆武、李约瑟译，商务印书馆 1963 年版，第 5 页；《西方哲学史》下卷，马元德译，商务印书馆 1976 年版，第 225 页。

喜爱、赞叹。这样，当卢梭日后成为作家时，就被公认为是法国文学中最早表达对自然美的热爱和欣赏的作家，《新爱洛伊丝》等文学作品中对如湖泊(瑞士的日内瓦湖和比埃纳湖)、山谷(讷沙泰尔邦的特拉维尔山谷和法国尚贝里城附近的厄歇勒山崖)与乡野(法国尚贝里城附近的沙尔麦特乡野和巴黎近郊的蒙莫朗西乡野)等自然风景或自然事物之美的生动而精彩的描绘因此成为文学史上不朽的篇章。[①] 也正是在卢梭自己或借助于他笔下的人物对自然美景进行具体描述的过程中，卢梭也零零星星地表明了他对于自然美和自然审美的洞见。

"在所有一切可以想象得到的景象中，最美的是大自然的景象。"[②] 早在《论人与人之间不平等的起因和基础》中，卢梭就设想理想的共和国除了政治上的诸多优点外，还需有优越的自然条件和最美好的景致。[③] 后来，卢梭根据自己深切的自然审美体验写道："一个平原，不管那儿多么美丽，在我看来绝不是美丽的地方。我所需要的是激流、巉岩、苍翠的松杉、幽暗的树林、高山、崎岖的山路以及在我两侧使我感到胆战心惊的深谷。"[④]卢梭似乎更赞同"无限风光在险峰"那种别样的自然美："大自然似乎不愿意人们看见它真正的美，因为人们的眼睛对大自然的美太不敏感，即使摆在他们的眼前，他们也会看错它本来的样子的。大自然躲开人常去的地方，它把它最动人的美陈列在山顶上，陈列在密林深处和荒岛上。"[⑤]正如有学者指出的，"不论是描写山峦，描写湖水，还是描写乡野，卢梭笔下的大自然都具有一种粗犷雄浑的美，这是自然之美在卢梭的感受和描写中表现出的基本特色"[⑥]。换言之，卢梭所欣赏的自然美景有偏于荒凉、险峻、怪异、雄奇的特征，亦即他所欣赏的自然美有偏重于崇高而非优美的倾向。这显然对崇拜卢梭、并对有别于优美的崇高和有别于艺术美的自然美做出过经典研究的康德产生了非同寻常的影响。但卢梭重视崇高的自然美，并不轻视优美的自然美。

---

① 参见邹华：《大自然如此陈列：卢梭作品中的自然》，《西北师大学报(社会科学版)》2006 年第 1 期。

② 卢梭：《新爱洛伊丝》，李平沤、何三雅译，第 552 页作者注。

③ 参见卢梭：《论人与人之间不平等的起因和基础》，李平沤译，第 24 页。

④ 卢梭：《忏悔录》第一部，黎星译，人民文学出版社 1980 年版，第 212 页。

⑤ 卢梭：《新爱洛伊丝》，李平沤、何三雅译，第 482 页

⑥ 邹华：《大自然如此陈列：卢梭作品中的自然》，《西北师大学报(社会科学版)》2006 年第 1 期。

卢梭特别强调人对自然美的直接接触与真切感受，并认为必须从儿童抓起："自然景色的生命，是存在于人的心中的，要理解它，就需要对它有所感受。孩子看到了各种景物，但是他不能看出联系那些景物的关系，他不能理解它们优美的谐和。要能感受所有这些感觉综合起来的印象，就需要有一种他迄今还没有取得的经验，就需要有一些他迄今还没有感受过的情感。如果他从来没有在干燥的原野上跑过，如果他的脚没有被灼热的沙砾烫过，如果他从来没有受过太阳照射的岩石所反射的闷人的热气，他怎能领略那美丽的早晨的清新空气呢？花儿的香、叶儿的美、露珠的湿润，在草地上软绵绵地行走，所有这些，怎能使他的感官感到畅快呢？"①在卢梭看来，就儿童教育而论，整体优美的自然美是不可缺少的，而且可以发挥其更重要的审美教育价值。事实上，对于卢梭，欣赏、追求大自然的美——不论是优美的还是崇高的——均具有有益肉体与精神的双重功效："高山上的空气清新，使人的呼吸更加畅快，身体轻松，头脑非常清醒，心情愉快而不激动，情欲也得到了克制。……站在比人居住之地高的地方，就会抛弃所有一切卑下的尘世感情；当我们愈来愈接近苍穹时，人的心灵就会濡染苍穹的永恒的纯洁。"②亚里士多德就悲剧等艺术而提出的"净化说"在此被卢梭从自然美视角做出了阐释。

卢梭的自然美思想不仅涉及自然物的美，更重要的是他明确涉及了自然本性的美。卢梭写道："在人做的东西中所表现的美完全是模仿的。一切真正的美的典型是存在在大自然中的。我们愈是违背这个老师的指导，我们所做的东西便愈不像样子。因此，我们要从我们所喜欢的事物中选择我们的模特儿；至于臆造的美之所以为美，完全是由人的兴之所至和凭借权威来断定的，因此，只不过是因为那些支配我们的人喜欢它，所以才说它是美。支配我们的人是艺术家、大人物和大富翁，而对他们进行支配的，则是他们的利益和虚荣。他们或者是为了炫耀财富，或者是为了从中牟利，竞相寻求消费金钱的新奇的手段。因此，奢侈的习气才得以风靡，从而使人们反而喜欢那些很难得到的和很昂贵的东西。所以，世人所谓的美，不仅不酷似自然，而

---

① 卢梭：《爱弥儿》，李平沤译，第218页。值得注意的是，此段文字开头也论及了自然美的本质或主客观性问题。

② 卢梭：《新爱洛伊丝》，李平沤、何三雅译，第54页。

且硬要做的同自然相反。"[①]卢梭在此十分明确地立足于产生根源而区分了两种完全对立的美，即自然而然的美与人工臆造的美，而且旗帜鲜明地厚前薄后。在卢梭看来，人工产品的美原本就是模仿大自然自然而然的美的，其范本与价值也当以大自然为标准，但现实中的大量事实告诉我们，人造产品的美常常不仅不酷似自然的美，反而完全背离自然的美，因为其趣味标准常常是由艺术家、权贵、富翁的随心所欲、贪心和虚荣心来操纵的。

对此种非自然的人工造作之美，卢梭曾在《新爱洛伊丝》卷四中借主人公圣普乐的书信表达了强烈的厌恶感。面对沃尔玛夫妇的"爱丽舍"果园，圣普乐对它大加赞赏，因为他看到的果园虽经人工整治但仍像大自然的创造那样没有人为的痕迹，并且对上流社会所崇尚的反自然的园林趣味予以辛辣讽刺。[②] 由于热爱纯粹本性天成的美，卢梭不仅反对任何出于功利与虚荣目的从而与自然美对立的臆想的美，而且反对任何反季节、反自然的人工的美。[③] 在自然物的美与人工制品和艺术品的美之间，卢梭高度推崇前者而贬低后者，原因很简单：构成自然物之美基础的自然物是自然天成的，因而自然美（自然物的美及自然而然的美）也是天然、真实的；产生人工制品及艺术品的人是造作、虚伪甚至是丑恶的，亦即非自然的，因而艺术及艺术美也是人为、虚假的。

卢梭不仅对双重意义上的自然美有深刻论述，而且从趣味或审美力(taste)的视角对产生自然美（尤其是自然而然意义上的自然美）的自然审美做出了深入探讨。卢梭是在《爱弥儿》第四卷偏后部分专门对人类"审美的原理(the principles of taste)"进行这一番具体而微的哲学探讨的。卢梭指出："审美力是对大多数人喜欢或不喜欢的事物进行判断的能力"，它"只用在一些不关紧要的东西上，或者，顶多也只是用在一些有趣味的东西上，而不用在生活必需的东西上，对于生活必需的东西，是用不着审美的"[④]。他以为，原始人并不具备审美

---

① 卢梭：《爱弥儿》，李平沤译，第 502 页。

② 参见卢梭：《新爱洛伊丝》，李平沤、何三雅译，第 482 页。

③ 参见卢梭：《爱弥儿》，李平沤译，第 511 页。

④ 卢梭：《爱弥儿》，李平沤译，第 500 页。参见 Jean-Jacques Rousseau, *Emile or On Education*, Introduction, Translation, and Notes by Allan Bloom, Basic Books, 1979, p340.

力[①]，但现代人的"审美力是人天生就有的"，因为"审美力是听命于本能的"，"我们对审美力的原理是无可争辩的"。[②] 卢梭对趣味或审美力的界定表明，他已经在康德对"审美"与"美"做出经典界定之前不仅把捉到了现代美学的核心观念——审美无利害性即审美是人无关功利的情感趣味活动，而且认为审美是人的一种自然而自由的先天能力。就卢梭对双重内涵的自然而非人工化了的艺术之推崇而论，他所关注的审美无利害思想应该主要是基于对双重内涵的自然之欣赏来讲的，他所关注的人的自然而自由的审美能力应该主要指针对双重内涵自然的审美能力或自然审美能力。

对美与审美的关系问题，卢梭认为二者是共属一体的，而非分离的。所以，尽管卢梭论及多种多样的美，但他并不认为以这些事物来命名的美就是这些事物的一种属性。就自然美而言，卢梭说："自然的壮丽存在于人心中，要看到它，必须感受到它。"[③]换言之，自然美并非自然物的自然属性，而是人在审美过程中获得的。相对于人们更为熟悉的作为审美活动成果的"自然美"，卢梭其实应该更看重根本而过程化的"自然审美"活动。

卢梭深知，人类文明愈是发展，非自然化的程度便愈甚；人的社会化程度愈高，人便愈是远离天性自然，人也就愈丧失先天的自然趣味与自然审美能力："我们愈脱离自然的状态，我们就愈丧失我们自然的口味，说得更确切一点，就是习惯将成为我们的第二天性，而且将那样彻底地取代第一天性，以至我们当中谁都不再保有第一天性了。"[④]因而，古人比现代人更接近自然："古代的人既生得早，因而更接近于自然，他们的天才更为优异。"[⑤]社会地位低的下层人士比社会地位高的上流人士更接近自然："人们用各种方式表达自己，所处的阶层越是低贱，天性自然越少被伪装。"[⑥]所有人为的人工制品及由此产生的美是

---

① 参见卢梭：《论人与人之间不平等的起因和基础》，李平沤译，第 77 页。

② 卢梭：《爱弥儿》，李平沤译，第 500—501 页。

③ Jean-Jacques Rousseau, *Emile or On Education*, Introduction, Translation, and Notes by Allan Bloom, Basic Books, 1979, p169. 参见卢梭：《爱弥儿》，李平沤译，第 218 页。

④ 卢梭：《爱弥儿》，李平沤译，第 191 页。

⑤ 卢梭：《爱弥儿》，李平沤译，第 506 页。

⑥ 卢梭：《文学与道德杂篇》，吴雅凌译，华夏出版社 2009 年版，第 113 页。类似的比较还有很多，比如最接近自然状态的职业是手工劳动等。

在违背自然人性即不自然的背景下产生的，就此卢梭有理由宣布现代社会中一般由上流社会贵族和精英们所代表的非自然的审美与美都是不合法的。卢梭由此强调，远离不自然和反自然的社会，通过回归自然、接近和热爱自然来保持或重新获得自然审美能力："我时时刻刻要尽量地接近自然，以便使大自然赋予我的感官感到舒适，因为我深深相信，它的快乐和我的快乐愈相结合，我的快乐便愈真实。我选择模仿的对象时，我始终要以它为模特儿；在我的爱好中，我首先要偏爱它；在审美的时候，我一定要征求它的意见。"[①]以自然及自然(审)美为美与审美的原型、标准不只是卢梭本人热爱、推重自然与自然美的证明，也应成为处于义无反顾的文明化进程中的每个现代人需要牢记的箴言。

为此，卢梭在论教育的《爱弥儿》中特别宣示了一种可称之为自然审美教育的美学理念。他写道："我的主要目的是：在教他认识和喜爱各种各样的美的同时，要使他的爱好和审美力(taste)贯注于这种美，要防止他自然的口味改变样子，要防止他将来把他的财产作为他寻求幸福的手段，因为这种手段本来就是在他的身边的。……我们可以通过它们去学习利用我们力所能及的好的东西(good things)所具有的真正的美来充实我们的生活。我在这里所说的，并不是道德上的美，因为这种美是取决于一个人的心灵的良好倾向的；我所说的只是排除了偏见色彩的感性(the body)的美，真正的官能享受(real delight)的美。"[②]联系前述卢梭对于受控于艺术家、权贵、富翁的随心所欲、贪心和虚荣心的艺术美之现状的抗议，以及卢梭对大自然给良心没败坏之人所安排的最简朴、最宁静、最自然且最有乐趣的田园生活的推崇[③]，可以肯定：第一，在众多美的种类中，最值得珍视的是自然美和自然审美，因为自然美是避免了偏见的侧重感性和官能享受的美，它虽非道德美却与人的良心或美好心灵密切相关，因而是"真正的美"；第二，自然美的获得和保持或培养自然审美能力的关键是尽量与

---

① 卢梭：《爱弥儿》，李平沤译，第509页。

② 卢梭：《爱弥儿》，李平沤译，第508页。参见 Jean-Jacques Rousseau, *Emile or On Education*, Introduction, Translation, and Notes by Allan Bloom, Basic Books, 1979, p. 344.

③ 参见卢梭：《爱弥儿》，李平沤译，第730页；卢梭：《论人与人之间不平等的起因和基础》，李平沤译，第54页。

大自然保持亲密接触，过一种简单朴实而有规律、天然宁静而有乐趣的自然而然的生活；第三，自然审美的实质或宗旨不过是一个人经由“自然”而完成的自我个体启蒙或从席勒开始备受青睐的审美教育。

综上所述，卢梭是存在着清晰、完整的以回归自然为旨趣的两种意义上的自然美及自然审美思想的。此“回归自然”，首先意味着回归到大自然，感受大自然的美；其次意味着回归到一种自然状态，过一种可称之为自然审美的自然而然的生活。相对于研究者看重的自然物之美的自然美观念，卢梭与自然物之美密切相关的自然天成之美的自然美思想更为根本，也更加重要。启蒙背景下的卢梭的自然美与自然审美论即本文所指称的卢梭的自然美学。

三、卢梭的启蒙自然美论：现代性自然美学话语的功能维度

卢梭的自然美学同他更为著名的哲学、政治学思想一样处于启蒙现代性的历史潮流之中。在前两部分分别阐述卢梭启蒙思想中的自然观与自然美学思想的基础上，本部分要集中探究的是：被视为启蒙运动“最危险的论敌”[①]的卢梭之自然美学同“启蒙”是何关系？卢梭的自然美学有何特征？在自然美学史上的贡献何在？如何展示了现代性自然美学话语的功能维度？

美国当代学者史蒂芬·平克(Steven Pinker)在《当下的启蒙》中指出，并无明确年代界限的启蒙时期，其实有四个理念将纷涌迭现，有些还相互矛盾的各种思想连在一起，这就是理性、科学、人文主义和进步的理念。[②] 卢梭包括自然之思在内的整个思想，虽然对其中个别理念(如理性、科学)有自己的独特理解，但只是理解方法与落实路径与众不同，从根本和总体上讲并未超出上述启蒙四大理念之外，而且特别经由“自然”概念彰显了启蒙的“人文主义”理念的统领地位(这一点被后来的康德继承)，因而仍然是启蒙意义上的。

讨论启蒙之“理性”这一公认重中之重的理念，不能不提康德的著

① 卡西勒：《启蒙哲学》，顾伟铭等译，第 268 页。

② 参见史蒂芬·平克：《当下的启蒙：为理性、科学、人文主义和进步辩护》，侯新智等译，浙江人民出版社 2019 年版，第 8—14 页。

名回答："启蒙就是人从他咎由自取的受监护状态走出。受监护状态就是没有他人的指导就不能使用自己的理智的状态。……要有勇气使用你自己的理智！这就是启蒙的格言。"[①]笔者以为，康德的回答不仅突出了启蒙的"理性"理念，即勇于公开（而非私下）运用自己的理智/理性的过程，而且特别强调此理性之经由个体本人而非他人的实现过程，即"走出咎由自取"的自我不成熟状态。这无疑是说，"启蒙"是一个人在宽松而自由的社会环境中对自己理性即自觉、自为、自主的自由能力的运用，也可以说内向性（而非外向性）地对自己（而非他人）不成熟本性的自我改造或教育（而非改造或教育他人）过程。卢梭的自然概念及其自然美学（如前所述）总体同康德对启蒙的经典界定在本质或宗旨方面是完全一致的，只是不同于康德启蒙定义着眼于或强调个体启蒙或启蒙个体的社会环境因素或社会性，卢梭主要突出的是"自然"因素与自然审美对于个体启蒙或启蒙个体的审美教育作用。

就人性而论，基于其所有著作崇尚自然的总原则，卢梭明确表达于《卢梭评判让-雅克：对话录》中的观点是自然与社会的对立或分裂观："自然让人曾经是多么幸福而良善，而社会却使人变得那么堕落而悲惨。"[②]这也正是卢梭同包括康德在内的其他启蒙思想家的分歧所在。诚如卡西尔指出的："卢梭与这些思想领袖的分歧的关键，与其说在于卢梭的思想的内容，不如说在于卢梭的推理方法。卢梭的观点和18世纪思想的差异，与其说在于他的政治思想，不如说在于他推演出这些理想并为之辩解的方式。……卢梭的真正独创性在于：他竟然攻击这个前提，并对先前的一切改革计划所默认的方法论的前提条件提出了质问。"[③]卡西尔是在阐述卢梭与其他启蒙思想家法律、国家和社会方面的分歧时说的这番话，放到本文语境来理解同样成立，而且可获得来自自然美学的强力支持与证明。显而易见，导致卢梭同其启蒙同仁产生严重分歧的"推理方式""辩解的方式""方法论"中肯定少不了卢梭与众不同的"自然"之思路径。由于卢梭擅长以"自然"为师，立足于"自然"研究并试图改造"社会"，而非像别的启蒙思想家立足

---

① 康德：《回答这个问题：什么是启蒙?》，《康德著作全集》第8卷，李秋零编译，中国人民大学出版社2013年版，第40页。

② 转引自彼得·盖伊为卡西尔《卢梭问题》所作"导言"，卡西尔：《卢梭问题》，王春华译，译林出版社2009年版，第16页。

③ 卡西勒：《启蒙哲学》，顾伟铭等译，第260页。

"社会"研究并试图改造"社会",他才标举出其一系列独树一帜的启蒙思想。说到底,卢梭同其他启蒙思想家一样处于启蒙现代性的情境中,只是不同于其他启蒙思想家,他拥有包括自然美在内的与众不同的"自然"观。

启蒙时期,关注"自然"的绝不限于卢梭。但卢梭之外的整个启蒙哲学的自然观即关于人与自然的关系的认识建立在近代自然科学基础之上。[①] 不同于其他启蒙同行,在卢梭看来,就人与自然的关系而论,与其说是人在照亮自然,不如说是自然在照亮人。詹姆斯·施密特(James Schmidt)曾罗列的启蒙运动"备受责备"的"罪状"之一是:要"对自然只是一个要统治、处置和开拓的对象这个观点负责"[②]。作为启蒙运动领袖之一的卢梭明显是个例外,而且其可洗刷被笼统地强加于启蒙思想的不白之冤。法国哲学家皮埃尔·阿多(Pierre Hadot)曾指出,面对喜欢隐藏的自然,整个西方文化中出现了两种对待自然秘密的态度:一种是唯意志论的普罗米修斯态度,主张用实验探索与技术揭开自然的面纱,揭示自然的秘密;另一种是沉思的俄耳甫斯态度,认为通过科学技术手段干预自然是危险的,是严重的冒犯与罪过,取而代之的最佳进路是保持自然神秘性的无私欲的哲学或审美进路。[③] 对于自然,如果说别的启蒙思想家采用的是普罗米修斯态度,卢梭则明显采取的是俄耳甫斯态度。

凭借着"从大自然那里秉承了可以破除一切成见的那种锐敏感"[④],在西方文化史上,卢梭第一个喊出了"回归自然"的口号。无论从这个口号的内涵看,还是从其出发点与目标看,卢梭的"自然"思想都首先是一种道德哲学或政治哲学[⑤],而不是与卢梭《论科学与艺术》同年(1750)正式诞生的自觉意义上的(审)美学(Aesthetica)。但卢梭的自然美思想既是其回归自然思想的自然延伸和直接体现,也必然成为此回归自然思想的重要组成部分。因而,这并不影响本文对卢梭

---

① 参见卡西勒:《启蒙哲学》,顾伟铭等译,第 45 页。

② 詹姆斯·施密特编:《启蒙运动与现代性:18 世纪与 20 世纪的对话》,徐向东等译,上海人民出版社 2005 年版,第 1 页。

③ 皮埃尔·阿多:《伊西斯的面纱:自然的观念史随笔》,张卜天译,华东师范大学出版社 2015 年版,第 348—349 页。

④ 卢梭:《忏悔录》第二部,范希衡译,第 388 页。

⑤ 参见列奥·施特劳斯:《自然权利与历史》,彭刚译,三联书店 2006 年版,第六章之"A. 卢梭"。

“自然”思想的特点与价值做一番美学尤其是自然美学并现代性双重视角的审视。而且，借此在一定程度上能够消除人们对卢梭思想惯用的非美学尤其是缺少自然美学研究的局限性，从而发现其被遮蔽的思想光芒。

首先，卢梭重视自然审美甚于艺术审美，他在突出对外在自然物之美欣赏的基础上，更强调对内在天然天成本性之美的追求甚至膜拜，从而在启蒙时期率先前所未有地彰显了自然审美的特殊启蒙价值。

居斯塔夫·朗松(Gustave Lanson)在《让-雅克·卢梭思想的统一性》中认为卢梭一生“所有著作”的核心问题是：“文明人怎样才能不返回自然状态，也不抛弃社会状态中的便利，就重新获得那如此天真幸福的自然才有的好处？”①借助于自然与自然美视角就可发现，如果卢梭存在着一种本文关心的自然美学的话，那么卢梭是通过关乎人情感和趣味的双重意义上的自然美与自然审美活动试图回答上述问题的。

诚如中译将卢梭著作中的“Goût”(英译“taste”)译为“审美/鉴赏(力)”所表明的，卢梭首先是把包括自然美和自然审美在内的美与审美作为一个关乎人的情感、心灵的趣味问题提出来的。他写道：“心灵的真正享受在于对美的体验”②；“剥夺了我们心中对美的爱，也就是剥夺了人生的乐趣”。③ 前文梳理的其自然物意义上的自然美显然当属此类。卢梭借其笔下主人公圣普乐还指出：“巴黎这个据说是善于审美的城市，也许是世界上最没有审美力的城市；巴黎人为了讨人家欢喜而采取的种种做法，反而败坏了这个城市的真正的美。”④根据卢梭一贯崇尚自然天然的自然美、反对矫揉造作的艺术美立场，有理由将卢梭这里说的巴黎城市的“审美”理解为艺术审美，而将涉及“真正的美”的“审美”理解为自然审美。在卢梭看来，巴黎人艺术审美力愈高，就愈反衬出其自然审美力的低下。概言之，具有重大审美教育功能的自然审美是健全审美的标志，自然审美力有助于艺术审美力的提高，

---

① 转引自彼得·盖伊为卡西尔《卢梭问题》所作“导言”，卡西尔：《卢梭问题》，王春华译，第17页。

② 卢梭：《新爱洛伊丝》，李平沤、何三雅译，第211页。

③ 卢梭：《爱弥儿》，李平沤译，第412页。

④ 卢梭：《新爱洛伊丝》，李平沤、何三雅译，第265页。

而非相反。

就此，卢梭一方面赞美通常与艺术美相对的外在自然物之美意义上的自然美，另一方面高扬作为前一种自然美根据的天然天成本性之美意义上的自然美。两种自然美既同卢梭对人的自然情感的自我发现紧密相连，又同他对抗人类文明异化的倾向密切相关。卢梭重视、凸现两种内涵自然美的一个重要原因是他对真正属于人的个性解放、自由情感的极力推崇，而情感之所以能够成为他强调自然美的一个重要基点，恰恰因为它与个性、自然一样是最自然的。由此便会明白，由卢梭开创的西方文学与艺术史上的浪漫主义流派为什么在“强烈情感的自然流露”[①]的同时会对自然与自然美表现出那么深厚的兴趣；也会明白，过着极度刻板规律化生活的康德在读罢卢梭的《爱弥儿》等著作后，会以情感为突破口通过对鉴赏判断力的批判研究实现其认识论与伦理学的统一，并对自然美问题予以批判哲学的“礼遇”。中西审美史中对自然美在艺术中的发现，均与情感紧密结合的事实，恰恰证明了自然美并不是自然物本身的自然属性，而是在自然物与人的情感交流成为可能的条件下才能产生的一种新的特质。只是卢梭更关注自然审美的特殊启蒙价值即审美教育功能，而非自然审美的原理，因而其自然美学同其更为根本的“自然”概念一样是功能性的而非本质性的。但这正是卢梭自然美学的特征之一，而且丝毫不影响其自然美学的现代性价值及其巨大贡献。

其次，卢梭的自然美学不仅具有启蒙现代性倾向，也具有审美现代性倾向，因而其现代性自然美学话语具有双重现代性特征与价值。

关于卢梭自然美学同启蒙的关系前文已经讨论，这里立足于同启蒙息息相关的现代性角度再予以简述。美国政治哲学家列奥·施特劳斯(Leo Strauss)说：“现代性的第一次危机出现在让-雅克·卢梭的思想中。感受到现代的历险是一个巨大的错误，并返回古典思想中去寻求解救之道的，卢梭并非第一人。……然而卢梭并非一个‘反动派’。他使自己沉溺于现代性中。”“卢梭以两种古典观念的名义来攻击现代性：一方面是城邦与德性，另一方面是自然。”[②]列奥·施特劳

① 华兹华斯：《抒情歌谣集》1800 年第二版前言，引自拉曼·塞尔登：《文学批评理论：从柏拉图到现在》，刘象愚等译，北京大学出版社 2003 年版，第 172 页。

② 列奥·施特劳斯：《自然权利与历史》，彭刚译，第 257 页、第 258 页。

斯正确地指出了卢梭思想同时具有的现代性与反现代性特征，即既处身于以理性为核心理念的启蒙现代性之中，又不同于此现代性的现代性特征。但或许因为缺少美学尤其是自然美学视角，他只能将卢梭的"回归自然"理解为是"返回古典"，而非理解为卢梭借此开创的以自然审美现代性为特色并试图克服启蒙现代性局限的审美现代性[①]，从而认识到卢梭自然思想的双重现代性特征与价值。在从《论科学与艺术》开始的所有著述中，卢梭不仅对史蒂芬·平克所说的作为启蒙现代性的启蒙四大核心理念之一的"科学"没有信心，而且对经常被作为审美现代性核心的艺术独立理念及艺术审美不抱希望。在卢梭这里唯一能够实现启蒙与审美双重现代性的重任的只有具有人文主义教化或审美教育指向的自然与自然审美理念。

"如果单单通过理智而不诉诸良心的话，我们是不能遵从任何自然的法则的；如果自然的权利不以人心自然产生的需要为基础的话，则它不过是一种梦呓。"[②]卢梭进入启蒙现代性的方案并非由理性直接到理性，而是从感性到自然再到理性。因而，卢梭在此对"良心"与"人心"的强调无不体现着他对"自然"的启蒙或照亮之功的深切关注。卢梭并非有意要背离启蒙现代性的既有轨道。正如前文已经指出的，相对于同时代其他的启蒙思想家，他的不同寻常之处只是他用以支持其启蒙思想的资源或方法途径，不是或主要不是科学和艺术即文明本身，而是至少从表面上看是非文明的自然和以此为基础的自然美。卢梭提醒自己的启蒙同仁，当人运用那些更加强有力的东西来完成自己的启蒙重任时，千万不能忽略自己看起来好像是软弱无力的感性的东西，比如良心或情感。比起许多启蒙思想家单纯将理性作为知识源泉，"卢梭以明显得多的方式宣布情感为知识源泉"，而且是"人的尚未腐化的、天然的情感"。[③] 卢梭强调遵从自然的呼声和天然的情感，但他并不否认甚至同样宣扬人的理性的重要性与力量。卢梭写道："在我们的时代偏见与谬误假哲学之名如此高居统治地位，由于无知而变

---

① 关于"审美（美学）现代性"与"启蒙现代性"的区分及其关系，可参见马泰·卡林内斯库：《现代性的五副面孔》，顾爱彬等译，商务印书馆 2002 年版，第 16—17 页、第 48 页；周宪：《审美现代性批判》，商务印书馆 2005 年版，"导言"第 11 页。

② 卢梭：《爱弥儿》，李平沤译，第 326 页。

③ 文德尔班：《哲学史教程》下卷，罗达仁译，商务印书馆 1993 年版，第 700 页。另参见该书第 636—637 页。

得愚笨的人们使得自己的智慧听不到理性的声音，自己的心灵听不到自然的声音。"[①]在卢梭看来，自恃源于自然但已经区别于自然的人的智慧和心灵应该始终听取理性和自然两者的双重教导。人应当遵从自然，也是依照人所特有的理性在遵从自然，从而自然与社会并非完全对立。他心目中的理想人物爱弥儿就能同时将自然和社会的秩序结合起来行事，从而获得一种"以理性为基础的自然的情感"[②]。对理性与情感二者之于人的价值分工，卢梭的告诫语（席勒曾在《审美教育书简》书名下引用过）是："既然人之所以为人是由于有理智的缘故，则人如何行动，就必须靠感情的指引了。"[③]易言之，理想的人格应当是理智与感情获得一种奇妙平衡且最终听从感情指引的人。而且这样的人的"思想和天性（自然）的美，终将使人的高尚品质得到显示"[④]。卢梭的上述思考其实已经构成后来被席勒明确申述的审美教育思想之雏形——当然是经过了继承卢梭的康德这个重要中介。

这样，在理性一路高歌猛进的启蒙时代，进步与文明同时带来的人性分裂却使卢梭敏感地觉察到了自然的审美鉴赏对于完善人性的重要作用，因而在席勒《审美教育书简》(1795)问世之前对人同自然疏远引起的近代文明进行了深刻反思和尖锐批判。"同庄子一样，卢梭的美学力量""在于他对人性的深刻思考和诚挚反省。他厌恶包括艺术在内的整个近代社会文明而呼吁'归返自然'，这个口号所突出的人自身的价值（宁愿放弃物欲也要恢复人的自主性），既不符合势必占据统治地位的资本主义社会发展规律（真），也不符合新兴资产阶级所代表的人的竞争欲求（善），而是以主体自身为目的的美。"[⑤]或可指出的是，身处启蒙现代性之中又与其保持了一段距离的卢梭"以主体自身为目的的美"（此"主体"即启蒙主体亦即审美活动中的审美者）不可能是别的什么美，只能是自然美，而且主要是自然而然之美的自然美，而对自然美的凸显则正体现了卢梭有别于启蒙现代性的审美现代性价值倾向。概言之，卢梭的现代性自然美学兼有从感性到理性的启蒙现

① 卢梭：《论戏剧：致达朗贝尔信》，王子野译，三联书店 1991 年版，第 107 页。

② 卢梭：《爱弥儿》，李平沤译，第 496 页。

③ 卢梭：《新爱洛伊丝》，李平沤、何三雅译，第 314 页。

④ 同上，第 264 页。

⑤ 尤西林：《人文学科及其现代意义》，陕西人民教育出版社 1996 年版，第 149—150 页。

代性和借标举自然审美而更看重感性或情感的审美现代性的双重现代性特征。

第三，卢梭身处于双重现代性情境中的自然概念及其自然美学，在西方自然美学史上前所未有地深刻揭示了以自由为根本指向的自然和自然审美的价值解构与建构功能。

"我生来便和我所见过的任何人都不同；……大自然塑造了我，然后把模子打碎了。"①作为启蒙运动中倡导回归自然的思想家，卢梭与自然的关系超乎寻常：自然不仅给予他敏感孤傲、卓尔不群的性格，也引人瞩目地成就了他对自然的审美趣味和对自然的美学之思。他带着一种众人皆醉我独醒的悲怆和幽思在西方审美文化史上第一个令人瞩目地申述了自然审美的重要功能。卢梭对自然美生性敏感，有着丰富的自然审美经验，当他面对或崇高或优美的外在大自然的时候，在处于自然状态与自然情感情况下，自爱心和怜悯心也即自然而然的道德情感能够让同时处于自然审美过程中的一个人完成对自己不成熟本性的自我改造或自我审美教育。"我们身患一种可以治好的病；我们生来是向善的，如果我们愿意改正，我们就得到自然的帮助。"《爱弥儿》题记特意引用的古罗马哲学家塞涅卡《忿怒》第 11 章 13 节中的话可以证明，卢梭对自然引导人克服或走出自身的不成熟状态即自我启蒙寄予厚望且充满信心。

卢梭所有著作中的"自然"之思表明，卢梭与其说假定了一种外在自然界与人性本身自然的善，不如说是尖锐地揭示了人类社会文化过程愈发突出的社会生活及其主人"人类"之人性本身的恶。这迫使卢梭需要一个与之相抗衡的参照系，为此他找到了"自然"。正如卡西尔沿着康德观点指出的，"卢梭并不要把人拉回自然状态，而是要人借助于回首跂望来省察传统社会的偏差与缺陷"②。所以，卢梭包括自然美观在内的自然之思与言说，并非是从自然本身出发从而是本质性的，而是立足于社会因而是功能性的。此功能既包括批判性的解构功能，也包括建设性的建构功能。对于卢梭来讲，对自然与自然美的高度重视与阐扬，一方面发挥着毫不留情地批判、消解当时人类文明所带来的种种价值规范体系的作用，另一方面也发挥着超乎寻常的重新建构

---

① 卢梭：《忏悔录》上卷，黎星译，第 1 页。

② 卡西尔：《卢梭·康德·歌德》，刘东译，第 31 页。

起新的价值指向的价值与意义。对此,本文第一部分在阐述卢梭“自然”概念的内涵时已有论及。这里须指出的是,如果说卢梭自然美之思的建构功能的功能性指向是通过自然审美而完成的审美教育,那么其具体内容指向则是人的自由。

在卢梭看来,自由即自主,具体包括天赋或生而有之的自然自由、克服人性堕落或扬弃社会异化的社会自由和完善人性本身的道德自由。与上述三种自由相对应,卢梭的《爱弥儿》依次论述了自然教育、社会教育、公民教育三种教育形式。着眼于自然权利政治思想的列奥·施特劳斯,对卢梭自然概念的自由内涵已有深入阐述:“卢梭拒绝返回到人是社会动物的概念,是由于他所关注的是个人,亦即每一个人的彻底的独立性。他保留了自然状态的概念,是由于自然状态保障了个人的彻底独立。他保留了自然状态的概念,是由于他所关注的是这样一种在最大可能的程度上有利于个人独立的自然的标准。”“在卢梭看来,自由是比生命更高的善。事实上,他将自由等同于德性或善。他说,自由就是服从于个人对自己的立法。……尤其要紧的是,他提出要以一种新的对人的定义来取代传统的定义,在新的定义看来,不是理性而是自由成了人的特质。可以说卢梭开创了‘自由的哲学’。”①在笔者看来,卢梭经由并不完全排斥理性的自然概念而深刻把握到的自由,最突出地表现为以人的自然审美为代表的审美自由,而且同时承担着卢梭之三大教育(自然教育、社会教育、公民教育)功能或审美教育的重大使命。当然,对将自然与自由、理性与感性等集于一身的审美自由及其功能,只有到接续了卢梭自然观与自然美学的康德那里才得到了更加明确而哲学化的阐释。

任何形式的审美都有其现实的建构与解构功能。自然审美的上述功能之所以异于(正如康德后来明确指出的、在一定程度上也优于)艺术审美,是因为自然事物相对于人工事物而具有的天然天成性,正是此种更加具有本真意义的天然天成性,自然与自然美方才成为人类对自己创造的人工世界,对自身往往丧失了本真性而显得不自然的行为进行反思与批判的永久标准或典范,进而为人的自由与自然的统一提供意味深长的终极指引。这正是卢梭启蒙自然美论所开启出来的现代性自然美学意义或功能之表现。卢梭以自然及自然美观为核心

① 列奥·施特劳斯:《自然权利与历史》,彭刚译,第 284—285 页。

的启蒙思想的反思与批判性，不仅被随后的康德以批判哲学的方式所继承与发展，而且被法兰克福学派以“批判理论”形式所继承与发展。

【本文系国家社科后期资助项目“现代性自然美学导论”（项目号16FZW051）阶段性成果】

（作者单位：陕西师范大学文学院）
学术编辑：张　冰

人类世视野下的人文学科：延存的康德式寓言的危机

——致布鲁诺·拉图尔[①]

[美]迪佩什·查克拉巴蒂　著
张　振　译

绪论

2015 年，全球地表平均气温首次在前工业化平均水平之上增长了一个摄氏度，愈发接近两个摄氏度这个临界值——如果我们意欲避免 1992 年联合国气候变化框架公约（UNFCC）所提及的“对气候系统的危险人为干预”[②]，这是一个我们无论如何也不能跨越的界限。而正如一位气象学家指出的，从全球变暖这个层面来看，2016 年早已“超标”了。[③] 历史学家朱莉娅·艾得理·托马斯（Julia Adeney Thomas）在 2014 年指出，“濒危”这个概念并不是一个纯粹的科学观念，因为地球

---

① 2016 年 3 月在新德里的政策研究中心我曾经宣读了这篇文章早前的一个版本。在此我想表达我对邀请方 Pratap Bhanu Mehta 和 Navroz Dubash 的感谢，同时感谢他们作为观众在现场的评语。同时感谢 Rochona Majumdar，Rita Felski 和 Stephen Muecke 对这篇文章早先草稿所做的评语，也感谢 Gerard Siarny 在研究上的帮助。

② Tim Lenton，“2℃ or not 2℃？That is the Climate Question”，in：*Nature* 473，no. 7345(2011)，p. 7，available at http://www.nature.com/news/2011/110504/pdf/473007a.pdf. For the exact wording of the phrase，see Article 2 of the *United Nations Framework Convention on Climate Change*（New York：United Nations，1992），p. 4，available at https://unfccc.int/ resource/docs/convkp/conveng.pdf.

③ Eric Holthaus，“When Will The World Really Be 2 Degrees Hotter Than It Used To Be?”，in：*Five Thirty Eight*，March 23，2016，http://fivethirtyeight.com/features/when-will-the-world-really-be-2-degrees-hotter-than-it-used-to-be. 十分感谢我的同事詹姆斯·钱德勒（James Chandler）让我注意到这篇文章。

之前已经历过多次气候变化，特别是五次物种大灭绝；[①]这里的“危险”体现的是科学家、政客和政策制定者把自己当作地球家园的一员，“危险”指的是对人类社会的威胁。用托马斯的话：“要想把人类世弄明白，历史学家不应该依赖于由我们的科学家同事去为我们定义什么是‘濒危人类’……我们无法把‘濒危’当成是一个简单的科学事实。与此相反，濒危既是一个规模的问题，也是价值观的问题。只有当人文学科和社会学科在和科学互动的过程中转型，才有希望阐明我们可能失去的东西。”[②]蒂姆·弗兰纳里（Tim Flannery）的《天气制造者》（*The Weather Makers*）是较早从宏观层面探讨人为气候变化的著作，其出版恰逢政府间气候变化专门委员会（IPCC）刊发《第四次评估报告》之际。正如这本书所指出的，气候变化能切实威胁到的实体是我们逐渐形成认知并为之庆贺的人类文明。[③] 当然，“文明”是一个充满价值判断的概念，也因此是一个备受争议的词汇，最近这几十年人文学者已有丰富的论述。[④] 在此我重又提起，是为了说明人文和科学学科在定义 21 世纪人类最棘手的问题时，发挥着多么重要的作用。道德哲学家彼得·辛格（Peter Singer）也强调了这一点，他把气候变化称作人类前所未有的“最大的伦理挑战”[⑤]。确实，若非大科学，我们根本无法定义什么叫“人类所诱发的星球级别的气候变化”；我们也必须承认，人文学科和科学学科是“两种（不同）文化”的事实依然存在。[⑥]

---

① Jan Zalasiewicz and Mark Williams, *The Goldilocks Planet: The Four Billion Year Story of Earth's Climate*, Oxford: Oxford Univ. Press, 2012.

② Julia Adeney Thomas, “History and Biology in the Anthropocene: Problems of Scale, Problems of Value”, in: *American Historical Review* 119, No. 5(2014), p. 1588.

③ Tim Flannery, *The Weather Makers: How Man is Changing the Climate and What it Means for Life on Earth*, 2005; Melbourne: Text Publishing, 2008. See chap. 22, entitled “Civilisation: Out With A Whimper?”

④ 请参见：Dipesh Chakrabarty, “From Civilization to Globalization: The ‘West’ as Shifting Signifier in Indian Modernity”, in: *Inter-Asia Cultural Studies* 13, No. 1(2012), pp. 138 - 152.

⑤ Peter Singer, “Climate Change: Our Greatest Ethical Challenge” (lecture, Univ. of Chicago, Chicago, IL, October 23, 2015). See https://cie. uchicago. edu/event/climatechange-our-greatest-ethical-challenge-peter-singer.

⑥ 更详细的讨论，请参见我的文章：“The Future of the Human Sciences in the Age of Humans: A Note”, in: *European Journal of Social Theory* (forthcoming).

可是，紧随着气候变化科学而来的关乎正义的问题，要求我们保有一种只有人文学科才能培养的能力，也就是从他者的视角看问题的能力，或者说，“饱含同情地领会另一个人困境”[①]的能力。

这种对人类道义上的要求在当前的语境下又多了一层新的内涵。放到历史长河中看，全球变暖可能更加速了人为导致的非人类物种灭绝，而最终遭报应的是人类自身。社会各界已对此发声，比如教皇方济各就曾建言，人类的正义不应当局限于感知能力在某个水平以上的动物（见某些动物解放论者的主张），而应当包括自然界所有的自然可再生生命——这一概念相当于亚里士多德所指称的 *zoe*（生物）。这样的观点实际上把自然生物置放于人类的道德框架之中，而我认为，这是当今人文学科所面临的一个关键转向，也就是从伊曼努尔·康德（也包括其他人）所开创的人文传统中彻底脱离——康德认为，“动物”（生物的）生命之间由自然万物之法所管辖，与我们具有“道德”的生命有着严格的区分。而这种区分在过去超过一个世纪的时间里构成了隔离人文学科和物理生物学科的基础（尽管这种文理之分饱受争议）。尽管某些环保主义人士曾质疑这种区分并且尝试着去弥合，可是这条鸿沟依然存在，要跨越这条鸿沟并非易事。

然而，如今当我们思考人类应如何动用自身道德力量之所及，以调整人类具有生物物种属性的生活，就需要在人类道德生命中引入一种历来属于范畴之外的事物——地球上自然生命的历史。启蒙时代以来我们就认定，即使在我们积极主动地去找寻某种集体道德生命的时候，我们的动物生命仍可以自行运转。可是现在这种假设面临压力，特别是对传统上剥离生物生命进行道德问题探讨的人文学科造成了莫大的影响。这是本文所要论证的观点。首先，我将考察康德探讨气候变化的相关著作，以及人类作为星球上生命管理者（stewardship of life）可能性的相关论述；其次，在结论部分，我将关照布鲁诺·拉图尔的论著，阐释他的思想中所暗含、指示的前进方向。

---

① Martha C. Nussbaum, *Not for Profit*: *Why Democracy Needs the Humanities*, 2010; Princeton, NJ: Princeton Univ. Press, 2012, p. 7.

气候变化的两种叙事

我们发现气候变化的问题基本上有两种看法。[①] 主流的看法是简单地把这个现象当成一种一维的挑战：人类如何在未来的几十年中完成削减温室气体排放的目标？这种看法认为，气候变化的问题是如何把能源分配最优化，以保证某种普遍接受的、人类追求的经济发展目标，使数十亿人口得以脱贫；对此提出的主要解决方案是在技术和市场信号允许的情况下尽快地转向可再生能源。由此而生的关于正义的问题，是如何处理好贫穷和富裕国家之间的关系以及当代和未来几代人之间的关系。因为温室气体被当成了稀缺的资源，不同国家在转向可再生能源的进程中，如何合理分配"温室气体排放权"？当代人又该做出多大的牺牲控制排放，才能保证还没出生的人能享有比我们这一代人更高的生活品质？这个问题同样棘手，因为还未出生的人无法宣传自已的主张，其政治效力也大大减弱了。正如汉斯·约纳斯所言："不存在之物没有说客""未出生之人没有权利"。[②]

而就在这第一种看法中又众说纷纭：从资本主义到非资本主义的可持续乌托邦未来等林林总总。很多人认为这个问题的关键在于用可再生能源替代化石燃料。有些(左翼)人士也同意转向可再生能源势在必行，可是他们更认为，因为是资本主义持续不断的"积累"的欲望酿成了气候危机，这场危机本身创造了一个新的契机，让我们去重述和复兴马克思对资本主义的批判。还有另一些人认为，我们应该缩减经济规模、去增长化，从而减少人类的生态足迹，构建一个人人平等和社会正义的世界。另有一些人提出"趋同设想"，也就是一个全球经济平衡、众人生活标准接近的状态。这里，人文学科的角色被锁定

---

① 接下来几段的论述，我参考了这篇文章："Whose Anthropocene? A Response" in "Whose Anthropocene? Revisiting Dipesh Chakrabarty's 'Four Theses'", in: Robert Emmett and Thomas Lekan (ed.), *RCC Perspectives: Transformations in Environment and Society 2016*, No. 2(2016), pp. 103 - 114.

② Hans Jonas, *The Imperative of Responsibility: In Search of an Ethics for the Technological Age*, trans. by Jonas with David Herr, 1979, Chicago: Univ. of Chicago Press, 1984, p. 22.

在了气候正义的议题上，政治经济学家和哲学家(既包括罗尔斯传统也包括功利主义传统)都参与了讨论。[①] 尽管把气候危机简化成可再生能源问题的做法有着种种不足，可是一个好处就是可以在此基础上发展政策和政治框架。

但是如果不把气候变化看作是一个孤立的问题，而是息息相关的问题链中的一环——人口倍数增长、食物短缺、水资源紧缺、资源产业扩张，以及经济发展不平衡造成的人兽冲突、其他物种的栖息地丧失、温室气体排放等具有星球级规模的问题，呈现出来的是人类对生态的透支影响着星球上自然界生命的分布——那么，全球变暖更像是一个全人类(更不用说其他物种)共同面临的困境，而不是一个简单的通过转向可再生资源就可以解决的问题。科学家已经强调过关于人类"能动性"(agency)的棘手问题，而新的情况是，人类的地球物理学意义上的能动性已经大到让我们可以改变星球未来十万年的气候，把下一次的冰期推迟大概五万乃至五十万年。[②] 这种既关注遥远过去、也关注遥远未来的视角给人文学科提出了一个特殊的挑战，但也开启了一个想象空间。由于我们前所未有的对能源消耗的巨大需求产生了气候变化的问题，大气中过量的温室气体形成了无法回收的"废弃物"，人类的"废弃物"通过海洋酸化、升高地球平均地表温度影响了其他的生命形态，这场危机要求我们"以同情的方式想象困境"，这个困境指的是人类的困境，也是非人类物种的困境。

当然，全球变暖不是导致我们道德取向转变的唯一因素。现在，很多人认为人类所造成的生态透支的这个现象是在很长的历史时期形成的，可以一直追溯到丹尼尔·斯迈尔(Daniel Smail)所称的我们的"深层历史"[③]，在几万年的进程中，一种较大型的人类大脑得以发展，使得人类可以建立互相的联系和从属关系，想象另一种社群关系，远远超越了需要面对面才可以建立起来的亲属关系或者族群关系。

---

① 参见：Steve Vanderheiden, *Atmospheric Justice: A Political Theory of Climate Change*, New York: Oxford Univ. Press, 2008.

② 想要了解这方面更加深入的讨论，请参阅我的论文"The Climate of History: Four Theses", in: *Critical Inquiry* 35(2009), pp. 197 – 222; "Climate and Capital: On Conjoined Histories", in: *Critical Inquiry* 41, no. 1(2014), pp. 1 – 23; "Postcolonial Studies and the Challenge of Climate Change", in: *New Literary History* 43, No. 1(2012), pp. 1 – 18.

③ Daniel Lord Smail, *On Deep History and the Brain*, Berkeley and Los Angeles: Univ. of California Press, 2007.

在《人类简史》这本书中，以色列的历史学家尤瓦尔·赫拉利（Yuval Noah Harari）很好地阐释了这个问题。他写道："早期石器工具其中一个最常见的用途是用来敲破骨头，从而获取骨髓。有些研究人员认为这是我们最早期的生态位。"为什么呢？赫拉利解释道："人这个物种在食物链中一直都是处于中间的位置，直到近期才有所变化。"[①]原本，只有在狮子、土狼还有狐狸享用完动物大餐，把骨边连着的那点肉都啃完之后才轮到人类。"只是在最近的10万年间，"赫拉利说道，"人类才跃升到食物链的顶端。"[②]但这并不是一个生物进化造成的变化——赫拉利解释道："其他处于金字塔顶端的动物，像狮子和鲨鱼，都是经历了几百万年的缓慢进化才有了如今的地位，从而允许生态系统发展出相应的制约和平衡……狮子变得越来越有杀伤力，瞪羚也跟着进化，跑得越来越快；土狼之间的协作更好，犀牛的脾气也越来越暴躁。可是人类攀升到顶端速度快到生态系统根本没有时间调试。"[③]赫拉利也提到另外一个重要事实：由于人类快速攀升至食肉动物的顶端，"他们没来得及调整"。"星球上大多数顶层的捕食者都是很神奇的生物，好几百万年的主宰让它们充满了自信。而人类却更像是香蕉王国里的独裁者。"[④]

我们可以说，人类的生态足迹随着（大约1万多年前）农业的发明有所增加；紧接着在6 000多年前，我们一边迁徙到星球几乎每一个角落，一边建设了古代的城市、帝国和城邦秩序，海平面到了如今的水平。在过去的500年间，随着欧洲殖民者在其他民族所生活的遥远土地上进行扩张和统治，以及工业文明的崛起，这个足迹又略有增加。第二次世界大战以后，这个增长的态势又有几次显著跃升——由于化

---

① Yuval Noah Harari, *Sapiens: A Brief History of Humankind*, New York: Harper, 2015, p. 9.

② Ibid., p. 11.

③ Ibid., pp. 11–12. 在比较了人类技术变革和进化所引发的变革的速度之后，Jonas发表了类似的观点："自然演化是从小的事物中发生作用，而从来不会在整体上作用，因此，它允许在变动中出现无数的'错误'，这种耐心而又缓慢的进程拣选了极少数的'热点'……现代科技从来既不耐心，也不缓慢，它把无限次自然进化中的小步骤压缩成了少数几次宏大的变化，抛弃了自然'安全性'选择的重要优势。" Hans Jonas, *The Imperative of Responsibility: In Search of an Ethics for the Technological Age*, trans. by Jonas with David Herr, p. 31. See also the section on "Man's Disturbance of the Symbiotic Balance", p. 138.

④ Yuval Noah Harari, *Sapiens: A Brief History of Humankind*, pp. 11–12.

石燃料在交通领域、农业和医药领域的大范围使用，人口数量和消费呈级数增长，最终世界上贫穷地区的人民寿命也得以延长（虽然寿命延长了，但生活质量不一定改善了）。①

1980 年，小威廉 · 卡顿（William R. Catton, Jr.）在一本同名书中阐释了"透支"的概念，即："有机体种群改变了自身的生活环境以至于危害到自己的生命。"②这个概念被后来的学者继承、发展。一些动物解放/权利的论著把人类的道德共同体的考量延展至动物，引入对动物虐待的议题，以及人类对消费需求的透支。③ 一些在人为导致气候变化的语境下研究人类行为是如何导致物种灭绝的学者，早就指出人类对自己赖以生存的生态系统的"无度索取"（overreach），最后惹祸上身。④ 除此以外，关于一些地球科学家和学者提出的"大加速"和"星球边界"的知名论述也正是关乎人类生态透支的问题。提出"大加速"理论的作者这么说："1950 年代以来的变化同时跨越了地球系统中的社会经济和生物地理领域，远超气候变化这个方面，'大加速'这个术语目的正是体现这个变化的整体性、综合性和关联性本质。"⑤他们的数据记录了人类的总人口、实质 GDP、城市人口、一次能源使用、化肥消耗、纸张生产、水的利用、交通等指数性增长，而这些情况都是在

---

① 例如，印度上一次的饥荒是在 1943 年，尽管现在这个国家的很多人依然因为饥饿和营养不良而死亡。

② William R. Catton Jr., *Overshoot: The Ecological Basis of Revolutionary Change*, Chicago: Univ. of Illinois Press, 1980, pp. 95 - 96; Doug Cocks, *Global Overshoot: Contemplating the World's Converging Problems*, New York: Springer, 2013.

③ 参见：Lewis Regenstein, "Animal Rights, Endangered Species and Human Survival", in: Singer (ed.), *In Defense of Animals*, 1985, New York: Blackwell, 1987, pp. 118 - 32; Singer, "Down on the Factory Farm", in: Tom Regan and Singer (ed.), *Animal Rights and Human Obligations*, 1976, Englewood Cliffs, NJ: Prentice Hall, 1989, pp. 159 - 168.

④ 参见：Jessica C. Stanton et al., "Warning Times for Species Extinction Due to Climate Change", in: *Global Change Biology* 21, No. 3(2015), pp. 1066 - 1077; Rodolfo Dirzo et al., "Defaunation in the Anthropocene", in: *Science* 345, No. 6195(2014), pp. 401 - 406, Céline Bellard et al., "Impacts of Climate Change on the Future of Biodiversity", in: *Ecology Letters* 15, no. 4(2012), pp. 365 - 377; Gerardo Ceballos et al., "Accelerated Modern Human-Induced Species Losses: Entering the Sixth Mass Extinction", in: *Science Advances* 1, No. 5(2015), pp. 1 - 5.

⑤ Will Steffen et al., "The Trajectory of the Anthropocene: The Great Acceleration", in: *The Anthropocene Review* 2, No. 1(2015), pp. 1 - 18.

1950年以后发生的。相应地，这种“地球系统的趋势”与二氧化碳、甲烷和氮气排放、海洋酸化、平流层臭氧空洞、海洋渔业养殖、虾养殖、热带森林锐减、陆地生物圈退化等现象息息相关。[①] 类似的，2009年在斯德哥尔摩复原力中心约翰·罗克斯特罗姆(Johan Rockström)和他的同事提出有9种人类都不应跨越的“星球边界”，这个想法的提出也是对测量人类生态超支的一种操练。[②] 近期，地球系统科学家在报告中指出，“在整个新生代时期(过去的6 600百万年)以内，现今的人为碳源释放率(大约是每年10PgC；1Pg＝10^{15}克)是前所未有的”，并且“现在/未来气候变化和海洋酸化的速度过快，以至于很多物种无法适应”，结果是“海洋和陆地环境中出现大规模的物种灭绝”。实际上，我们正处于“一个历史上从未有过的时期，这对预估未来气候变化形成了根本的挑战”。[③]

这不仅仅是因为海洋生物和许多其他的陆地生物没有来得及进化从而适应环境，更是因为我们的温室气体排放时时刻刻威胁着大海里的生物多样性，进而也危及了哺育我们的食物网络。国际地层委员会的附属委员会成员扬·扎拉谢维奇(Jan Zalasiewicz)和他的同事担负着记录人类世的责任，他们指出，以化石的形态留在地球岩层里的人类足迹还有其他形式的证据(比如说海床的地球化改造)一起构成了人类世的长期历史记录，这可能比大气中过量的二氧化碳含量更有说服力。如果未来几个世纪发生的大灭绝事件中人类是造成其他物种灭绝的主因，那么，人类世作为“世”级别的命名在地质年代表中层级的排名可能显得过低了。[④] 音乐史学者和理论家加里·汤姆林森(Gary Tomlinson)近期针对气候变化的问题，是从地球系统的视角入手的：

---

① Will Steffen et al., “The Trajectory of the Anthropocene: The Great Acceleration”, pp. 1 - 18.

② J. Rockström et al., “Planetary Boundaries: Exploring the Safe Operating Space for Humanity”, in: *Ecology and Society* 14, No. 2(2009), p. 32, available at http://www.ecologyandsociety.org/vol14/iss2/art32.

③ Richard E. Zeebe et al., “Anthropogenic Carbon Release Rate Unprecedented During the Past 66 Million Years”, in: *Nature Geoscience*, March 21, 2016, http://www.nature.com/ngeo/journal/v9/n4/abs/ngeo2681.html.

④ “如果全球变暖和第六次物种大灭绝在未来几个世纪发生，那么‘世’这个(地质年代表中的)地质年代级别就太低了”——来自2015年我和扎拉谢维奇教授的私人谈话。

> 尽管经过了几百万年的生物文化进化……某些系统依然处在古人类生态位架构的反馈循环之外。从本质上讲，人类文化和行为并没有触及天文动力、地壳板块转变、火山作用以及其他类似的能量，即使人类对此有所影响，其影响也是小到可以忽略不计。借用系统理论的术语来说，所有这些能量实际上都是前馈因素：外部的操控因素“设置”了反馈循环，让它从无到有，进而在内部影响着这个系统，可是自身却并没有受到反馈循环的影响……人类世……促成了系统的重组，**这样一直以来处于人类生态位结构的外部充当前馈因素的系统，现在转变成了内部的反馈元素。**[①]

如上，扎拉谢维奇在最近一篇论文的结论中这样写道：“很显然，人类世(无论是正式还是非正式)为我们提供了一个崭新的视角，这本身就很有价值，这个视角在最大的时空背景之下关注人类事业的规模和本质，以及人类事业是如何跟其他地球系统的进程产生关联(现在用‘交织’这个词可能更合适)。”[②]因此，不应该把研究人为的气候变化从宏观的复杂生态问题中割裂出来，因为人类在不同的尺度上(无论是地方性的还是星球这个级别)都面临这些问题，这些问题也造成了新的冲突，同时也加剧了国家之间长久以来的矛盾。想通过一剂良方一蹴而就地解决这些问题，这根本不太可能，设法转向可再生资源，就想制止全球地表平均气温上升 2 摄氏度，这样的“法术”恐怕也并不存在。我们的确在面对一个很棘手的问题，也是一种困境。我们或许能够对这个问题分析诊断，可是根本拿不出一个一蹴而就的“解决”方案。[③]

---

① Gary Tomlinson, “Toward the Anthropocene: Deep-Historical Models of Continuity and Change”, in: *South Atlantic Quarterly* (forthcoming).

② Zalasiewicz, “the Geology behind the Anthropocene”, in: *Cosmopolis* 2015, No. 1 (2015), p. 12. 感谢扎拉谢维奇教授跟我分享这篇文章。

③ 想要了解对这个话题更加详实的讨论，请参见 Frank P. Incropera, *Climate Change: A Wicked Problem—Complexity and Uncertainty at the Intersection of Science, Economics, Politics, and Human Behavior*, New York: Cambridge Univ. Press, 2016.

现代性和康德的道德地质学①

如果像我上面说的那样，消耗性的人类行为引发的各个层级问题挑战着我们的道德生命，这就打破了"道德"生命和"动物"生命之间的二元区分，要求我们找到一条通过"道德"路径解决由人类物种"自然历史"所产生的问题，那么很显然，人类的科学，特别是人文学科，今日正面临着一个崭新的任务，正是由于人类物种在动物生命和道德生命之间的区分，奠定了人文科学与物理生物科学的分离，这持续了几乎整个 20 世纪。② 这个课题需要更多的研究。年长的读者可能会记得 1975 年爱德华·威尔森（Edward O. Wilson）发表了《社会生物学》（*Sociobiology*）——他在书中曾义正词严地阐述生物学和文化之间的联系，而当时支持这种学科之分的呼声是多么激烈，甚至疯狂，因而在整个过程中，他的这些观点成功激怒了众多信服者中的马克思主义者和社会科学家。③

启蒙时代之后的现代性叙述中，人类道德生命与动物生命分离依然重要，这个假设可能可以从康德展开讨论的一则寓言开始研究，康德在 1786 年发表的《人类历史起源臆测》（"Speculative Beginning of Human History"）这篇并不起眼的论文中引述了这则寓言，人类物种的动物生命和道德生命之间的对立正是本篇论文的核心。这篇论文对圣经《创世纪》的故事以及人类对地球的主宰提供了出色的解读。④ 康德这篇习作的目的是把在他看来卢梭的"一些看似自相矛盾、常常

---

① 布鲁诺·拉图尔在阅读了这篇文章的早先版本之后建议我使用"道德地质学"这种表述。

② 在 19 世纪这种区分开始定型，此时现代的社会科学成为有辨识度的学科。请参见：Fabien Locher and Jean-Baptiste Fressoz, "Modernity's Frail Climate: A Climate History of Environmental Reflexivity", in: *Critical Inquiry* 38, No. 3(2012), pp. 579 – 598.

③ 关于这场学术论争，请参阅：Eric M. Gander, *On Our Minds: How Evolutionary Psychology is Reshaping the Nature-versus-Nurture Debate*, Baltimore: Johns Hopkins Univ. Press, 2003, chap. 3.

④ 对于这篇论文也有不同的、更有启发性的批判解读，请参见：Bonnie Honig, *Political Theory and the Displacement of Politics*, Ithaca, NY: Cornell Univ. Press, 1993, pp. 19 – 24.

被误读的观点"可以"合乎理性地一个个达成一致"：

> 在《论科学的影响》和《论人类的不平等》中，卢梭极其精确地描绘了作为文化的人类和作为**物理性**物种属性的人类（每一位成员都要圆满地完成其使命）之间不可避免的冲突。在《爱弥儿》《社会契约论》还有一些其他的著作中，他试图回答一个更加困难的问题：文化该怎样进步才可以发展出作为**道德性**物种的人类官能，从而终结人类自身既是道德性物种也是自然性物种之间的冲突？①

康德认为这个冲突本身对于人类历史有着决定性的影响，这是基于人类物种本身的属性，它既有"物理性/自然性/动物性"（他的论文中这些词的意思大致相同）的生命，也有道德性的生命。因为来自"自然能力"的"邪恶冲动"（impulses to vice）是"自然状态"所赋予的，它们必然随着"文化的推进"产生冲突。"只有当艺术至善至美的时候，人类物种才能抵达道德使命的终点"，用康德的话说，这个终点就是"第二自然"。②

很多康德研究的论述都探讨了这位哲学家对卢梭困惑的解答，有些学者甚至把这个解答追溯到先贤那里，包括阿奎那的思想。③ 然而，我这篇文章的目的并不是对康德思想进行历史溯源，而是对康德的论述加以重新建构，进一步阐明康德到底是如何理解人类物种的动物性和道德性之间关系的。在这篇论文的开端，康德解释了为什么他要以推断的方式解读创世纪的故事，同时他谈到"推断性的"（speculative）和"虚构性的"（fictional）有所不同。④ 推断可以"基于经验"，而经验本

---

① Immanuel Kant, "Speculative Beginning of Human History", in: Kant, *Perpetual Peace and Other Essays*, trans. by Ted Humphrey, 1983; Indianapolis, IN: Hackett, 1988, p. 54.

② Immanuel Kant, "Speculative Beginning of Human History", trans. by Ted Humphrey, pp. 54 - 55. 动物、自然、物理这三个同义词，see 54n.

③ 请参考这本博士论文的文献综述和结论。Daniel P. Shields, "Aquinas and the Kantian Principle of Treating Persons as Ends in Themselves" (PhD thesis, Catholic Univ. of America, 2012), chap. 1 and 2.

④ 我完全同意 Honig 的观点："The stories fables tell about the founding of a form of life invariably serve as powerful illustrations of the now more subtle and sedimented but no less active processes and practices that constitute and maintain our present, daily." Honig, *Political Theory*, p. 19.

身源于“自然”，对康德来说，“自然”在其最根本的结构中是恒常的。所以说，如果人类的历史是一部关于自由的历史，如果我们的出发点是来自自然的经验(是恒量)，那么我们也可以对人类的“开端”的论述做出推断性的解读(由理性引导)，这个命题成立的前提是这里所谓的“开端”只可以是由自然产生的。康德说：“自由的首次进展来自人的自然属性中的原始能力，这个发展的历史和自由的发展历史有所不同，因为后者基于书面报告[因此，这是历史学家的领域](方括号内内容为笔者所加)。”①

当然，康德也对人类的原始状态做了一些假定，如此“我们的推测就不会……漫无目的”。他笃定某种“人”的形象——“说起开端，人类的理性必须完全不能来自原来已有的自然因素”——因此，不能“从完全原始的状态而来”，而是，“人应当是**完全成型的成年人**(他必须脱离母亲的照顾)”。他设想的“人”也必须是“**成双成对的**，从而可以繁衍生息”，而成双成对也“只可以是**一对一的配对**，这样才不会引发战争，因为如果人们相邻而居却互相是陌生人的话，战争就有可能发生”。在康德看来，“人类使命的终极目的是‘社会性’”(因为人类的社交欲望在家庭的统一中达到最大化，每一个人都应该是从家庭中遗传而来的)，后面的这个假设可以保证，“自然就不会背负上谬误的指控，说社会性是来自自然的”。除此以外，为了让逻辑通顺，他还做了一些额外的假设：“第一个人因为可以**站立**、**行走**；他可以**说话**(创世纪 2：20)，甚至可以使用清晰的概念与人**对话**，也就是会**思考**。”他谈到，这个关于人类技能临界点的假设，可以让他“只需考虑人类行为和情感中道德的发展”。因此，康德重新建构了人类最原始的组合，他恰好把他们放置在地质学上全新世的中期，这个时期“人类文明”已经有了长足的发展：“我把这一对人类放在这样的地方，他们没有受到捕猎者的攻击，享用自然给予的丰富资源，就像是生活在**花园**之中，总是处在温和的气候中。”②康德没有预见的是：他所设想的“人”只有在上一次冰川期结束之后才可能成立。

康德眼中“人”的旅程是从人类这个物种完全的动物性开始的，这

① Immanuel Kant, “Speculative Beginning of Human History,” trans. by Ted Humphrey, p. 49.

② Ibid., pp. 49 - 50.

时本能是“所有动物都遵循的**上帝之声**”,只有本能在“引领着新人”。可是当人类进入康德视野的时候,理性这种官能在某种程度上超越了动物生命,但是却依然遵循着某种自然的设计,此时它已经开始在人类之中“搅动”和“孕育”,伴随着人类的想象力官能的发展——“不是自然属性推动的……对事物的欲望”,发展的结果是“人意识到理性是一种超越了那些束缚着动物的能力”。[①] 紧接着,他有另外一个新的重要发现:“人在自己身上发现了一种可以选择自己生活方式的能力,因此不像动物那样局限于某种单一的生活方式。”[②]这种“内在的”倾向得以深化,使人类获得了一种拒绝纯动物性欲望的能力,也就发展出了爱的能力。康德说:“**拒绝**是一种壮举,由此一来,人从被感官刺激所吸引逾越到被理想所吸引,从动物欲望最终逾越到有爱的能力,而后者也从开始的愉悦之感发展出对美的品味。”与此同时,“礼仪”(decency)也有所发展,这两种发展“让人首次寻找到该如何形成道德性生物的线索”,尽管这是一个微不足道的开端,可是对于康德来说,这是“划时代的”。[③] 理性也让人类对“**未来有自主性的期待**”,发展到如此的高度,可以把“整个人类提升到高于任何动物族群”,让人类把自己看作“**自然真正的终极目的**,尽管这种看法还很模糊”。如此,现今人类把羊皮看作是“来自大自然的馈赠”,这个馈赠不是给羊的,而是给人类自己的。《创世纪》中所说的人类对地球的主宰也由此开始了。可是,这也导致人类有了人人平等的观念——“所有人都平等地接受大自然礼物的馈赠”,更重要的是,“人类和**所有其他理性生物是平等的**,无论它们的等级如何”(创世纪 3:22)。当然,这种表述和康德的著名格言如出一辙,不应该工具性地看待每一个人,人的终极目的就是自身。[④]

康德敏锐地觉察到,“人类的早期历史图景”揭示了“人类……离开天堂……不过是从动物性的原始状态转变为人类,是从受本能所驱使到受理性指引的转变——用一句话说,从大自然的监护人转变为自

---

① Immanuel Kant, “Speculative Beginning of Human History”, trans. by Ted Humphrey, pp. 50 - 51.

② Ibid., p. 51.

③ Ibid., p. 52.

④ 对于康德这番命令更加深入的探讨,请参见 Honig, *Political Theory*, pp. 27 - 34.

由的状态"[①]。这在康德看来，可以用堕落的故事来解释，这种堕落是道德意义上的。理性在人类心胸中激荡之前，"既没有指令，也没有限制，因此也就没有所谓的逾越"。可是理性可以和"兽性及其他所有随之而来的权利"进行结盟，这导致了"教化过的理性所带来的罪恶"（比如说触发战争）。"因此，从道德的层面讲，"康德写道，"从之前的状态走出的第一步[纯真的状态]就是**堕落**；从物质的层面来看，是生命中不知从何而来的无穷尽的罪恶[自然灾害、艰难的生活]，因而，惩罚是堕落的后果。"[②]如我们所知，很多人类历史都是从这场堕落事件中来的：艰辛的生活、不平等（这既是无数罪恶的源头，也是所有好事的源头）、战争以及人类被"纳入城市里可见的各种痛苦中去"。[③] 可是，人类获取自由的这个故事中，理性的角色也变得愈发复杂了。人类可以利用理性来强化自身这个物种——根据《创世纪》的故事所言，人类物种的使命是："掌控地球，不再像牲畜那样对生活满足，也不再有奴隶的姿态。"[④]可是理性并没有直接指引人类认识到自身的使命（尽管在其他的论文中康德解释了为什么人类依旧完成了自身的使命）。因此，康德会这么写："因而，**自然**的历史是从善开始的，因为是上帝之作；自由的历史是从恶开始的，因为它是**人类**之作。"[⑤]

人类成功的核心是"**对天意安排的满足**"，康德以此作为论文的结论。[⑥] 可是这也正是人类很难做到的事情。天意通过人类所认为的灾祸来彰显：战争（最终催生了"各国领导者对人类的尊重"）、生命的短暂（保证了人类的进步是归功于物种，而不是个体），以及没有一个无需劳作就享有安逸生活的黄金时期。[⑦] 就像康德所说的那样："对天意的安排满足，对所有人间的事物也满足，相信这一切并不是从好变坏，而是从比较坏的情况逐渐变好；在这个过程中，大自然给予每一个人

---

① Immanuel Kant, "Speculative Beginning of Human History", trans. by Ted Humphrey, p. 53.

② Ibid., pp. 53 - 54.

③ Ibid., pp. 56 - 57.

④ Ibid., p. 57.

⑤ Ibid., p. 54.

⑥ Ibid., pp. 57 - 58.

⑦ Ibid., pp. 57 - 59.

既属于他自己,也完全是他力所能及的角色。"①

晚年的康德在第三批判中重释并且发展了这些基本观点(目的论判断力那部分),还有他的其他论文中也有所涉及,包括《世界公民观点之下的普遍历史观念》(1784)、《论俗语:理论上可能是正确的,但在实践上是没有用的》(1793)。比如说,康德在第三批判中是这样讨论人类的道德生命是如何从自然历史中脱离的:

> 外在自然对人类远远没有任何的偏爱……我们可以看到它是多么具有毁坏性——瘟疫、饥荒、洪水、严寒、受到大小动物的攻击等类似的情况——在这方面他与其他动物没有什么不同……除此以外,内在的**自然倾向**的不和谐出卖了他,皇权的镇压、战争的暴虐等,让他陷入更深的不幸之中……因此,人类不过是连锁物理效应的一环……作为地球上唯一一个掌握认知机能的生物,这个机能让他可以想象某种选择所造成的后果,他当然是大自然名义上的主人,如果我们把大自然当成是一个有目的性的系统,他天生就是自然最终的目的。可是这成立的前提是,他要拥有足够的智慧和决心让这种终极目的以自给自足、独立于自然的形态存在……然而,这种目的必不应当在大自然中寻找。②

重点在于,为了提出人类自由这个理论,康德对人类的动物生命和道德生命做出了区分。他不加怀疑地认为人类的动物生命是天赐的、恒定的,来自星球本身(用今天的术语说,是"生物圈")。人类历史和思想主要关注的问题是人类如何通过不断的斗争从而满足道德的天命,达到"完美"和正义的社会性:"大自然给予了人类两种不同的能力,从而达到两种不同的目的,一种是作为动物的人类物种,一种是作为道德的物种。"③

---

① Immanuel Kant, "Speculative Beginning of Human History", trans. by Ted Humphrey, p. 59.

② Immanuel Kant, *The Critique of Judgement*, trans. by James Creed Meredith, 1790, Oxford: Clarendon, 1973, pp. 93 - 94.

③ Immanuel Kant, "Speculative Beginning of Human History", trans. by Ted Humphrey, p. 55.

人类道德生命和动物生命的交织

人类物种的“动物生命”（尽管人类社会存在种种的不平等，可是毕竟我们的物质和人口都繁荣兴盛）为地球上的自然生命形态和生命的延续施加了压力，最终反过来又威胁着人类的生存，这个问题日渐明朗。思想家和哲学家把气候变化称作是人类面对最大的伦理挑战，这也就不足为奇了。他们提出了一个至关重要的道德神学问题，他们从世俗的角度重新审视“人类主宰地球”这个圣经中的命题：现在我们的动物/自然生命彻底地压倒了非人类的自然生命形态，人类该何去何从？的确，资本主义的问题在这种道德的语境中再次浮现。我们是否应该延续资本主义制度，而同时只不过选择放弃使用化石燃料呢？我们是否应该寻找一条不同于资本主义制度的道路呢？人类是否应该重返小型社区的生活方式？富裕阶层是不是应该减少消耗？

这些道德问题印证了康德命题的持续有效性：人类的道德生命假定人类可以“选择他自己的生活方式，而且不必像其他动物那样顺从于某种单一的生存方式”[①]。可是如果以上我所论证的观点是正确的话，那么我们可以说，我所重述的这种康德式寓言中的人类历史观如今正经历着前所未有的压力。一方面，很多思想家沿袭康德式的思路，认为道德生命展现了自由的场域；另一方面，我们不再能接受康德和很多其他人所作出的假定，也就是，星球本身会满足我们动物生命的需求。现状是，我们想要我们的道德生命接管我们的自然生命，甚至是所有非人类的自然生命形态。圣经中关于人类主宰的问题现在被赋予了世俗的形态，这些问题是关于人类该如何以管理员(stewardship)的角色管理星球，并且对这个星球负有责任。[②]

限于篇幅，关于这个观点，这里我只能举两个突出的案例：一篇是天主教教宗方济各(Pope Francis)近期写给天主教各教区主教的教

① Immanuel Kant, "Speculative Beginning of Human History", trans. by Ted Humphrey, p. 57.

② 想要更深入地了解这里所探讨的问题请参阅 Clive Hamilton, "The Delusion of the 'Good Anthropocene': Reply to Andrew Revkin" (June 17, 2014), available at http://clivehamilton.com/the-delusion-of-the-good-anthropocene-reply-toandrew-revkin.

皇通谕，另外一篇是阿马蒂亚·森(Amartya Sen)近期的一篇文章。教皇的通谕是从天主教神学的层面和现代文明根深蒂固的精神危机的语境中解读人类面临的气候危机，尽管这可能是迄今为止西方/欧洲在这方面仅有的尝试，不过这个文本的价值丝毫没有减弱。(作为一名印度学者，这让我想到了泰戈尔在 1941 年写的一篇文章，题为《文明的危机》，他在这一年去世。)教皇对于无节制的消费型资本主义制度有着激进的批判，特别是资本主义制度催生的"一次性"消费文化，他认为这种人类中心主义的做法是"误导性的""暴虐的""无节制的"和"现代的"[①]。在这个语境中教皇重释了圣经中人类"主宰"的问题："基督教中有一种不恰当的呈现人类的方式，这导致了人们对于人类和世界之间关系的错误理解。通常情况下，这种观念所传递的景象是像普罗米修斯那样的人类对于世界的主宰，也传递了这样一种印象，似乎只有胆小懦弱的人才会关心如何保护自然。恰恰相反，我们对于地球的'主宰'更为合适的解读应该是做有责任心的管理员。"[②]教皇方济各这样写道："我们不是神。"教皇强烈反对把人类当成是上帝物种(God-species)这种观点，"对上帝的地球负有责任意味着，拥有智识的人类必须要尊重自然的法则以及世界万物之间微妙的平衡……"[③]

森有着类似的观点，可是他并不是从基督教的视角入手的，他援引了佛经中的论述加以论证。他首先探讨了气候危机和人类对于其他物种所负有的责任，他认为气候变化这个议题需要有一个标准框架：我也同意他的观点，他认为如果要想非洲、亚洲和拉丁美洲的民众都可以平等地享用人类文明的硕果，如果想要他们都可以获得真正参与民主选举的能力，我们也必须要承认人类对于能源的需求在日益增长。可是，森当然也意识到人类文明的繁盛是以其他物种的损害为代价的，因此，他倡导人类对于非人类生命的责任感。如下是他的观点：

> 请考虑一下我们对物种的责任吧，有些物种正面临被消灭的威胁。保护这些物种至关重要，可是不能仅仅是因为这些物种的

---

① Pope Francis, *Encyclical on Climate Change and Inequality: On Care for Our Common Home*, London: Melville House, 2015, pp. 72－74.

② Ibid., p. 73.

③ Ibid., pp. 42－43.

> 存在可以偶尔提高我们的生活水平，所以我们才这么做……这是释迦牟尼《经集》中的观点，现在变得很切题。在经文中他谈到母亲对孩童的责任，不仅仅是因为她生育了孩子，更是因为她可以为孩子做很多孩子自己还未能做的事情……在环境的语境中，我们可以说，由于我们比其他物种强大得多，……正因为如此，所以我们对于其他生物负有托管的责任（fiduciary responsi-bility），我们对于它们的生命具有强大的影响力。①

当然，"受到威胁而[有一部分]消亡"的其中一个物种正是人类这个物种本身，这里有着些许讽刺的意味。人类也需要对自身负责，可是当回顾历史的时候我们发现，这说起来容易，做起来难。让我们思考一下这个问题，人类以自我为中心，以**父母对待子女的姿态**（loco parentis）审视"那些我们可以施加巨大影响的世界万物"。我们永远不会知道我们的行为到底对哪些生物产生了深刻的影响；通常我们是后知后觉。加拿大的生态学家彼得·塞尔（Peter Sale）这样写道："那些能为人类提供物资的物种只是还没有被发现或者被剥削，而我们对那些为我们提供着某种服务的物种也一无所知。"②

用这种观点来审视构成"庞大的地球生物量"的微生物（细菌和病毒）更有意义。马丁·布莱泽在《正在消失的微生物》（*Missing Microbes*）这本书中谈到，微生物不仅"在数量上超过了鼠类、鲸鱼、人类、鸟类、昆虫、蠕虫和所有树木数量的总和（这是地球上所有我们熟悉的可见生命形态），在重量上也超过了它们"③。我们除了知晓某些微生物对人类有着或好或坏的影响，我们真的有资格去评价那些对我们有害的病毒和细菌吗？这个问题其实十分复杂，生态学和病理学的

---

① Amartya Sen, "Energy, Environment, and Freedom: Why we must think about more than climate change", in: *The New Republic* 245, No. 14 (August 25, 2014), p. 39.

② Peter F. Sale, *Our Dying Planet: An Ecologist's View of the Crisis We Face*, Berkeley and Los Angeles: Univ. of California Press, 2011, p. 222. J. R. McNeill and Peter Engelke note in their book, *The Great Acceleration: An Environmental History of the Anthropocene since 1945*, Cambridge, MA: Harvard Univ. Press, 2014, p. 87，这本书中提到在20世纪25万之多的物种灭绝了，大部分是"连科学家还没有来得及描述就已经消失了"，还有一些"生物学无法鉴定"的生物。

③ Martin J. Blaser, *Missing Microbes: How the Overuse of Antibiotics is Fueling Our Modern Plagues*, New York: Picador, 2014, pp. 13 - 16.

不同学科视角常常给我们变幻无常甚至是完全相反的结论。在人类的进化中，细菌和病毒经常扮演重要而积极的角色，比如说，古老的肠胃细菌幽门螺杆菌 H。自从抗生素广泛使用以来，我们肠胃中的生物环境就发生了变化，然而，幽门螺杆菌 H 就被当成了病原体。[①] 尽管我们认识到这类生命形态在自然界生命的历史长河和人类生命中已经扮演了，并将继续扮演着重要角色，可是我们无法成为它们有责任的管理员。[②]

这意味着人类只能放弃森所描述的这种责任，因为我们永远都弄不明白我们所监护的是什么，我们又具体对谁有托管的责任。这也就是康德式的人类历史观现在所面临的压力。康德并没有要求生命的自然历史需要被纳入人类自身的道德观。更不用说，他理论框架中的生命繁衍生息产生于达尔文理论之前，也远远早于人类开始发现和理解微生物在生物历史中的角色。我们现在处在这样的节点上，我们需要探讨扩大人类道德观和正义观的范围，把自然界的所有可再生生命包括进来。

毋庸置疑，人类生存正义的问题是人文学科的核心问题。全球范围内各类社会组织的资本主义形态不断深化，人文科学学者的政治本能也变得更加敏锐。除此以外，鉴于 20 世纪下半叶历史进程中人本价值的跃升，我们现在原则上更加致力于保护每个个体的生命，确保个体在道德上的成长和经济上的繁荣，可是我们并不关心人类人口的总量以及其对生物圈的影响。[③] 事实上，任何缩减人口规模的倡议都会变成一种歧视穷人的政策，因此在道义上都让人难以接受。可是同时，只把精力放在增加人类的福祉和维护人与人之间的正义，这看起来也越来越不合时宜。这是人文学科必须要回应的困境。我想提的问题是：既然人文学科能够提供的观点针对的都是我们这个时代的议题，我们能否克服已经深入人心、根深蒂固的人类中心主义，能否也学着从一种非人类的视角来审视人类的世界呢？

---

① Martin J. Blaser, *Missing Microbes: How the Overuse of Antibiotics is Fueling Our Modern Plagues*, chap. 9.

② Luis P. Villarreal, "Can Viruses Make Us Human?", in: *Proceedings of the American Philosophical Society* 148, No. 3(2004), pp. 296 - 323; Linda M. Van Blerkom, "Role of Viruses in Human Evolution", in: *Yearbook of Physical Anthropology* 46(2003), pp. 14 - 46.

③ 请参照我在"Climate and Capital"这篇文章中的讨论。

转向拉图尔，展望未来

拉图尔早在我们醒悟之前就回应了这个问题：一边是自然和科学，另一边是文化和社会，这两者有着不可持续性的对立，这是现代思想中的一个难题。拉图尔在一系列的文章中阐发了他的思想，包括近期的《对于生存状态的质询》(*Inquiry into Modes of Existence*)这本书。① 然而，既然我已经在这篇论文中触及了微生物的话题，那么请允许我转向拉图尔讨论微生物的经典论述，他的《法国的巴斯德化》(*The Pasteurization of France*)这本书开辟了新的路径进而挑战了人类的生存和认知形态，他所论证的是，人类之所以能接收到非人类中心想法的暗示，恰恰是来自语言本身所发出的窸窣，而语言终归是人类的，别无他物。② 除此以外，这篇论文有一个巧合，这本书中拉图尔流露的反殖民幽默部分针对的是那位来自柯尼斯堡的哲学家，拉图尔认为在现代性的问题上康德是一个巨人般的存在，尽管我们可以对康德恶语相向，可是我们却根本无法回避他。

拉图尔早年研究路易·巴斯德(Louis Pasteur)的著作时，他就注意到微生物作为代理人的存在，这不仅仅在实验室受控的条件下如此，在我们的日常生活中亦是如此。拉图尔写道："一名销售员把一杯清澈无瑕的啤酒递给了酒客，可是酒坏掉了。"为什么呢？因为"酒厂和啤酒之间运送的途中有这样一个东西，它有时候是活跃的，可是有时候并不活跃。它是一种'中间物'(tertium quid)：'酵母'，研究微生物的人如此说道"③。由于微生物的存在，拉图尔察觉到，"我们不能仅

---

① 我主要追踪了拉图尔的三部著作：*We Have Never Been Modern*, trans. Catherine Porter (Cambridge, MA: Harvard Univ. Press, 1993); *Politics of Nature: How to Bring the Sciences into Democracy*, trans. Porter (Cambridge, MA: Harvard Univ. Press, 2004); and *An Inquiry into Modes of Existence: An Anthropology of the Moderns*, trans. Porter (Cambridge, MA: Harvard Univ. Press, 2013).

② Latour, *The Pasteurization of France*, trans. by Alan Sheridan and John Law, Cambridge, MA: Harvard Univ. Press, 1993, p. 193. See also *Politics of Nature and Modes of Existence*.

③ Latour, *The Pasteurization of France*, trans. by Alan Sheridan and John Law, pp. 32 - 33.

仅依靠社会关系来构建社会”：我们必须加入“微生物的行为”。[①] 因此，“比如说你在博物馆里组织了一次爱斯基摩人的展览，他们会和公众见面，可是他们也和霍乱病相遇，会死亡。这很让人困扰，因为你想做的无非是让他们展示自己的文化，而不是谋害他们”。同样，“和母牛的奶水一起旅行的还有一种未被驯化的生物——结核菌，在你喂养孩子的时候这种细菌也趁机而入。可是这种生物的目标和你的目标截然相反，以至于导致你的孩子死亡”[②]。因此，只有当牛奶经过巴斯德杀菌，微生物都被“根除”的时候，微生物才具有了真正意义上的“社会性”，这里的社会性指的是严格意义上的经济和社会关系。[③] 拉图尔书中的第一部分是这样结尾的：“一旦我们不把科学拱手交给那少数的几位‘代表整个科学界’的权威人士，此时出现的不仅仅是成群结队的人类群体，……也有‘非人类生命。’”[④]拉图尔的目标是“解放非人类生命”，让非人类从“社会和科学的双重控制中解放出来”。[⑤]

微生物涉及生命历史中深层时间的问题。“在大概 300 万年的时间内，”布莱泽谈道，“细菌是地球上唯一有生命的居民，它们占据了每一寸土地、空气和水源，推动着化学反应进而创造了生物圈，为多细胞生命的进化奠定了基础。”[⑥]把这种非人类从“科学和社会的双重控制中”解放出来，这无论如何也算不上是学院派所说的政治任务，这也不会产生某种行动纲领。这是现阶段人类各级社会管理组织架构该如何发展的问题，该如何打造以非人类中心的视角看待人类世界的问题。

书的第二部分有一个标题是“不可约”，拉图尔把非人类的“解放”看作是一项类似于去殖民的思想工程。“物自体?”他以自己独有的风趣反问康德，然后如此反驳道：“这些物自体倒是没什么事，谢谢。可是你好吗？你不是抱怨那些没能荣幸进入你的视域的事物吗?”拉图尔对于康德思想中人类中心主义的批判使用了殖民话语的概念，从而

---

① Latour, *The Pasteurization of France*, trans. by Alan Sheridan and John Law, p. 35.

② Ibid., pp. 33 - 34.

③ Ibid., p. 3, also p. 43.

④ Ibid., pp. 149 - 150.

⑤ Ibid., p. 150.

⑥ Martin J. Blaser, *Missing Microbes: How the Overuse of Antibiotics is Fueling Our Modern Plagues*, pp. 12 - 13.

为非人类创造了一个能动性空间。“物自体什么都不缺，就像在白人到来之前的非洲也并不缺白人，”他写道，“然而，却可以强迫那些缺了你日子照样过得很好的人，让他们后悔你不在那里。一旦物被简化成什么都不是的时候，物就需要乞求你的关注，寻求你的殖民。”接着，他把康德放置在一系列殖民者之间：“你是佐罗们、泰山们、康德们、丧偶和孤苦伶仃之物的守护者。”①他接着问道：“如果我们假设那些物自体并不缺什么的话，那么又会发生什么呢？”

在这里他把深层时间的概念引入了他的批评框架：“比如说，我们怎么看待这棵树，其他人称为红杉的这棵树？……即使是它也有所缺失的话，那么它最不缺的就是你。砍掉树木的你并不是树木的神……它要比你老得多……很快你可能发现你的电锯需要燃料才能运转，眼前这个石炭纪时代的大树很可能会让你筋疲力尽。”拉图尔诠释了使用人类时间刻度计算的局限性：“这么看，这棵树既没有失败，也没有获胜，因为每一个个体都可以制定游戏的规则，也可以决定在多大的时间跨度内去衡量得失。”②

紧接着，问题的箭头直指古老圣经思想的核心，这种思想宣称人类主宰地球是命中注定的：“谁告诉你人类是万物生灵的牧羊人了？很多其他的势力也想要成为牧羊人指引他人，保护他们为他们修剪羊毛，为他们施洗……我们的人数太多了，我们犹豫不决无法团结在一起拧成一股绳，无法强大到可以让其他的势力都悄然无声。既然你已经让很多其他的事物默默无声，那么为什么你不能让它们畅所欲言，把它们当成成人来看待？你难道真的很享受普罗米修斯双重的不幸吗？”③我认为这是我们时代最重要的问题，这也是教皇提出的问题，尽管他是在宗教的职责范围内做文章。

拉图尔的世纪之问提醒我们深层过去和深层未来并不适用于人类中心的政治思想和政治行动。这并不是说，人类内部正义、不平等、压迫关系这些议题一直以来的争论将会中断；这些议题会持续下去。可是现在作为物种属性的人类道德生命和生物生命已经无法脱离对方而存在，人们应当学着以一种超越（并不是完全抛弃）了人本政治的

---

①② Latour, *The Pasteurization of France*, trans. by Alan Sheridan and John Law, p. 193.

③ Ibid., pp. 192 - 194.

方式思考。星球上进化、气候和生命的故事相互联系着，而这些故事不能仅仅从人类中心的角度来讲述。看待这个问题的其他视角需要植根于深层时间之中，这可以让我们意识到，地球的历史上人类是个后来者，而地球对于人类的到来也并无多少准备，我们并不代表地球发展史上的制高点。拉图尔和其他学者以这样的框架打开了美学、哲学和伦理思想的多个场域，这帮助我们开拓了新的视角——把现在的种种环境危机放置在地球上自然界可再生生命的深层历史这个更宏大的语境中加以考量。这就是我认为的我们时代"新"人文学科的主要目标。[①]

【本文系中国人民大学科学研究基金（中央高校基本科研业务费专项资金资助）项目"西方生态批评的三次浪潮"（批准编号21XNF040）阶段性成果】

（作者单位：芝加哥大学历史系）

（译者单位：中国人民大学文学院）

学术编辑：阳小莉

① Bill Brown, *Other Things*, Chicago: University of Chicago Press, 2015. 这本书是近期从这个方向入手展开论述很好的案例。

在终结与重建之间：人类世语境中的自然

阳小莉

内容提要 在人类世地质世代和语境下，探讨“自然”概念，或对“自然”进行重新思考不仅非常重要，且非常必要。当前，关于人类世语境中的“自然”概念的意涵，主要涉及两个层面：一是自然的终结、自然之后，或者说，自然之死；二是以生态现代主义为代表的后自然的自然，也即自然之技术化。前者注重反思自然的全面人工性以及自然与社会的不可分离，后者则将自然问题转化为技术问题，认为生态危机主要是技术发展不足的后果。然而，在自然终结与技术重建自然之间，还存在渗透着人类活动印记却超出人类认知和控制力范围的非人自然。非人自然凸显人类物理存在的脆弱性，并将人类活动非人化为随时可以针对人类自身的自然力量。在人类世的非人自然中，人类成为自然，自然成为人类。厘清人类世语境中的自然，既是对人与自然之间生存关系的探究，也是对二者审美关系的重思。

关键词 人类世 自然的终结 生态现代主义 后自然 非人自然

2000年，诺贝尔奖获得者、荷兰大气化学家保罗·克鲁岑(Paul Cruzten)和美国淡水生物学家尤金·斯托莫(Eugene Stoermer)，在墨西哥库埃纳瓦卡举行的国际地圈—生物圈计划(International Geosphere-Biosphere Programme, IGBP)年会之后不久，联名发表了《人类世》一文，正式主张地球生态系统已经进入人类世。在他们看来，全新世(Holocene)[①]在持续了差不多11 700年之后，已经结束了。

---

① 全新世是地质时代的最新阶段，大约开始于11 650年前。这一时期形成的地层称全新世，覆盖于所有地层之上。全新世于1850年由Paul Gervais提出。

鉴于人类活动对地球和大气的全面影响及其持久效应，人类世强调人类作为一个整体在地质和生态中的核心地位。可以说，人类世概念的提出，是对人与自然或人类与非人类世界之间关系危机的回应和警醒。这促使我们去重新考察人类世语境中的自然概念问题。在人类世语境中，人类与自然不再是相互对立的主客体，而是相互影响和密不可分的存在。与此同时，将人与自然关系的复杂性放置在美学的视野中考察，我们会发现，在审美活动中，人类作为审美主体与自然或非人类世界作为审美客体或审美对象的预设仍然存在。而人类世概念将迫使美学去反思这种主客二元对立，对审美活动中人与自然或非人类世界的关系重新进行解释。在此意义上，人类世就不仅仅只是一个描述地球地质状态剧烈转变的地质概念，同时也是一个关乎人类作为一个物种的生存现实的概念，在此基础上可以衍生出相应的哲学和美学问题。自人类世概念提出以来，很多艺术家、作家、气候活动家(climate activists)等都尝试在自己的作品中创造出一种独特的人类世美学，试图以此来触发人们对生态危机的感知，并感召人们采取必要的改善生态环境的介入行动。随着全球变暖变成日益可触的现实，人类世这个充满启示性和震撼性的概念已经激发了很多或科幻式或未来式或推想式(speculative)的美学建构，比如，近一二十年来蔚为可观的“气候变化小说”中出现了很多关于气候灾难的想象，来回应气候变化和全球变暖主题。[①] 本文聚焦人类世语境中的自然，并不试图建立一种独特的美学或感知形式，而是通过厘清自然的概念，重新把握人类作为一个整体与自然世界的关系，以便从中领悟到作为人类对非人类生命世界的责任。因而，人类世话语触发的美学问题并不是单一的，而是可以从多维度去思考和建构的美学体验。毕竟，自然，不管是作为概念还是物质现实，都是建构不同美学体验的最终触媒，因为人类世话语意味着人类并不孤立地存活在地球上，而是在与非人类世界充满矛盾和纠缠的遭遇中去审美。如此，对人类世语境中自然概念的考察就变得非常重要，这既是对人与自然生存关系的探究，也是对二者审美关系的重思。

---

① 姜礼福：《气候变化小说的前世今生》，《鄱阳湖学刊》2020 年第 4 期。

一、“人类世”概念的演化

大约30万年前，智人第一次出现在非洲大陆。至今，人类的生活和生产活动，毫无疑问，一直在不断地依赖、干预和改造着非人类的自然世界。尤其在最近几百年间，人类对整个自然世界和地球生态系统的影响明显加剧。早在1864年，美国地理学家、外交家和现代环境保护主义之父乔治·马什(George Perkins Marsh)就著有《人与自然：人类活动所改变了的自然地理》一书，并在其中阐述了人对自然的影响，进而提出自然保护的思想。① 意大利地质学家安东尼奥·斯托帕尼(Antonio Stoppani)于1873年提出了“人类的世代(Anthropozoic era)”的概念，认为人“这种绝对新生的生物，对物理世界来说是一个全新元素，一种新的地球力量，这种力量就其强力和普遍性而言，在面对整个星球最强大的力量时都毫不逊色”②。1875年，奥地利地质学家修斯(Eduard Suess)首次提出生物圈(biosphere)的概念来描述地球上容纳万千生命的空间。20世纪20年代，苏联矿物学家和地质化学家弗拉基米尔·韦纳茨基(Vladimir I. Vernadsky)普及了生物圈这一概念，向其中注入生态意涵，并提出了生命作为地质力量，而且能够形塑整个地球的假说。韦纳茨基认为：“文明的人类已经改变了陆地这层薄膜(film)的结构，这在水圈(hydrosphere)中是独一无二的。这些变化是地质史中的新现象，其化学影响还有待被确定。一个主要的改变就是人类历史中对森林的系统性摧毁，而森林是这层薄膜中最强有力的部分。”③这期间，韦纳茨基在与法国哲学家和天主教耶稣会神

---

① George P. Marsh, *Man and Nature; or Physical Geography as Modified by Human Action*, New York: Scribner, 1864. http://memory.loc.gov/cgibin/query/r?ammem/consrvbib:@FIELD(NUMBER(vg07), 2020-07-05.

② Antonio Stoppani, "The Anthropozoic Era", excerpts from *Corso di Geologia* (Miliano: G. Bernardoni E. G. Brigola, Editori, 1873), trans. by Valeria Federighi. http://www.scapegoatjournal.org/docs/05/SG_Excess_346-353_P_STOPPANI.pdf, 2020-07-05.

③ Vladimir I. Vernadsky, *The Biosphere*, translated and annotated from the original of 1926 by David B. Langmulr and Mark A. S. McMenamin, New York: Springer, 1998, p. 143.

父德日进(Pierre Teilhard de Chardin)的相互影响下,共同提出智慧圈(noosphere)的概念,并将其定义为生物圈的一个新阶段;此阶段将主要由人的智识和理性活动所决定。[①] 到 20 世纪 90 年代初期,美国地理学家比利 · 特纳二世(B. L. Turner II)等人就人类对自然物理世界的改造形成了卷帙浩繁的记录。他们得出的共同结论是,漫长的人类活动已经改变了生物圈——至少在生物区和土壤两个层面——而如今,又正在改变水圈、大气圈和岩石圈。[②]

克鲁岑和斯托莫提出人类世概念时,将人类世的起点设定在 18 世纪后半叶,即第一次工业革命产生的时期,因为自那时起人类活动对地球的全面影响变得清晰可见。[③] 根据这一判断,以维尔 · 斯蒂芬(Will Steffen)为代表的科学家将 1750 年以来各个国家的社会经济发展和地球系统变化趋势图表对比研究后发现,二者都在 1950 年左右开始呈现出较为一致的"大加速(Great Acceleration)"。[④] 其中,社会经济发展指标包括人口、GDP、外国投资、城市人口、肥料消耗、大型大坝、用水、造纸、交通和通信;地球系统指标有大气中的二氧化碳、一氧化二氮和甲烷、平流臭氧层的减少、地表温度、海洋酸化、海洋捕捞、虾类养殖、海岸带氮源、热带森林减退、驯养地和陆地生物圈退化。这些重大指标从各个方面表明人类自 20 世纪中叶以来的社会经济活动对地球生态系统影响的大加速是工业革命以来最显著的。甚至,上千年时间跨度的证据也表明,人类对全球环境和地球系统造成的改变,在规模和速度上,1950 年以后呈现的大加速都是史无前例的。[⑤] 因此,大多数科学家都认为,工业文明及其伴随着的大量化石燃料的使用,应该被视为人类世的起点,继而到 20 世纪中叶开始的大加速,"人类

---

① Paul R. Samson and David Pitt (eds.), *The Biosphere and Noosphere Reader: Global Environment, Society and Change*, London: Routledge, 1999, pp. 49 - 100.

② B. L. Turner II et al., *The Earth as Transformed by Human Action: Global and Regional Changes in the Biosphere over the Past 300 Years*, Cambridge: Cambridge University Press, 1990, p. 25.

③ Paul J. Cruzten and Eugene F. Stoermer, "The 'Anthropocene'", Global Change Newsletter, IGBP No. 41, 2000, pp. 17 - 18. http://www. igbp. net/download/18. 316f18321323470177580001401/1376383088452/NL41. pdf, 2020 - 07 - 18.

④ Will Steffen et al., "The Trajectory of the Anthropocene: The Great Acceleration", in: *The Anthropocene Review*, January 2015, Vol. 2(1), pp. 81 - 98.

⑤ Will Steffen et al., *Global Change and the Earth System: A Planet Under Pressure*, Berlin: Springer, 2005, pp. 81 - 141.

自身已经变成一股全球性的地质力量”。[①] 尽管直到笔者撰写此文之际，国际地层委员会（International Commission on Stratigraphy，ICS）和国际地质科学联合会（International Union of Geological Sciences，IUGS）还没有官方认可“人类世”作为一个已经被公认了的地质年代分段的命名，但是，考虑到在过去二十年中，人类世在科学、人文和社会科学领域引发的震荡和论争，人类世在尚需岩石层证据被地层学家确认为地质事实之前，俨然已经成为被广泛接受的生态危机现实。

当然，人类世自提出以来也引起了诸多争议。有论者认为，将人类世的起点追溯至工业革命伊始或者 1950 年左右开始的大加速，都忽视了人类在前工业文明漫长时期的活动中对生态环境和气候变暖造成的同样显著的影响。[②] 另有论者认为，人类世的主体不应该只是人类这一个“物种”，而应该是由人类、非人类和科技组成的聚合体。[③] 还有论者特别指出，建立在无差别“人类”之上的人类世，严重忽视了不同人群对环境不同程度的破坏，以及他们遭受的——往往与其施加的生态破坏不成比例的——环境危机的威胁。他们认为，至少应该是富国工业资本家，而不是整个人类，需为人类世负更大的责任。[④] 尽管如此，在 2018 年的美国国家科学院会议论文中，众多科学家一致认为，虽然我们承认世界上不同社会和地区对地球系统已经和将要造成的压力是不均等的，但是为了分析地球系统的未来走向，还是需要考虑人类对系统的综合影响。[⑤] 因而，在批判看待人类世概念局限的同时，还需看到人类世对于思考整个人类与自然和地球生态系统之间的关系、互动和影响来说仍有裨益。

---

① Will Steffen et al.，“The Anthropocene：Conceptual and Historical Perspectives”，in：*Philosophical Transactions of the Royal Society*，2011，Vol. 369，p. 843；Paul J. Cruzten，“The Geology of Mankind”，in：*Nature*，January 2002，Vol. 415，p. 23.

② William Ruddiman et al.，“Does Pre-industrial Warming Double the Anthropogenic Total?” in：*The Anthropocene Review*，August 2014，Vol. 1(2)，pp. 147 - 153.

③ Derek Woods，“Scale Critique for the Anthropocene”，in：*Minnesota Review*，Issue 83，2014，pp. 133 - 142.

④ Andreas Malm and Alf Hornborg，“The Geology of Mankind? A Critique of the Anthropocene Narrative”，in：*The Anthropocene Review*，2014(1)，pp. 62 - 69.

⑤ Will Steffen et al.，“Trajectories of the Earth System in the Anthropocene”，in：*PNAS*，August 2018，115(33)，pp. 8252 - 8259. https://www.pnas.org/content/115/33/8252，2020 - 07 - 20.

如前所述，人类世概念的提出，不仅试图命名一个区别于全新世的新的地质年代，也同时将人类作为一个整体看作具有星球规模(planetary scale)影响力的地质力量。简言之，人类的活动、生产与再生产已经不可避免地，甚至不可逆转地构成了自然的一部分。正如杰迪迪娅·珀迪(Jedediah Purdy)所说，人类世所体现的革命性意义在于"人与自然之间区分的终结"。① 在这个意义上，人类世不仅仅是地质学或地层学等科学层面的验证和确立，而更应当促使我们重新从哲学、美学、文化和生态思想的角度去重新反思人与自然的关系。

因而，梳理目前学界对人类世中"自然"这一概念的讨论的不同面向是理解"自然"在人类世中如何界定和演化的基本前提。如果人类世确实代表和彰显了人类作为一个整体所产生出来的对地球地质和生态的形塑力量，人类世这一概念事实上已经将人类当成了自然的一个有机组成部分。或者换句话说，自然在人类世的语境之中，俨然已经成了人类社会的一部分。当前，关于人类世语境中的自然概念问题，有两种比较具有代表性的论述：一是自然的终结(end of nature)或自然之后(after nature)，抑或自然之死；二是以生态现代主义(eco-modernism)为代表的后自然的自然(post-natural nature)，或者说自然的技术化。前者注重反思自然的全面人工性以及自然与社会的不可分离，后者则将自然问题转化为技术问题，认为生态危机主要是技术发展不足的后果。诚然，厘清"自然"在人类世语境中如何界定和演变是一个无比庞杂的问题，本文主要围绕着"自然的终结""后自然的自然"两种代表性的论述进行批评和思考，并在此基础上提出"非人类自然"，也即，超出人类预测和干预能力的自然物理世界的存在。所谓"非人类自然"，是在人类世语境中，既看到人类对地球地质生态改造的强力，同时又认识到人类作为一个物种在面对自然和非人类世界时的渺小和卑微，从而寻求与自然和谐共处的方式。只有这样，人类世话语才不是人类中心主义的，才不会沦为对人类强力的恭维乃至赞许，而是对我们生产和生活方式中以人类为中心的价值核心的挑战和颠覆，让我们可以平等地面对自然与非人类物质和生命。

---

① Jedediah Purdy, *After Nature: A Politics for the Anthropocene*, Cambridge, MA: Harvard University Press, 2015, p. 8.

二、自然的终结

围绕着人类世的讨论总是绕不开“自然的终结”这一主张。毫无疑问，自然本身是一个很复杂的范畴，既指地球上的物理化学现实，又是人类话语对非人类世界的概念化。“自然的终结”在目前的讨论中，主要是指西方现代自然观念（其中主要包括荒野或未经染指的自然世界，以及自然与社会的分离）的瓦解，强调自然在现代世界中的全面人工性，及其与人类社会的密不可分。人类世概念既是对人类改造地球地质生态的强力的承认，也承认人类和人类社会与自然在物理现实和概念上的分离已无法再成立。从这个角度看，“自然的终结”算是人类世概念的题中应有之义。

早在人类世这一概念进入大众话语之前，美国环境保护主义理论家比尔·麦克基本（Bill Mckibben）就在《自然的终结》一书中，第一次明确指出自然已经终结。“一个观点，一种关系，就像一种动物或植物一样，可能会灭绝。这种观点在此处就是‘自然’——那个分离开来的荒野地带，那个人类与之分离却不断去适应的世界，人在它的律法下出生并死去。”[①]对麦克基本而言，原始荒野作为美洲大陆最根本的自然这一现实已经不存在。荒野是独立的、未经染指的自然，但是，人类的干预已经剥夺了“自然的独立性”。[②] 麦克基本认为，在荒野逐渐被人们改变的过程中，人们仍然能够去相信有些荒野之地还存在，即便他们从未踏足过。在面临蕾切尔·卡逊在《寂静的春天》（1962）中提到的 DDT 污染等问题时，人们都还在慢慢解决，或者也总是能够想象总有一些地方可以免于这些污染。

然而，荒野以及人们对荒野的期待和想象，却在新的全球污染——二氧化碳和氯氟碳等物——也就是温室气体的大量排放中完全破灭了。“我们已经改变了空气，因此，我们就在改变天气。通过改

① Bill McKibben, *The End of Nature: Humanity, Climate Change and the Natural World*, London: Bloomsbury, 2003, p. 48.

② Ibid., p. 61.

变天气,我们让地球上的任何一个地方都变成人工和人造的。"[①]因此,没有被人类干预或改变过的自然在温室气体到处弥漫的时代已经不存在,独立于人类之外的自然也跟着消失了。"自然的独立性就是它的意义;没有自然的独立性,就会只剩下我们。"[②]不难看出,从局部或地方环境污染到全球温室气体效应的演变构成了麦克基本做出自然已然终结这一判断的基础。这一演变不仅意味着人类干预自然的规模已经拓展至全球,也意味着干预程度的加深。通过对没有边界的气候的改变,人类对地球生态的影响已经辐射到任何生命和物质的变迁与流动。对麦克基本来说,即便局部或地方性污染及其后果并不完全受制于空间或地域局限,但人们还可以在一定程度上保有对荒野或自然的想象和期待。可是,当空气通过其如病毒一般的无孔不入之势,浸入天气之中,继而改变气候时,自然的自然性便被驱逐殆尽。正是在这个意义上,麦克基本认为,温室气体效应的生态后果是全球性的,是将人工性加诸自然的最全面的方式。当然,自然的终结并不意味着自然过程的终结。阳光和风雨依然存在,万物仍然生长和衰败,但是,"至少在现代,我们已经终结了那个为我们定义了自然以及自然和人类社会分离的事物"[③]。换句话说,麦克基本认为,自然的终结意味着,我们失去了作为自然的现实(当然,此处的自然对应的更多的是美国本土语境中的荒野)以及能够想象自然存在的概念基础。

其实,从 20 世纪 80 到 90 年代,类似"自然已经终结"的主张已经屡见不鲜。德国社会学家乌尔里希·贝克认为:"我们今天关心的是一种处处可见的高度综合的产物,一种'人造'自然。如果'自然的'意味着自行其是的自然,那么它的一分一毫都不再是'自然的'。"[④]无独有偶,英国社会学家安东尼·吉登斯指出,人工环境——包括人对城市环境和其他风景的协调和控制——对自然环境的取代是现代性的一个决定性标志。[⑤] 后现代主义理论家弗里德里克·詹姆逊则将自然

① Bill McKibben, *The End of Nature: Humanity, Climate Change and the Natural World*, p. 60.

② Ibid., p. 61.

③ Ibid., p. 68.

④ 乌尔里希·贝克:《风险社会》,何博闻译,译林出版社 2004 年版,第 99 页。

⑤ Anthony Giddens, *The Consequences of Modernity*, Cambridge: Polity, 1991, p. 60.

的消失作为后现代性的标志："后现代主义就是当现代化过程完成，自然一去不返时，你还拥有的事物。"[①]显然，不论是自然的高度人工化，还是与人类社会的历史进程及其特性——如现代性或后现代性——联系在一起的自然和自然观念，到 20 世纪末期，人们的一个基本共识就是自然的消失。如此看来，联合国政府间气候变化专门委员会(Intergovernmental Panel on Climate Change，IPCC)在 1988 年的成立，并不是时间上的偶然，而是如人类世所标志的那样，人类对自然的干预已经跨域了一个临界点。在临界点之前，作为荒野或者原始的自然或许还存在，而临界点之后，自然就变成人造或人工的了。

在我们今天的生活环境中，自然的人工性无处不在。城市景观、国家公园、自然保护区等都是人工规划和设计的结果。不论是出于生态还是社会政治目的，这些都早已不是麦克基本或贝克意义上的未经染指、自行其是的自然，而是环境、社会和政治共同运作和干预的结果。美籍风景地理学者肯尼斯·欧威格(Kenneth R. Olwig)在一篇讨论国家公园与自然关系的文章中认为，国家公园代表的风景既是自然的也是国家的。在这个意义上，"国家公园就既是关于国家身份的性质，也是物理自然……这样看来，国家公园就变成了我们在我们自己的形象中'重新发明自然'，因而，也是对那种形象的反思的好地方"[②]。通过一种政治和社会的规划，国家公园同时成为一个承载物理自然的独立空间和国家身份的象征。在国家公园里，对自然的浪漫化和崇高化与对一种国家身份的塑造、辨识和认同同时发生。因此，我们可以说，自然的人工性不仅意味着人类对环境全面的影响和破坏，也体现了人为干预自然并企图达到某种象征性意义的社会政治和环境诉求。

诚然，我们不能忽略"自然的终结"这一论断背后对"自然"本身存在着的社会文化预设与建构。正如雷蒙·威廉斯所说："尽管常常不为人所注意，自然的观念包含了大量的人类历史。"[③]比如，麦克基本将

---

① Frederic Jameson, *Postmodernism, or the Cultural Logic of Late Capitalism*, London: Verso, 1991, p. ix.

② Kenneth R. Olwig, "Reinventing Common Nature: Yosemite and Mount Rushmore—A Meandering Tale of a Double Nature", in: William Cronon (ed.), *Uncommon Ground, Rethinking the Human Place in Nature*, New York: W. W. Norton, 1995, e-book, p. 75.

③ Raymond Williams, "Ideas of Nature", in: *Problems in Materialism and Culture*, London: Verso, 1980, p. 67.

荒野等同于自然的前提就充满了特定的社会文化建构。美国环境史学家威廉姆·克罗农(William Cronon)曾指出,欧洲殖民者遭遇到新大陆时,新大陆并不是原始或完美无缺的,而是已经被印第安人很多个世纪的居住所改变。将新大陆的自然作为荒野来看待,就是抹杀了印第安人在这片土地上的历史。"通过抹除印第安人来建构一种'杳无人迹的荒野'——好像在这个地方的人类历史上从未有人涉足过——只是提醒了我们美国的荒野是什么,以及它是如何被发明和被建构的。"①克罗农通过对荒野概念的批判,揭示了"自然作为荒野"背后的特定历史语境,并暴露了殖民者话语合法性建构中的孔洞。每个社会都会干预其身处的自然环境。因而,重要的不是建构一个以原始荒野为基础的自然概念,而是去看每个社会与其生态环境之间的相互影响及其生态后果。因而,麦克基本式"自然的终结",在概念上,更多地代表了将自然等同于荒野的观念的终结。

尽管如此,对荒野作为自然的观念的解构并不等同于对自然全面人工性以及自然与社会密不可分的关系的否定。换言之,不能因为美洲大陆语境中的荒野或任何自行其是的、未经染指的自然概念的瓦解就解构了"自然的终结"这一论断背后的生态现实意义。相反,"自然的终结"至少存在两方面的意涵:一方面,"自然的终结"反过来促使我们去质疑通常被认为自行其是却十分抽象的西方现代自然观念,尤其是人与自然、自然与社会的二分;另一方面,如果自然的全面人工性是人类世自然的特性,那人与自然在人类世的关系又是什么?我们该如何处理"自然的终结"带来的环境退化的警示意义?

乌尔里希·贝克在《风险社会》中认为,工业化造成的生态和自然基础的退化会推动对自然和社会关系的反思。"自然与社会间对立的结束。这意味着,自然不再能被放在社会之外理解,社会也不再能被放在自然之外理解。19 世纪的社会理论(以及其 20 世纪的修订版)把自然作为某些给定的、可归因的、要去征服的东西加以理解,并因此总是将自然作为与我们对立的、陌生的、非社会的东西加以理解。可以说,这些推定已经被工业化的过程自身历史地证伪了。在 20 世纪结

---

① William Cronon, "The Trouble with Wilderness, or: Getting Back to the Wrong Nature", in: William Cronon (ed.), *Uncommon Ground: Rethinking the Human Place in Nature*, e-book, p. 75.

束的时候，自然既不是给定的也不是可归因的，而是变成了一个历史的产物，文明世界的内部陈设，在其再生产的自然状况下被破坏和威胁着。”[①]不难看出，将自然与社会对立加剧了对自然的征服和破坏。而对自然的破坏不再能将之归结于自然或环境本身的毁坏，因为“工业化将其普遍化，它们就变成系统固有的社会的、政治的、经济的和文化的矛盾。”[②]在贝克看来，工业化在将自然作为处置对象的发展过程中，不可避免地将自然的毁坏转变成了社会政治问题。换言之，作为社会工业化基础的自然，同时也成为工业化社会自身的限制、风险和矛盾。因而，自然的全面人工性也意味着自然的全面社会性。在人类世，不再有绝缘于人类之外的自然，或绝缘于自然之外的人类。如此看来，人类世语境中的自然与社会就不再能够被当作两个独立的概念和两种泾渭分明的现实，而是相互交叉与重叠，变得不可区分。正是在此处，珀迪所指出的人类世的革命性意义得到了彰显。在人类世，人与自然之间的区分确实是终结了，而自然与社会之间的区分也相应地终结了。那么，自然终结之后，我们又该如何呢？

三、生态现代主义的后自然方案

立足于自然终结之后的人类世，美国环境科学家、生态现代主义的倡导者埃勒·埃利斯(Erle C. Ellis)倡导地球科学研究和教育应该在一种“后自然”的范式上进行重构。在人类世，人类活动对地球系统的影响已经远远超出了单纯的干预，“人类系统已经成为主要的地球系统”。埃利斯因此认为人类正在干扰地球系统的研究范式已经过时，后自然范式的前提在于承认人类系统已经变成了地球生物、大气、水和地质等过程具有决定性的组成部分。[③] 因而，后自然范式更加重视人类对自然世界的积极改造和重建塑造，而不只是将人类活动视为对生态系统的单纯干扰和破坏。埃利斯主张，人类世并不是一场危

① 乌尔里希·贝克：《风险社会》，何博闻译，第 97 页。

② 同上，第 188 页。

③ Erle C. Ellis, “Earth Science in the Anthropocene: New Epoch, New Paradigm, New Responsibilities”, *Eos*, Transactions American Geophysical Union, 2009, Vol. 90 (49), p. 473.

机，而是“一个充满人类导向机会的全新的地质世代的开端”[①]。在此认识基础上，两位美国环境政策专家和作家特德·诺德豪斯（Ted Nordhaus）和迈克尔·谢伦伯格（Michael Shellenberger）于2004年共同发表文章《环保主义的死亡》。其中，他们认为现代环境保护主义已经无法应对地球目前面临的严重生态危机，因为环保主义预设有一个“环境”在那儿并等着我们去修复，而忽略了“环境”本身已经变成一个社会的内部问题，取决于我们如何组织社会。[②] 2007年，两人联合成立了突破研究所（Breakthrough Institute），该研究所坚信人类繁荣与地球的生态活力能够持久共存。[③] 他们重视人类在过去几个世纪创造的发展，并认为整个人类应该共享现代化带来的发展好处。致力于科技发展和全面实行现代化是他们为人类世提供的后自然方案。

《生态现代主义宣言》就是这套后自然实践方案的集中体现。[④]《宣言》于2015年，由19位（包括埃利斯和突破研究所的两位发起人）科学家、环境专家、气候学家、学者等共同完成。他们在其中提出生态现代主义（ecomodernism），意在将人类发展现代化与生态可持续相结合。首先，《宣言》认为地球如今已经成为人类的星球，人类世是属于人类的时代，人类应当通过自己的力量去重新塑造地球。他们认为，在过去两百年间，人类的现代化发展取得了显著进步。这主要表现在人均寿命增长、意外和传染病死亡率下降、对天气和自然灾害的应对能力大大提升、性别更加平等、全球贫困人口减少、大量人口摆脱奴役状态、人均暴力比例下降等方面。全球化经济将人类社会从专制政府过渡到由法律和自由主导的民主社会。如今，个人、经济和政治自由基本已经成为普遍认同的价值。所以，人类需要靠自己去创造一个好的人类世。“一个好的人类世需要人类利用他们不断增长的社会、经济和科技力量让人们过上更好的生活、稳定气候，并保护好自然世

---

① Erle C. Ellis, “The Planet of No Return”, *Breakthrough Journal*, 2011, https://thebreakthrough.org/journal/issue-2/the-planet-of-no-return, 2020-7-20.

② Michael Shellenberger and Ted Nordhaus, “The Death of Environmentalism: Global Warming Politics in a Post-environmental World”, the Environmental Grantmakers Association, October 2004, https://grist.org/article/doe-reprint/, 2020-07-08.

③ Breakthrough Institute: https://thebreakthrough.org/, 2020-07-08.

④ John Asafu-Adjaye, et al., *An Ecomodernism Manifesto*, April 2015, https://static1.squarespace.com/static/5515d9f9e4b04d5c3198b7bb/t/552d37bbe4b07a7dd69fcdbb/1429026747046/An+Ecomodernist+Manifesto.pdf, 2020-07-08.

界。”[①]民主、忍耐和多元主义这三个自由准则是创造好的人类世的关键。

其次，《宣言》强调科技发展是解决生态危机的重中之重，可以将人类发展从环境影响中分离(decouple)出来。他们主张，一方面，应大力强化农业、能源开掘、林业等，以减少对土地的使用和对自然世界的干扰。人类科技让农业取代了狩猎和采集，促进了今天的全球化经济，并让人们减少了对很多曾经只为他们提供食物的生态系统的依赖。城镇化、水产养殖、核能、海水淡化都能够减少人类对环境的需求，给非人类物种留出更多生存空间。另一方面，应普及现代能源在全世界范围内的使用，并且发展科技开发新能源。能源使用与经济收益和提高生活水平有紧密联系。廉价的现代能源的使用可以让部分地区和人群停止使用木材取火。科技发展还可以促进向清洁、低碳能源的转换，以大大降低对生态的破坏。建立在科技强化和新能源转型基础上，他们认为，人类发展与自然世界的分离可分为相对和绝对分离。相对分离意味着环境退化速度低于整体经济增长。对于每个经济增长单元，就会产生更少的环境破坏，比如，采伐森林、驱除原虫、污染等；绝对分离发生在当整体环境影响不断累积至顶峰然后开始下降的时刻，即便这时经济继续保持增长。在他们看来，科技的发展和人口变化趋势会促进分离的发生，因为根据目前的趋势，世界总人口非常有可能在21世纪末达到顶峰，然后开始下降。而且，随着大量人口向城市不断转移，人口占地总面积会减小，且生育率会持续下降。总之，“这些趋势意味着人类对环境的总体影响，包括土地使用、过度剥削以及污染，都会在本世纪达到顶峰，然后下降……即便当发展中国家达到现代生活标准，物质贫困消除时，人类仍有能力重新荒野化和绿化地球”[②]。

最后，他们申明写这份《宣言》是出于对自然世界深深的热爱和情感牵连。人类总是会在一定程度上依赖自然，他们认为，只有达到将人类的发展与自然分离，我们才可以真正保护自然。除此之外，荒野、生物多样性和风景保护都是除了分离过程之外必不可少的，而且这些

---

①② John Asafu-Adjaye, et al., *An Ecomodernism Manifesto*, April 2015, p. 6, https://static1.squarespace.com/static/5515d9f9e4b04d5c3198b7bb/t/552d37bbe4b07a7dd69fcdbb/1429026747046/An+Ecomodernist+Manifesto.pdf, 2020-07-08.

运动都需要我们与自然建立更深的情感连接。[①]

不难看出，与自然终结论者哀叹自然的消失、批判自然的全面人工性以及反思自然与社会的二元对立截然不同，生态现代主义者拥抱自然的人工性，并且主张用科技去深度改造和重新塑造一个后自然时代的自然，进而达到他们认为能最终让自然幸免的目的。他们写道："未经使用的自然就是自然幸免于难。"[②]亦即，通过发展技术达到分离人类发展与自然的目的，让自然再次变成荒野，变得自行其是。至少从表面上看来，生态现代主义者与自然终结论者一样，承认了自然的人工性和社会性，挑战了长久以来的现代自然观念。他们的后自然方案明确表明人与自然、自然与社会之间已经无法区分。不仅如此，生态现代主义者们，如他们在《宣言》中所说，是生态实用主义者，希望寻求解决人与自然紧张关系的路径，并创造一个好的人类世。那么，如今摆在我们面前的问题就变成，生态现代主义提供的这个雄心勃勃的重塑自然的后自然方案真的可以帮助我们渡过生态危机吗？

深入其方案内部，我们会发现，生态现代主义的后自然的自然观仍然没有摆脱西方现代自然观中人与自然的二分。尽管后自然方案建立在人与自然无法分离的人类世语境之中，《宣言》整体上充斥着一种人类中心主义的论调：既然人类已经改造和破坏了自然世界，那就应该继续改造并重新创造一个符合人类社会经济发展的自然。自然仍然是人类可以完全了解、掌控、支配和战胜的物质现实。生态现代主义认识到目前自然的人工性，其主张进一步鼓励自然的绝对人工性，或者无限人工性。[③]无限人工性就意味着人类可以完全凌驾于自然之上。这与人类世带来的警示意义截然相悖。对生态现代主义者来说，人类世不仅意味着从根本上承认了人类改造自然和地球生态系统的能力，而且还意味着只有人类才能在人类世拥有改变一切的能力和权利。可以毫不

① 关于如何保护自然，详见由林纳斯·布卢姆奎斯特（Linus Blomqvist）、诺德豪斯和谢伦伯格同年发表的另一篇长文《无拘无束的自然：为了保护的分离》（*Nature Unbound: Decoupling for Conservation*），2015，https://s3.us-east-2.amazonaws.com/uploads.thebreakthrough.org/legacy/images/pdfs/Nature_Unbound.pdf，2020-07-08.

② John Asafu-Adjaye, et al., *An Ecomodernism Manifesto*, April 2015, p. 19, https://static1.squarespace.com/static/5515d9f9e4b04d5c3198b7bb/t/552d37bbe4b07a7dd69fcdbb/1429026747046/An+Ecomodernist+Manifesto.pdf，2020-07-08.

③ 滕菲：《人类世的到来与生态现代主义的后自然思想》，《福建师范大学学报》哲学社会科学版2019年第5期。

夸张地说，生态现代主义赋予了人类上帝般创造和改变一切的神秘力量。

此外，《宣言》还带有一股强烈的科技未来主义气息。在生态现代主义者们看来，生态危机既是“危急”，更是“机遇”，是科技和社会经济蓬勃发展的大好时机，也是帮我们摆脱“危急”困境的唯一出口。地球生态系统目前之所以处于危机之中，只是因为科技不够发达，还没有能够解决生态问题。不仅如此，生态现代主义者只是单纯将目前的生态危机视为人类现代化进程中的一个副产品，一个可以通过提升技术治理就可以解决的麻烦，而不是反过来从生态危机本身去反思现代化本身的局限以及现代化在人类世面临的困境。这种科技决定论的论调，即便真的如他们所预想的那样一一得到实现，并且世界人口真如预期那样会在本世纪末开始下降，那摆在我们面前更加迫切的问题会是，我们如何在生态危机中熬过本世纪剩下的八十年？这期间——按照《宣言》中的推测——人口增长、食物短缺、人畜共患病、社会经济发展需求对自然资源的依赖以及生态灾难的形态和严重程度等问题，在《宣言》中只字未提。生态现代主义者们未来主义式的展望，与其说是提供给了我们一个积极乐观的解决方案，毋宁说是一种选择性忽视眼前迫切问题，并为人类社会发展、科技进步和自然世界之间的紧张关系提供了一种极富乌托邦色彩的想象性解决。

四、人类世的非人自然：自然终结了吗？

尽管我们批判了生态现代主义的后自然方案的人类中心主义，我们也必须承认，生态危机和人类世的警示意义无法完全避免人类中心主义的命题。地球曾经历过五次物种大灭绝，集群灭绝对地球本身而言甚至是周期性事件。目前，我们正在经历第六次物种大灭绝。[1] 人类作为一个物种，并没有经历过前五次大灭绝，而这一次大灭绝，从人类世概念的提出可以看出，主要是由人类的活动所引发的。因而，人类世的生态危机是对人类自身和其他很多物种的生存威胁。从这个

---

① 参见 Elizabeth Kolbert, *The Sixth Extinction: An Unnatural History*, New York: Henry Holt, 2014.

意义上看，生态现代主义者们至少有一点是正确的，也就是人类必须要寻找与非人类世界共存的方式和社会实践。这就如同其他物种也正在努力适应这个被我们的活动改造了的物理化学环境，并争取能够生存下去。在种种去人类中心主义话语笼罩下的人类世，生态危机的题中应有之意不是为了反人类，而恰恰应该是提醒人类需要自救，并思考如何自救。

然而，从自然的终结（即自然的全面人工性和社会性）到致力于用科技来重新塑造一个后自然的人类世自然，这一看似合理的逻辑推演，却忽视了自然世界中一直存在着的那些非人类的部分。的确，人类活动已经完全渗透了自然世界和地球系统，而且也必将在地质岩层中留下永远也无法抹除的人类痕迹，这会让几百年以后的地质学家能够从化石或岩层中辨认出我们的存在和影响。但是，自然世界被人类活动影响以至于人与自然、社会与自然不可区分，并不等同于人类对自身的活动所影响的那些具体自然现象和活动能够完全了解，甚至掌控。换句话说，人类活动对地球生态系统的影响与人类对地球生态系统的认知并不对称，更不对等。正如贝克所指出，工业发展在将自然作为自己物质资料的过程中，却将自然的损害内化为了自身的问题和矛盾。如果说工业化的根本目的是将自然牢牢掌控在人类的发展和意志之中，人类世事实上提醒我们，这种长达两百多年的控制实际上已经将自然变得难以控制。可以说，人类世正是自然因素不可控的"风险社会"。以天气为例，气候学家凯文·特伦波斯（Kevin Trenberth）曾指出，尽管存在自然气候变异，但研究表明，如今所有的天气事件都被人为的气候变化所影响，因为它们出现的环境都比曾经的更热、更潮湿。① 地球生态系统的复杂性在于，我们改变了天气，却并不知道天气本身将如何改变。所以，即便人类是人类世自然的成因，人类也无法保证自然的结果。正如麦克基本所说，自然终结了，但自然过程并没有结束。而自然过程中的那些自然的、非人类的、非人力所能完全掌握的"自然性"仍然存在，而且很强大。在这个意义上，我们也可以说，自然事实上远未终结。

值得指出的是，自然远未终结与"自然的终结"这一论断本身并无

① 参见 Kevin Trenberth, "Framing the Way to Relate Climate Extremes to Climate Change", in: *Climatic Change*, 2012, Vol. 115(2), pp. 283 – 290.

相悖之处。恰恰相反，二者的并置可以让我们更好地理解自然世界。如前所述，自然的终结更多意味着人与自然、社会与自然二元对立的结束，也意味着西方现代自然观念——无论是荒野，还是一个抽象的、与人类对立的、作为人类活动背景的，甚至是静止的、抽象的、崇高的自然——在很大程度上的瓦解。因而，自然终结意味着我们需要放弃一种静态自然的观念，放弃对有一个区别于我们、且存在于我们之外的自然的想象和建构。如克鲁岑等人所说，在人类世，我们不再与自然对立，而是由我们决定自然会是什么。“记住，在这个新时代，自然就是我们。”[①]正是在这个意义上，自然与我们那种本体论意义上的差别和对立已经被人类世的生态危机所打破。在此基础上，我们便可以理解，自然作为过程没有终结。一方面，自然取决于我们如何对待和改造自然世界；另一方面，自然不再是一个静止的概念，而是一个处于动态的、变动不居的、在和人类的互动中与人类相互成就的一个过程，一个不断生成的自然世界。正是在这个过程中，自然世界充满了人类的力量和改造的印记，也同时充满了非人类的、超出人类认知和人力所及的自然因素。

我们可以称这样的自然世界为“非人自然”。在人类世，非人自然至少包含两层意义：

其一，自然过程中超出人类感知和控制力范围的非人类因素和力量。比如，地震、洪水、野火、海啸、火山爆发等通常被视为自然现象的物理变化。这些因素和力量的综合往往是不可预测和控制的。它们展开的过程就是我们自身的脆弱性不断暴露的过程。对这份脆弱性的承认就是承认科技改造自然或任何我们可能会用于干预和改造自然世界的手段可能会有的限度。的确，科技在人类世可以帮助我们减轻或解决很多环境问题，但我们需要时刻警惕自然的非人力量对我们造成的认知和实践障碍。同时，看重自然的非人力量也能帮助我们反思人类世这个概念。不可否认，人类世的提出在一定程度上加强了人类中心主义，因为它是对人类主导自然的一个强力确认，也在不经意间鼓励了人类继续干预和改造自然的行为。换句话说，人类世是对人类在地质

① Paul J. Crutzen and Christian Schwägerl，“Living in the Anthropocene：Toward a New Global Ethos”，2011，https://e360.yale.edu/features/living_in_the_anthropocene_toward_a_new_global_ethos，2020-07-24.

和地球生态系统的能动性膨胀的认可。这正是生态现代主义的理论和实践的前提。因而,突出自然的非人特性可以让我们对自身的活动时刻保持必要的反思和谨慎,让我们的活动变成以缓解和控制自然的非人力量为导向,而不是注重于我们改造、主导,甚至重塑自然的能力。

其二,非人类力量和人类力量叠加之后得到增强的非人类力量。在人类世,一个很大的困难是,我们已经很难确定这些曾被视为自然现象的事件在多大程度上也是人为的。比如,2019年亚马逊雨林经久不停地燃烧,与巴西当地农民焚烧丛林以获取更多土地有很大关联,而正好这些焚烧赶上了雨林本身的野火季节,以至于最后愈演愈烈。[①]无论如何,我们至少可以说,人类世正在让我们的活动产生的自然效果和自然世界本身的效果相互叠加,变得更加难以预测和控制。换言之,我们自身的力量在进入自然世界和地球生态系统以后变得非人化,这在很大程度上可以说是我们自身力量的异化,因为这些异化力量已经变成了反对我们自身的力量。因而,这种被我们的活动和干预增强了的非人类力量构成了对我们活动的限制,因为我们与自然的不可分离,最终会体现为无论我们对自然施加了多大的力量,自然都能够吸收过去,然后反过来施加给我们。在这个意义上,我们与自然相互作用,与此同时,我们变成了自然,自然变成了我们。

如今,我们已经能够比较清楚地看到,关于人类世的自然,并没有一个固定的自然或一个确切的关于自然的定义。在人类世的语境中,自然同时作为概念和物理现实,对人类而言,并不是变得更清晰,而是更复杂多变,随时都能逃逸出人类的认知和掌控。对自然作为概念和物理现实的认识和辨析,从根本上,并不旨在得出一个关于自然是什么的结论,而是通过认识和辨析的过程,去清楚地认识到人类自身的能力和限度。在此基础上,对于自然的理解和认知才能够内化成丈量我们自身行为的尺度,并在自然世界和人类活动之间撑起一个伦理区间,以确保我们的活动在触及自然世界时可以通过这个伦理区间的检测。唯有如此,处在人类世的我们才能够在自身的能力范围内去寻找与非人类的自然世界共存的路径,并在这个过程中与自然世界相互成就。

---

① "Amazon Fires: Brazil Bans Land Clearance Blazes for 60 Days", in: *BBC*, https://www.bbc.com/news/world-latin-america-49507405#:~:text=Brazil%20has%20banned%20setting%20fires, failing%20to%20protect%20the%20rainforest., 2020-7-27.

结语

从亚马逊雨林的野火到北极冰川的融化，从新冠病毒到极端天气，或许没有人会否认，如今的地球正在经历着由人类的生产和生活所引发的水深火热。在可预见的将来，人类社会都无法避免地会不断经受来自自然的各种看似“心血来潮”的考验。如前文所述，讨论人类世语境中的自然观念不仅是一个哲学、美学问题，也是一个关乎人类作为一个物种的生存问题。人类世概念的倡导者们（包括科学家、人文学者、气候活动家等）欲以人类世取代全新世来命名当前的、前所未有的地质世代，是因为他们认识到人类的生产和生活对地球生态和整个地球系统的影响。人类世语境中的自然，已经不再是美、崇高甚至神性的代名词，也不再是人类崇拜、赞美抑或征服的对象，而是与人类社会密不可分的，由非人类生命和物质共同建构起来的世界。同时，在人类世的语境中，人类作为行动主体的主导和被动意义同时凸显。人类是主导的，因为人类作为一个整体正在根本性地改变地球的地质生态，但与此同时，人类在全面改造地球生态的过程中，也越来越被动地受制于这种来自自身力量的反噬，并因此将不断经受自然中那些超越人类自身的力量的反击。因此，人作为主体，与自然世界作为客体的对立关系也已经被人类世概念所瓦解。换言之，已经没有一个固定不变、在某处等着人类去实践和开垦的所谓自然世界，人类世话语让我们认识到，人类应该将自身完全地融入自然中去，和自然达到一种“你中有我，我中有你”的状态。在这个过程中，人与自然或非人类世界构成相互缠绕和关系性的存在关系，没有任何一方作为另一方的主体或客体而独立存在。在此意义上，我们可以说，美学作为一门研究美以及审美活动的学问，在人类世语境下，也需要重新思考人类（作为审美主体）在面对一直以来被当作审美对象的自然或者非人类世界时，应当采取的视角和秉持的态度。毕竟，不论是虚构性的（如各种气候变化叙事）人类世美学，还是哲理性的人类世美学，都无法脱离对自然或超出人类之外的物质与生命的思考和观照。

（作者单位：西南科技大学、明尼苏达大学）

学术编辑：赵彦芳

生物智能时代的生物设计构建

——人类世的艺术设计可能性探析

张　健

内容提要　本文从人类社会在当前人类世背景下面临的生态危机(物理世界)和作为"我"的存在危机(精神世界)出发,在当代生物技术与生物艺术的启发下,探索生物智能时代设计学学科的创新发展路径,并从增强身体、跨物种沟通与万物融合、预制未来图景、激发科技创新与传播科学、自然生产五个方面,对生物设计的可能作为进行构建。

关键词　人类世　生物艺术　生物设计　生物智能

据2019年5月21日《自然》杂志报道,国际地质年代监管机构"国际地层委员会(ICS)"下属的人类世工作组(Anthropocene Working Group, AWG)通过投票确立"人类世"这一名称的学术合法性,并明确"人类世"的起点为20世纪中期。即自1945年起,地球即已进入人类世,因该时期是大规模核试验、一次性塑料及人口爆炸开始的年代。人类世作为标识当下地质属性的全新地质年代,表明人类活动已对地球面貌造成了巨大改观,包括大范围地质和生态变化。自此,人类集体活动对自然环境造成前所未有的压力。近来,随着人类世认识从地质学范畴扩展到生态学、环境科学、经济学和社会学等领域,其影射的危机也迅速激起设计学学科的重视。我们反思人类作为一种对地球产生破坏性作用的持续性消极力量将会带来什么,人类又如何在新的技术条件下创造性地担负起生态责任——设计不仅对人类的生存负责,也应对其他物种和地球自然环境负责。

一、人类世危机与生物智能介入

1. 人类世(the Anthropocene)的两重危机

(1) 生态危机

人类世的当下为我们呈现出这样一幅图景：核爆炸产生的放射性沉积物深入地层；"资本世"(Capitalocene)对化石燃料过度消耗制造的二氧化碳，引发全球气候变暖和海平面上升；农业生产施用的化肥导致全球土壤、水体污染及珊瑚礁漂白化；生物圈的争抢使得地球生物每小时消失一种，自人类文明兴起以来，已有83%的野生哺乳动物、80%的海洋哺乳动物、50%的植物、15%的鱼类灭绝，而未来几世纪还将有75%的物种消失；同时，诸如混凝土、塑料等"技术化石"(Technofossils)在地表已累计达30万亿吨；人类的食物消耗还导致了同质化的自然世界，不仅养殖家禽占地球上所有鸟类的70%，而且全球300亿只陆地农场动物中，肉仔鸡即占230亿只。在此情境下，2010年，天花病毒消灭者、澳大利亚微生物学家弗兰克·芬纳(Frank Fenner)断言，"人类世"将在100年内终结。土壤污染、臭氧层破坏、淡水资源短缺、大气污染、全球气候变暖、生物多样性破坏、酸雨、海洋酸化、森林和湿地面积锐减等，根植于物理世界的生态危机构成了人类对自身生存环境的直接焦虑。

(2) "我"的危机

人类世是人类裹挟技术对自然环境及地球其他生物存在的破坏与剥夺。但与上一个时期的机械技术相比，当下的计算机信息技术前所未有地动摇了人类自身存在的根基。基因技术、人工智能、生物智能、大数据、DNA序列、增强现实、机器生命化、纳米技术、神经网络、云计算、联结主义、虚拟现实等，都潜伏着技术理性对人类肉身剥夺的危险。在美国未来学家雷·库兹韦尔(Ray Kurzweil)重新规划的人类进化史中，借助于计算机信息技术结合的基因技术、纳米技术和机器人技术，人类将超越身体和大脑的生物学限制，控制死亡。并最终于第六纪元，人类以"软件"形式实现永生，并依靠强大的智能征服宇宙。这里存在两个风险：一方面，当人类摆脱身体的桎梏后，"忒修斯之船"的质疑将上演，"我"的存在到底是人还是人工智能？另一方面，在2045年的“奇点”时刻过后，人类如何面对人工智能可能的反制？在此，作为精神世界的“我”的存在根基与保障将彻底被颠覆。

2. 生物智能介入

近年来，艺术与科学交叉的前沿研究热点除人工智能外，又越来越明确地扩展到生物智能，或曰人工智能达成了与生物科学卓有成效的合作。这离不开大数据、云计算、深度神经网络等计算机信息技术的推动，虽然由这些技术所创建起来的比特虚拟世界一步步蚕食与消解着我们的现实世界，但这两个世界最终或将借助生物学实现连接与达成和解。生物学所涉及的微生物、动植物、生态学、医学和人类身体等，都将在人工智能的帮助下形成生物智能。生物智能作为传统仿生学的当代生物信息技术版本，将为人类科技施予自然环境与人类自身的消极方面（如生态危机、存在的伦理危机等）提供解题思路。在这一层面上，我们或许可以说，人类即将进入生物智能时代——基于生物信息技术的仿生学思维与意识将广泛进入社会各层面。更进一步来说，生命物种、种族观念、社会面貌、社群关系等都将被创新与改写，这对所有学科都是一种挑战和机遇。在艺术、设计领域，直接从生物智能维度出发响应人类世问题的是生物艺术（Bio Art）和生物设计（Bio Design）。其中，生物艺术以生命活体、生物科技为艺术媒材去质疑人类主导的生物伦理观念。生物设计则积极孕育与探索生物智能时代可能的设计理念、设计方法、设计形式，或者更广泛意义的产品制作工艺、生产流程、消费群体、消费观念等。其价值与意义重大，或将开启设计界改造社会生活及场景、重塑未来世界的创新领域。我们可以构想各类生物的神经网络成为流行图案，细胞核状貌的房子成为建筑典型样式，直接从植物上生长出来的衣服、建筑、石头之类无机物与人类进行信息交流，动植物杂交产生某种时尚物或社会性生命体等。新的奇观社会值得我们去提前预设，并将之作为概念设计、前卫设计构想出来。

二、生物艺术的启发

2021年4月10日，科技创新跨界者埃隆·马斯克（Elon Musk）

再一次令世界震惊。其创办的神经科技公司 Neuralink 于当日宣布，他们继老鼠之后又在猴子身上实现了高效、可应用的脑机连接系统，实现靠意念控制电脑游戏，预计人脑的脑机连接产品亦将快速实现。这为我们带来了借科技化解人类世危机的积极路径。事实上，类似生物科技的尝试自 20 世纪 90 年代即已有艺术团体在实验，其艺术类型被称为“生物艺术”。

生物艺术最具标志性的事件或曰符号是卡茨的“阿尔巴”。2000 年，艺术家爱德华·卡茨(Eduard Kac)将水母的绿色荧光基因编入兔子基因，创造出一只绿色荧光蛋白兔“阿尔巴”(Alba)，《阿尔巴》成为全世界第一个有生命的生物艺术品，也成为人类世诸多问题聚焦的一个视觉文化符号。虽然生物艺术的形式不断推陈出新，但《阿尔巴》标识了典型生物艺术的特征——即聚焦于由生物科技引发的社会集体焦虑。

在 2017 年，包括卡茨在内的 6 名生物艺术家联名发表了生物艺术宣言，其涉及 10 条准则：

(1) 生物艺术是在一系列生物材料中连续性工作的艺术，从 DNA、蛋白质和细胞到完整的生物体。生物艺术操纵、修改或创造生命和生命过程。

(2) 通过操纵生物进程，生物艺术直接干预生命系统。

(3) 生命具有不能简化为其他媒材的媒介特殊性。

(4) 在无直接生物干预的情况下，仅由丙烯、纸、像素、塑料、钢或任何其他非生命物质创作的艺术都不是生物艺术。

(5) 所有艺术媒材都隐含着伦理问题，但当它们具有生命时，尤其令人担忧。我们提倡一种符合伦理标准的生物艺术：尊重人类和非人类的伦理标准。

(6) 某些生物艺术家使用生物媒材来表达人类的关切，另一些则更关注非人类有机体以及我们人类有机体与之的关联。

(7) 生物艺术不一定要讨论与生物学或生物相关的话题。

(8) 我们相信观看者们自会认识到，由于生物艺术是具有生命的，所以，无论艺术家明示与否，一切生物艺术本身皆具有政治、社会、文化和伦理含义。

(9) 生物艺术挑战人类与非人类、生物与非生物、自然与人工之间的界限。

(10) 本宣言旨在概括与重述我们自工作伊始以来一直着手解决的问题。①

上述宣言有三点值得我们注意：其一是生物艺术创作以“DNA、蛋白质和细胞到完整的生物体”等为材料；其二是生物艺术“操纵、修改或创造生命和生命过程”；其三是生物艺术“挑战人类与非人类、生物与非生物、自然与人工之间的界限”。在此，艺术似乎已被生物技术及科学实验所取消，而这正是生物艺术的话语策略。我们可通过对澳大利亚生物艺术团体“共生 A”(Symbiotic A)创作特征的剖析来进一步理解。共生 A 的核心艺术家奥伦·凯兹(Oron Catts)和尤娜特·祖尔(Ionat Zurr)自 2000 年起开始了一系列名为“组织培养与艺术计划”(The Tissue Culture & Art Project, TC & A)的生物艺术实践。在西澳大利亚大学解剖和人类生物学院教授们的技术支持下，他们的创作具有如下特征：首先，从艺术创作材料来说，复杂有机体等生物媒材取代传统的颜料、木石、金属材料构成艺术品的物质形态。其次，从创作手法来说，生物科技取代以往绘画笔法、雕刻刀法等技巧成为艺术创作主要技法。其通常使用取自一个复杂有机体的细胞及组织，引导其在合成支架材料上(内)生长；同时依赖人类生物科技干预、维护其生长过程及存活状态。再次，从艺术主题来看，以生物学为基底的这些创作始终离不开对“生命创造”这一主题的思考。艺术家们认为自己在创造“半活体”或曰“部分生命”雕塑，并称之为“新生命阶层”。最后，在艺术表达形式上，生物艺术有了更多的任性。由细胞复制繁衍出的有机体组织(如肉块)，生物实验器皿构成的装置，被邀请改变实验进程的观众等，都可构成作品的一部分。较典型的是无菌培养皿内的“半活体”组织展览＋邀约观众参加的表演性仪式。通常是针对该半活体的“喂食仪式”(The Feeding Ritural)——邀请观众为“半活体”组织滴灌营养液(参与培育“生命”)，及“杀死仪式”(Killing Ritural)——进而邀请观众抚摸处于无菌环境中的该“半活体”组织，由此引发其细菌感染而死亡(参与毁灭“生命”)。艺术家称其为“安乐死”的实施，似乎可以逃离该不可定义“生命体”进入真实社会可能引

---

① See Eduard Kac, “What Bio Art Is: A Manifesto”, Kac Web, 2021, www.ekac.org.《什么是生物艺术：宣言》联合发起的艺术家包括 Eduardo Kac、Marion Laval-Jeantet、Benoît Mangin、Marta de Menezes、George Gessert 和 Paul Vanouse。

发的各类危机。[①]

这些创作都是由生物技术在实验室中导入的，但最终它们成为由这些技术所引发的生物伦理问题的质疑与批评者。生物艺术继大地艺术之后，再一次掀起了关于人类技术理性与自然生态恶化间关系的思考。只不过这一次主要是借基因克隆等生物技术制造（创作）的人工合成生命系统的畸变图像，在艺术界及社会公众中掀起生物伦理讨论的热潮。生物艺术的文化批判视角引导公众认识到人类世的危机，但对生活的积极构建则需要我们建立一种更为清晰与明确的生物设计视角。

三、生物智能时代的艺术设计可能

自 2004 年起，英国设计师茱莉娅·罗曼（Julia Lohmann）用生物材料来进行日用品设计与艺术创作，探索消除消费主义给环境带来负担的可能路径。她利用海带天然色泽及纹理所制作的围巾充满了生物设计的浪漫气息。然而，浪漫并不是生物设计的核心词汇。对人类世的生态责任，对生物智能时代设计价值及疆域的拓展才是其要义。具体而言，这一新时代的设计探索主要包括下述五个维度：增强身体、跨物种沟通与万物融合、预制未来图景、激发科技创新与传播科学、自然生产。

1. 增强身体

艺术家对人类生物能力的想象与超越似乎从未停止，四百多年前的文艺复兴时期，达芬奇即已考量过通过机械翅膀的设计来实现人类飞行。当代引人注目的例子是在 1997 年，生物艺术家史特拉克（Stelarc）在自己左臂皮下植入了一只人类耳朵的模型。他将自己定义为“活的半机械人”，以携带机械假肢、器官和生物植入物进行艺术表达。虽然史特拉克为这只手臂上的耳朵植入了一个与无线发射机相连的麦克风，使它能发射信号，但它仍然只是对面部特征的复制，而

① 参见尤娜特·祖尔、奥伦·凯兹：《生物艺术的伦理要求：杀死他者还是自我相食?》，刁俊春译，《中国美术学院学报》2015 年第 10 期。

没有听觉能力。至 2008 年，共生 A 实验室联手史特拉克升级了这只没有功能的耳朵。《额外的耳朵》(*The Extra Ear*, 2008 年)隶属于共生 A 的“组织培养与艺术计划”，他们用艺术家手部皮肤组织细胞培育出一只“人耳”，移植到艺术家左手臂上，并在耳朵中安装蓝牙通讯设备及人造器官听觉功能，使它实现了远程通话。

借助软硬件技术实现对人类身体能力的加强与拓展，在新媒体艺术家罗伊·阿斯科特(Roy Ascott)的“湿媒体”(Moist Media)概念中孕育出完整的雏形。湿媒体首先被认为是干性计算系统和湿性生物进程聚合而成的创造性基质，可扩展人类感知、经验世界的能力。其次，湿媒体也是硅基人造物与碳基自然生命间的物质与信息交换机制。其中，位元、原子、神经元和基因等湿媒体元素与纳米级的感知、DNA 分子发射的光子信息网络等技术相互促成，可消泯器官与技术之间的边界。[①] 同时，在这一“技术＋生物”体系中，人类被增强的身体成为虚拟与真实、物质与非物质、生命与非生命融合的场所，一种生命系统新的预演场所——“混合现实”(Mixed Reality)。在此场域中，借助生物光子的知识传递，“混合现实、网络现实、远程虚拟性与量子相干状态相互交织，产生超越时空限制存在的普遍联结性和非线性关系”[②]。

当前，新媒体艺术家与生物艺术家们的创意已经在作为艺术与科学融合得最彻底的麻省理工媒体实验室进行实践。在 MIT 的媒体实验室，若干研究小组正在将前述艺术畅想研发为设计现实。如“生物机电”组(Biomechatronics)致力于如何利用技术来增强人的身体性能。“合成神经生物学”组(Synthetic Neurobiology)专注于开发测绘分子和大脑接线的工具，记录和控制神经动态及其功能障碍的修复，为神经和精神疾病产生新的、真实的治疗策略。“可触知的媒体”组(Tangible Media)研究如何设计人与人之间的无缝界面、数字信息和物理环境。“增强身体”将成为下一步生物艺术设计的重要方向之一。

2. 跨物种沟通与万物融合

借助技术将人类身体转换为信息通道或媒介，是早期新媒体艺术

---

① 参见罗伊·阿斯科特：《技术智力世界中的融合现实》，袁小潆编：《未来就是现在：艺术，技术和意识》，周凌、任爱凡译，金城出版社 2012 年版，第 259—260 页。

② 同上，第 234 页。

家们进行艺术媒材拓展时提出的构想。如白南准(Nam June Paik)的电视装置、卫星实时连线等作品,都是在探索技术帮助人类感知世界的新途径。生物艺术家将这一技术层面的探讨延伸到泛生物主义范畴,沟通的技术转变为沟通的哲学,强调非人类中心主义的对非人类有机体与人类有机体间关系的探讨。艺术家们旨在取消掉人类与非人类、生物与非生物、自然与人工之间的界限。《格林童话》中有位因吃了白蛇肉而通晓动物语言的侍从,中国民间故事里也有因获赠小白蛇的宝石而听得懂鸟语的猎人海力布。生物艺术家则依托遗传学和生物技术来进行广泛的基于生物交流和创造的另类研究,微生物组、转基因、半生命实体、神经网络、病毒等都是生物艺术家的研究日常。

努里特·巴-沙(Nurit Bar-Shai)的生物可视化作品《客观性》(*Objectivty*)以微生物为颜料,以琼脂为画布进行创作。这是一种从信息艺术出发的创作方式,将数据转化为文化,将生物现象转化为视觉经验。艺术家称之为"生长图像",因为他用图像捕捉到细菌具有丰富交流的社交行为。借助显微摄影,艺术家留下了涡状芽孢杆菌(Paenibacillus vortex)菌落具有高级社会运动性的符号性图像——在不同环境条件下,这些微生物会利用细胞间的信号来促成吸引和排斥等活动,散布和形成觅食群体以获取食物。① 这是一种使生物(微生物)超越生物学向趋近于人类社会学层面过渡的认知。2017 年,人形机器人索菲亚(Sophia)被沙特阿拉伯授予公民身份的事件,意味着人类已尝试授予其"人格"的合法性。人工智能"生命"从社会学意义上拥有了以前由人类独属的作为权利与责任的身份。生物艺术无疑在试图将这样的权力扩大到微生物界——它们现在被认为拥有交流和决策能力。甚至,这种跨物种交流亦以人类身体的物质改变或融合为目标。艺术家劳拉·辛迪(Laura Cinti/C-Lab)即试图通过"进化"实验来挑战自然与非自然的界限。其《仙人掌项目》(*The Cactus Project*, 2002 年)是将遗传物质从一个物种转移到另一个物种的转基因实验。作品将人类角蛋白基因插入仙人掌基因组,观众看到的是在刺突部位长着细长人类毛发的仙人柱植株。尽管艺术家试图将转基因仙人掌移植到野外展出,可能会引发诸如实验室污染外泄、生物入侵等的一系列伦理关注,但它仍然为这些另类探索进入生活日常提供

① See William Myers, *Bio Design*, London: Thames & Hudson Ltd, 2018, p. 215.

了想象的空间。

万物融合与沟通日渐成为日常艺术、表演与设计的主题，或是灵感来源。艺术家凡·德·博加特(Van De Bogart)通过对氮氧化物和氨基酸的研究，利用意识、细胞编曲，并以电子媒介进行表达，使蛋白质、电磁场得以共鸣发声。博加特认为宇宙能量场与人类生物有着直接的联系，量子场影响生物有机体的细胞设计，促进意识的创造、语言的形成，实现量子场与生物机体的合一。因此，《来自黑洞的同步电子声音》(*Synchrotronic Sounds from Black*)是他通过创建电子频率调制方式，适时可视化诸如非定域性或叠加性的量子场各维度的表演。万物融合的设计还意味着交互设计领域的重大扩容。"交互设计"概念自20世纪80年代出现以来一直聚焦于人机交互领域，如语音交互、图像识别交互、AR和VR及Kinect体感交互等。基于生物艺术的交互则不仅强调接近人类自然交互方式的设计，如生物识别技术中的电子指纹、面部识别软件和视网膜扫描、语音交互、手势识别、脑机交互、分场景全息操作、无触屏全界面等，还将关注人与这个世界各类元素、物种、事物的全面沟通，或者说是设计某种意义上的跨物种、跨媒介的交互产品、系统与服务。后人类的常态不仅是拓展了的人类身体和电子人代理，还将使人机界面的最终边界拓展至大脑对机器，大脑对大脑，及至大脑对万物。

3. 预制未来图景

艺术与设计制造出的图像一直在影响与塑造人类社会生活的场景。典型的如古典主义的繁复装饰，现代主义的几何抽象和后现代主义的多元杂糅。自20世纪60年代以电子技术为主导的新媒体艺术将全球场景迅速数字化、媒介化以来，生物艺术则有可能是将这一场景再度创新的另一股突破性力量。其将生物科学环境中的图像和科学工具带入审美领域，使生物科学研究转化为艺术生产，甚至于"新媒体艺术"的概念亦为"生物新媒体"(Biological New Media)这一概念所弱化。[①] 人体微生物组、生物智能、活体数据、遗传编码、纳米机器人等都跻身于艺术领域活跃词汇。以生物艺术的一次标志性展览《现世

① See Robert Mitchell, *Bioart and the Vitality of Media*, Washington: University of Washington Press, 2010.

天堂：图绘基因革命》（*Paradise Now*：*Picturing the Genetic Revolution*）为例，早在2000年，人类遗传学、基因组计划、基因疗法、克隆、种族、隐私、基因身份即已成为参加该展览各艺术作品的内容标签。[①] 这意味着生物艺术对未来人类社会及生活场景的图像预设，正吸引越来越多的视觉艺术工作者为下一个阶段的世界大胆实验与预制内容。

自称为"艺术家科学家"（Artist-Scientist）的乔·戴维斯（Joe Davis）长期在麻省理工学院生物系哈佛乔治教堂实验室（George Church Laboratory at Harvard）工作，该实验室以围绕基因工程和合成生物学来培养创造力和发展技术为主旨。戴维斯的艺术研究领域包括：分子生物学、生物信息学、"空间艺术"和雕塑，使用媒介包括离心机、无线电、假肢、磁场和遗传物质等。其与遗传学家丹·博伊德合作的《微核》（*Microvenus*，1986年），首次把不属于自然演化的信息写进DNA中。他把一个象征女性生命和气质的7×5像素矩阵图片，转化成35个碱基的DNA序列并插入大肠杆菌，为第一幅运用分子生物学工具和技术的艺术品。这为传统艺术提供了全新的图像来源、制造手法与形式语言。[②] 茱莉娅·罗曼的《共存》（*Co-Existence*）展现了一种更具标志性的生物学视角与图像可能性。[③] 艺术家接受生物学前沿的人体微生物组观念，认为人体本质上是人类和细菌细胞的混合体。在组成人体的数万亿细胞中，只有一半是人类细胞，其余则是各自来源不同的微生物。因此，人类是微型的复杂生态系统，是人类和非人类生命的共同混合体。据此，对人类与我们体内外数万亿微生物之间共生关系的研究变得重要。《共存》借助9000个培养皿，各种细菌的照片，以培养皿的圆形为空间混合的基本单位，绘制出一个完整的人体造型，各培养皿中的细菌图片则科学还原人体内外该身体部位的寄生菌群。作品安置的环境是一个大型建筑的一楼临街玻璃立面，从形式上看，与通常的灯光装置相比，《共存》更像实用艺术意义上的橱窗

---

① See Ian Berry, *Paradise Now*: *Picturing the Genetic Revolution*, New York: Frances Young Tang Teaching Museum, 2001.

② See Robert Mitchell, *Bioart and the Vitality of Media*, pp. 42 - 44.

③ 当代生物艺术最具想象力的生发点主要包括从合成生物学等出发的人类基因组计划，人体微生物组、后基因组计划等。

展示背景。[①]

当艺术和设计决计以生物学为主题或领域,我们未来生活的图景注定将是充满惊叹性诗意的。生物艺术家爱德华·卡茨在《生物诗意》(*Biopoetry*)一文中预想了我们这个时代应有的诗歌样式,其指出:"20世纪80年代以来,诗歌已远离了印刷纸。从早期的迷你网到作为写作和阅读环境的个人电脑,我们见证了新诗歌语言的发展。视频、全息、编程和网络进一步拓展了新诗的可能性。在当前克隆、嵌合体和转基因生物的世界里,是时候激活诗歌的新方向了。我提议在诗歌创作中运用生物技术和生命有机体,作为一个语言、副语言和非语言创作的新领域。"[②]他的诗意蓝图包括:微型机器人表演,将蜜蜂的语言写入微型机器人程序中,令其打入蜂群,与其他蜜蜂起舞交流;原子书写,精确定位原子并生成分子进行排列组合,将这些组合好的生物分子序列植入植物中,任其借由突变产生新的序列,然后观察并闻识该植物所开出花朵的分子语言;动态生物色彩构图,通过鱿鱼的肤色变换,创造奇妙多彩的显示效果,用以展示鱿鱼的世界,并带来其他可能的体验;鸟类文学,不只是教一只非洲灰鹦鹉读、说、处理文字符号,还会教其创作并展示其作品;细菌诗学,将两个完全相同的菌落共置于同一培养皿中,在一个菌落的质粒中插入X编码,在另一个中则插入Y编码,在它们争夺养分并享有同样遗传物质的过程中,或许一个菌落会比另一个菌落活得更长久,又或许会因为基因的横向转移而产生出新的细菌……[③]

卡茨的诗意充满了浪漫主义的前瞻性。但如果意识到当代设计形式的表达与制造技术发展到何种状态时,上述设想都将具有极强的现实主义价值。譬如MIT研发的多材料复合3D打印建造模式已实现自然尺度的设计和生产。其利用高分辨率体积材料建模,可在精子细胞、肌肉细胞或神经元的分辨率下无缝地改变材料的物理性质(刚度、颜色、吸湿性、透明度、电导率、气味等),在不同材料间产生无缝衔接来创建自然界中无法辨别的结构复杂性。产品由组合装配转为生成,物品将像生命一样"生长"出来。配合大数据、云计算、信息可视化、生成设计等,生物艺术将成为未来设计的灵感缪斯;也正如建筑的

---

① See William Myers, *Bio Art*, London: Thames & Hudson Ltd, 2015, pp. 8-16.

②③ Eduard Kac, "Biopoetry", Kac Web, 2021, www.ekac.org.

媒介表皮取消玻璃幕墙，视传的多媒体取消纸媒，产品的交互界面取消物理外观一般，生物艺术设计无疑也将以它的方式重塑未来社会的图景。

4. 激发科技创新与传播科学

自 20 世纪 60 年代以来艺术与科学的互助关系在新媒体艺术中愈显紧密。从艺术的促进作用来说，艺术家对技术的狂热想象、创造性应用与雏形造物，激发科学家们去深入地探讨具体实现路径，进而促进其创新。如对虚拟影像的想象与渴求促使艺术家斯坦·凡德比(Stan Van Der Beek)在 1963 年构想出"球形剧场"的概念，一个受建筑师巴克敏斯特·富勒球体建筑启发制造出来的球形影像空间，穹顶内壁的半球形成为一个流动的投影面。这个"球形剧场"如今已被发展为环幕影像、IMAX、虚拟现实等沉浸式体验空间。视频监控技术则借助于录像艺术的社会学阐释，发展为当下的交互影像装置、都市大屏与建筑投影。同样，当代生物学对生命科学的技术与实践，借助于艺术家和设计师的想象力，都可更迅速地达成科学、医学、企业利益和公众之间的关系。

在最新的生物设计中，苔藓提供廉价电力的潜力被发掘出来。生物学家发现，苔藓在光合作用中产生了一系列有机化合物，被释放到土壤中的部分成为共生细菌的食物。当细菌分解它们时，可释放出稳定的电子流到土壤中。设计师卡洛斯·佩拉尔塔(Carlos Peralta)等人注意到这一被忽视的事实，他们尝试利用一种生物性可再生能源的可能性——将苔藓作为生物光伏特的候选材料。在《苔藓桌》(*Moss Table*)的设计中，他们利用碳纤维带来吸收电子流，将带电粒子引导成可用的电流，再利用这些能量为小型设备提供动力。这是一种未来产品概念、技术路径和可能性生活方式的设计，亦是科技创新的前提。①

生物艺术的部分灵感来自生物学和医学的科学成像(Scientific Imaging)，科学成像在当代经由计算机科学、社会学和艺术学的关注，已迅速衍生出科学可视化、信息可视化、信息图形、信息艺术与信息设计。毋庸置疑，科学成像一直在帮助人们认识与构建这个世界。虽然

① See William Myers, *Bio Design*, p. 119.

科学家们在谨慎地使这个"成"像的过程中尽可能地准确与"真实",但观众仍然具有自由解读与重新诠释的权利。在这样的造像与解读过程中,艺术家与设计师的工作不可或缺。

我们仍然记得1968年那张震惊世界的地球照片,[①]人类第一次看到自己赖以生存的家园的脆弱,进而掀起全球范围内的环境保护思潮。在借助影像向公众进行科学问题解释时,艺术家往往比科学家更具"诗性隐喻"的能力。他们运用"语言隐喻",使歧义最小化,为大多数人所理解。这种"惊人的组织技巧、可靠性和精确性"既使知识信息得以有序传播,又避免了公众思维中对科学家形成的固化的"科学怪人"偏见,甚至于影响社会变革。[②] 数字媒体时代,凭借数媒技术优势,设计师已大有取代艺术家之势来参与科学影像的制造。

德鲁·贝瑞(Drew Berry)的职业被称为"生物医学动画师",他的工作是通过为细胞和分子动作创造美丽、准确的可视化效果,揭示或传递生物信号。他熟悉细胞生物学,能够流利地浏览科学期刊的技术报告,研究数据和模型,将抽象和复杂的科学概念"翻译"为生动有意义的视觉旅程。在他的一系列作品《看不见的生物学动画》(*Animations of Unseeable Biology*, 2018)中,他以极富戏剧性的可视化实验,创建出电影般的实时交互式3D世界,揭示将食物转化为细胞和组织提供动力的化学能的分子引擎。虽然仍是科学可视化,但贝瑞将生物现象转化为了极具视觉体验的作品。[③] 这吸引更多的设计师投身于此,为更好的科学传播与公共影像世界缔造贡献力量。美国NASA旗下即设立了专门的"科学可视化工作室"(The Scientific Visualization Studio, SVS),通过创建可视化、动画和图像,促进公众

---

① 即《地出》(*Earthrise*),1968年12月24日,由"阿波罗8号"宇航员比尔·安德斯(Bill Anders)拍摄于太空。

② 参见吉尔·斯科特,丹尼尔·贝斯格:《艺术与科学研究:主动式语境和论述》,马格·乐芙乔依、克里斯蒂安·保罗,维多利亚·维斯那编:《语境提供者:媒体艺术含义之条件》,任爱凡译,中国轻工业出版社2012年版,第228—253页。

③ See William Myers, *Bio Art*, p.147.也存在一种更谨慎的观点,即对科学的视觉表现应是一种平衡的观察。虽然艺术的工作是从"观察者和被观察者"的角度出发去"让自然系统的底层结构和动态——事物的本来面目——浮出水面",但观察者的观察行为会影响事件的结果。因此,在自然自足的状态下,自然现象被观察到从何种程度的问题仍然值得考量。参见西恩·埃德:《艺术与科学》,李敏敏、崔芳艳等译,中国轻工业出版社2019年版,第207页。

对美国国家航空航天局及其在地球和空间科学领域研究的了解。

5. 自然生产

设计作为人类造物的主要方式之一,发展出两个方面的核心诉求:其一,达成一种人工形态与内在效用间匹配的完美式;其二,降低造物行为对自然与环境的造次,或者说人类行为如何自然地改变自然。仿生学(Bionics)自 1960 年起作为一个专有学术概念出现以来,逐步发展成一门从自然生物中获得设计知识与创造灵感的科学。仿生设计以自然为模型进行模仿,学习自然设计、方法和过程来解决问题。其结合材料科学与工程、分子生物学、生物化学、物理学等,从电子仿生、机械仿生、力学仿生、分子仿生、能量仿生、建筑仿生、信息与控制仿生等诸多维度深入,衍生出人造物从形态、结构到性能等的理想关系。① 生态设计的路径自维克多·巴巴纳克(Victor Papanek)在 20 世纪 60 年代强调设计应服务于地球环境保护伊始,70 年代的"能源危机"直接促成了 80 年代"绿色设计"(Green Design)概念的出现。绿色设计秉持生态与可持续性发展意识,追寻对人类与自然环境友好的设计。具体举措是,设计充分考虑在产品的全生命周期内(材料处理、生产、使用、回收)对资源、能耗、污染等的压力,力求使产品对环境的影响为最小。包括使用生态材料(天然、废弃、本土、可再生),低能耗、低污染生产,多功能可回收设计,产品与服务的非物质化设计等。生物艺术的诸多实验性探索契合了仿生设计和绿色设计理念,为人类世甚至是人类世之后的社会提供了具有启发性的设计参考路径。

首先表现在对生物材料的发现与创造性运用上。藻类和真菌、细菌等微生物体被发掘为产品材料,微生物、植物活体的生长特性也被运用于产品的自然成型中。如茱莉娅·罗曼用海带设计艺术装置,直接以海带的天然生物特性为艺术材料进行表现。克拉伦比克和德罗斯(Klarenbeek & Dros)工作室的《藻类、菌类项目》(*Algae, Mycelium Project*)探索 3D 打印技术与生物材料、工艺间的关系,不仅运用藻类进行 3D 打印,生产可降解生物塑料器皿,而且将真菌孢子接种于椅子模具中,菌丝长出后即可膨胀固化椅子密度和硬度。奥伦·波茨(Alice Potts)运用汗、尿液、鲜血等分泌物萃取提炼的结晶体

① 参见岑海堂、陈五一:《仿生学概念及其演变》,《机械设计》2007 年第 7 期。

进行时尚品设计。同时,这也形成对仿生设计的突破。设计从对自然生物的形态、结构和功能的模仿再造,转变为以顺应自然生物特性,以生物自身创造潜力发掘为主导的自然生成。如通过模具引导来组织植物根系进行天然图案编织等。

其次,一种基于产品是"生长出来的"生产意识开始形成。正如卡茨"生物艺术即是生命艺术"所称,生物设计也包括"活体"的设计与生产,"产品"在其全生命周期里具有了自主性与自适应性,产品已发展为某种"生命体",按照人类的指令或需求自我繁衍生长出来。在生物艺术团体"共生 A"的"组织培养与艺术计划"(The Tissue Culture & Art Project)系列尝试中,《无受害者的皮革》(*Victimless Leather*)以活细胞组织来仿真皮革材质。他们在一种会自然腐化的聚合体上制作出夹克的形状,然后上覆老鼠细胞让它增生出结缔组织,生长(创造)出一件无须杀生、无须裁缝的皮夹克。这是一种未来实现物种保护及产品生产方式的探索,目前该项计划已获西澳大利亚州政府的投资。① 这种"生长性"的生产意识得益于合成生物学(Synthetic Biology)研究的启发。从基因片段、DNA 分子、基因调控网络与信号传导路径到细胞的人工设计与合成,合成生物学对人工生物系统创造的技术实现,将是哲学和社会学意义上的。②

此外,由生物主导的、作用于可再生能源、零能耗、低污染等领域的新生态战略出现。可再生的生物能源、环境污染的生物治理、检测有毒物质的生物传感器等,都因其具有源自自然的生命属性而使得这些人类意图和行为更像自然物或半自然物,如阿斯科特所述的"湿媒体"一般与自然有更好的黏性或环境友好性。金·克里格·多斯(Ginger Krieg Dosier)利用细菌(巴氏孢子虫)帮助砂粒聚合来生产"生物砖"(Biobrick)。新型砖块的成型原理与珊瑚类似,先将沙石等原料填入模具中,再注射入细菌/微生物对矿物质进行沉淀,生成硬质

---

① See Oron Catts & Ionat Zurr, "Victimless Leather", The Tissue Culture & Art Project, 2021, www.tcaproject.net.

② 美国生物学家克雷格·文特尔(J. Craig Venter)领导的研究小组在 2010 年将首个由计算机设计、合成、组装的丝状支原体 DNA——人造细胞"辛西娅"(Synthia)移植入受体细胞中,不久,该移植细胞完全由合成的基因组控制。这标志着合成生物学时代的到来。合成生物学试图重新设计现有的天然的生物系统,或是设计和构建人工生物组件和系统,其目的在于通过了解天然生物体系的运作机理来创造全新的生物体系。如今合成生物学已制造出一些控制生命的个别过程的生物组件,并应用于环保、医疗、食品制造等领域。

砖块。该实验反应只需四天就能完成，且全程可在室温下进行，整个制砖过程零耗热，如推广应用全球每年将减少近800万吨二氧化碳的排放。[①] 在生物能源领域，爱德华多·梅罗拉·贡扎拉丝(Eduardo Mayoral Gonzales)设计的“生物发光设备”(Bioluminescent Devices)利用藻类、微生物菌群的生物发光，产生自然化学反应，将建筑打造为其栖息地，可用于城市建筑表皮、公共照明、广告牌、路牌等。现代生物学使生命物质可以在细胞之外合成，生命现象在细胞外重现，意味着人类实现了细胞层面的生命创造。[②] 人工细胞构建可帮助我们实现药物、功能材料与能源替代品的大规模生产，配备生物芯片的细胞机器人可制成各种各样的细菌，用于水污染、垃圾、核废料的清除与处理。人类的造物活动离巧夺天工又更进了一步。

结语

人类对自然有着复杂的情感。一方面，因抗争自然以获得更好的生存与繁衍而衍生出引以为傲的技术与文明；另一方面，却始终忧虑于自然对人类生物性(以“生命活体”为象征)的可能性剥夺。按照生物学家弗兰克·芬纳的判断，“人类世”将在100年内终结。但未来学家雷·库兹韦尔论断，2045年到来的“奇点”意味着电脑智能与人脑智能兼容的实现，代表着人类的生物思想与现存技术融合的顶点，它将使人类超越自身的生物局限性。前沿科学已开始利用标准生物模块(Biobricks)来构建基因回路、建立有效的数学模型，实现对精致复杂人工生物系统(Artificial Biosystem)的预测、操纵和测量。从生物学视角出发我们可以想象，未来计算机科学与合成生物学的完美融合将创造出“非自然”生命的无限可能。综上，我们不仅倡导服务于当下的生物设计，更期望唤醒一种面向未来后人类时代的“生物学式”设计思想——探索新智能物种社会结构下的设计服务对象与需求，与之匹配的设计理念、方法、审美和生产方式等。这需要设计师们鼓起新的勇气——到实验室去——与生命科学家、生物工程师深入合作，了解时

---

① See William Myers, *Bio Design*, p. 80.

② Ibid., pp. 126 - 127.

代要义并为之代言，用我们持续的想象力去创新科技、文化、经济与生活。

【本文为中央高校基本科研业务费专项资金资助项目“基于建筑表皮的新媒体艺术景观研究——以建筑投影艺术为例”（批准号2016YXZD015）的阶段性成果】

（作者单位：华中科技大学设计学系、数字光影技术湖北省工程研究中心）

学术编辑：李永胜

俄罗斯美学研究

弗罗连斯基的“反透视”及其新解

于润生

内容提要 弗罗连斯基在《反透视》一文中对艺术中违背透视的现象做了历史总结和理论阐释，他指出透视法依赖六个不能成立的假想前提，否定了透视的数学和哲学基础，以此反证反透视的合理性。弗罗连斯基和潘诺夫斯基从各自不同的立场理解反透视现象，对以反透视为主要特点的拜占庭艺术这一西方艺术传统之外的“他者”做出了不同的评价。二人的研究是20世纪初俄德间学术对话中围绕反透视问题发生的一系列讨论的一环，这些对话反映出两国学者对欧洲文化传统认识的差异性。弗罗连斯基的文章并未完成对反透视成像机制的正面阐释。柏拉图的洞喻以及绘画起源的传说与透视实验分别指向了投影成像和镜面成像两种不同的视觉机制。艺术中的反透视现象是对投影成像机制的象征和表达。

关键词 反透视 弗罗连斯基 洞喻 镜像 影像

1920年10月，俄罗斯学者帕·亚·弗罗连斯基（Павел Александрович Флоренский 1882—1937）在学术研讨会上宣读了一篇题为《反透视》（Обратная перспектива）的文章，引起了与会各界学者的强烈兴趣和热烈讨论。这篇文章虽然直到1967年才正式发表，但经由1976年的英译本而广为人知，弗罗连斯基成为俄罗斯艺术史、拜占庭和中世纪研究领域中经常被提到的人物，“反透视”一词也成为描述圣像画空间组织方法的关键词。2018年，此文由笔者翻译成中文。[①] 鉴于国内学界对弗罗连斯基及“反透视”概念的讨论尚不够充分，因此有必要深入介绍，在同时期其他有关透视问题的讨论语境中进行比较，

---

① 参见弗罗连斯基：《反透视》，于润生译，载《世界美术》2018年第4期，第118—126页；2019年第1期，第101—110页；2019年第2期，第111—119页。

进而尝试对此概念做出新的解释，揭示 20 世纪初俄罗斯社会和文化变革中鲜为人知的一面。

一、弗罗连斯基其人其文[①]

弗罗连斯基是 20 世纪初俄罗斯最有影响力的学者之一，他是一位修士，也是哲学家、历史学家、数学家。他对文化和艺术都发表过深刻论述，许多同时代的作家和艺术家都有记载与描述。

弗罗连斯基生于一个工程师家庭，但自幼对东正教信仰兴趣浓厚。他早年求学于莫斯科大学数学物理系，受到康托尔（Georg Cantor，1845—1918）集合论和象征主义思潮的影响，渴望将科学与信仰统一起来，试图从宗教、文学和艺术中获得灵感以发现世界的本质。1904 年，弗罗连斯基进入俄罗斯宗教生活的中心——圣三一谢尔基镇的莫斯科神学院学习，后出家成为一名修士，并于 1914 年得到了神学学位。这段时间里，他同时从事数学、哲学、神学和科学等多个领域的研究。

然而弗罗连斯基统一科学与宗教的愿望在现实中遭到了巨大的困难。十月革命之后不久，苏维埃政权就发布了《关于教会与国家、学校与教会相分离》（Об отделении церкви от государства и школы от церкви）的指令，大大限制了宗教活动的范围，而且规定教会不得拥有财产，教会原有财富属于全民——即国家所有。[②] 根据这条法令，圣三一谢尔基大修道院也成立了艺术品和古物保管委员会（Комиссия по охране памятников искусства и старины Троице-Сергиевой лавры）负责接管各类教会财产。1918—1920 年代，弗罗连斯基在这个委员会中担任学术秘书。他试图在国有化的过程中，尽力保护教会的精神和物质财富，并做了大量研究工作，举办公开学术讲座和研讨，还参与编写了大修道院的文物清单。他在这期间写作了包括《反透视》在内的有

---

① 弗罗连斯基的生平可参见米斯勒的《弗罗连斯基小传》。Nicoletta Misler, "Florensky a Biographical Sketch", from Nicoletta Misler (ed.) *Beyond Vision*: *Essays on the Perception of Art*, London: Reaction Books, 2002, pp. 13 – 28.

② 参见俄罗斯联邦宪法网 http://constitution. garant. ru/history/act1600-1918/5325，访问时间 2020 年 7 月 2 日。

关宗教艺术的大量文章。

这些成果显示，神学与科学相结合是弗罗连斯基学术研究最突出的特点。他一方面在多个科研机构参与各类科学实验项目、编辑辞典，但另一方面仍然在反宗教的氛围中坚持表达个人的信仰，例如穿着修士服从事科学工作，佩戴十字架，因此常常受到意识形态上的攻击，终至被判处流放、监禁，并在“大清洗”中被处决。

在弗罗连斯基多面向的研究生涯中，他的艺术写作与其宗教信仰和科学研究关系都极为紧密；对他而言，象征主义、立体主义、原始主义等现代流派的理论和艺术实践不仅可以在信仰和哲学层面得到有机统一，而且还能得到科学和理性的证明。他将拜占庭和俄罗斯圣像画看作视觉艺术综合的典范形式，既有支持现代主义艺术发展的考虑，又有对俄罗斯文化的历史使命的判断。不难发现，他熟悉同时代艺术研究的新动向：风格学、图像学、人类学、空间问题等视角在其文中都有体现。此外，他关注宗教艺术、民间艺术和儿童艺术，对博物馆问题有过深入讨论。弗罗连斯基还常常使用来自不同学科和知识领域的视角与方法，自由地在客观抽象和主观感受之间游走。他在讨论视觉艺术时，注重对嗅觉、触觉、听觉与味觉等感官经验的综合分析。他站在神秘主义和象征主义的立场上，将符号看作连接不同领域的线索和窥视奥秘的途径，认为符号不仅不会遮蔽，反而会以其精确的本质展示奥秘。这些视角和观点与十月革命前后俄国社会充满乌托邦和空想性质的社会环境相呼应。弗罗连斯基站在了互相对立的先锋派与现实主义之外的第三条道路上，他既希望保留艺术在宗教信仰和仪式中的作用，又重视其纯美学价值，为我们展示了这一时期俄罗斯文化生活中被忽视的重要方面。

弗罗连斯基的《反透视》一文，对俄罗斯艺术史写作中围绕 20 世纪初“先锋派—革命的现实主义”所展开的各类二元叙事进行了有益的补充和修正。《反透视》一文的基本观点是：纯粹的绘画表达真理，通向真实，而 15 世纪以来的线性透视则与纯绘画相反，遮蔽真实。作者将各种违背线性透视的绘画现象称为反透视，认为反透视与线性透视的区分不是艺术价值的区分，而是不同世界观影响下的风格和时代差异。[①] 在文章中，作者列出了反透视的一系列特点，从历史（第 1—

① 弗罗连斯基并未给“反透视”（обратная перспектива）下一个严格的定义，也（转下页）

12 节)和理论(第 13—15 节)两方面对线性透视不符合视觉经验和逻辑真实之处进行了详细的论证,并指出了线性透视得以成立所依赖的六个人为前提——欧几里得空间、康德世界观、作为立法者的人、单眼观看平面、被观察的固定不变的世界、消除生理心理因素等。这些前提和笛卡尔—康德世界观以及欧几里得几何学一样,以一个虚构的、静止的、不变的抽象主体性为基础,而这在弗罗连斯基看来是虚假的,是一切现代思想症结的根源所在。

在历史论证部分,作者对绘画史上出现过的各种违背、破坏线性透视的现象进行了回顾和总结,梳理了从古典时代到文艺复兴以来,透视理论发展的历史路径,他提出,透视与艺术性并无必然联系。弗罗连斯基列举了 14—16 世纪圣像画中存在使用辅助平面、视线发散等违背透视的现象,指出圣像画受到欢迎的程度与其违背透视的程度相一致,进而提出对流行观念的一种反驳假设:圣像画违反透视并非由于技术低劣,反而是其艺术性的表现。

弗罗连斯基在文中还列举了反透视现象在画面视点、明暗关系、动态表现以及绘制手法上的特点。随后作者按照历史顺序梳理了古代巴比伦、埃及艺术中违背线性透视的史实,指出在公元前 5 世纪,希腊戏剧布景画和古代罗马壁画中已经产生近似线性透视的图像实践,而且托勒密、维特鲁威等人已经从理论上做出了解释,但强调了这些古代近似透视的绘画中包含多个视点,大多应用在装饰领域而非纯艺术中,目的在于欺骗视觉。弗罗连斯基认为,从公元 4 世纪开始,古代幻觉主义的透视手法逐渐消失,直到 14 世纪之后才重新出现。弗罗连斯基指出,从文艺复兴开始的透视法则与启蒙主义以及强调人类中心视角的康德世界观和欧几里得式空间观念相匹配。这一观念的关键点是将空间看作有待于理性化和抽象化,可以用数学和几何学加以衡量,统一、均质、无穷的空间——而这在作者看来是人为设定的前

(接上页)没有对"正(线性)透视"进行任何讨论。他将后者视为一个约定俗成和广为人知的概念,然后通过列举和归纳的方式,将各类违背、破坏或不符合它的现象统称为"反透视"。"(线性)透视"的概念源于拉丁词汇 perspectiva,意为"透而视之",文艺复兴时期的理论家发现,可以使用窗口、纱屏、网格作为限定视觉范围的坐标装置,将局部三维空间及其中的物体轮廓投射到这些装置所限定的平面上,从而获得逼真的视觉形象。在建筑、绘画和雕塑创作中,此种视错觉手法得到艺术家的广泛应用。Erwin Panofsky, *Perspective as Symbolic Form*, trans. Christopher Wood, NY: Zoon book, 1991, p. 28.

提，而非真实。弗罗连斯基对透视空间前提所作的归纳与他对马堡学派所代表的新康德主义的批评互为表里。他反对新康德主义取消实在性的倾向，而以精神信仰的实在性与经验的实在性为支点，用象征主义的态度将符号世界与神秘的彼岸世界连通起来。因此对弗罗连斯基来说，线性透视现象所揭示的康德世界观是违背天性和遮蔽真实的虚假前提的苦涩果实，而反透视则是人类克服这种单一线性视角的一种选择。

弗罗连斯基对透视问题的历史回顾中最精彩的部分是对文艺复兴透视法理论与实践的分析。他指出古典时代舞台布景中的透视实践知识以隐秘的方式通过“奇迹剧”的布景得到了有效的传承，并被支持“自然主义”的乔托运用到纯绘画领域中。而古典透视的理论知识也通过算数教师保罗(Paolo dell'Abbaco, 1282—1374)和更晚一点的比亚焦·达帕尔马(Biagio Pelacani da Parma，约 1350—1416)传播到文艺复兴时期。他注意到中世纪和文艺复兴时期绘画与戏剧领域之间的密切互动是古典知识传承的关键环节。

弗罗连斯基在接下来的论证中，列举了 16 世纪之后的达芬奇、拉斐尔、丁托列托、格列柯、米开朗基罗、鲁本斯等历代绘画大师的作品，指出他们在掌握透视法的同时，为了获得艺术效果而有意违背透视，进而得出阶段性结论：透视不是人眼固有的观看方法，透视法和艺术效果之间存在矛盾，而且与美感无关，天才艺术家常常敢于违背透视法则。弗罗连斯基还围绕丢勒的透视理论展开讨论，说明透视是一种需要大量和刻意的训练才能获得的复杂人工系统，而且可以通过与视觉无关的机械手段得到透视效果。

在理论论证部分，弗罗连斯基简短有力地从数学和哲学上否定了线性透视的再现性。他站在象征主义的立场上，反对符号的外在相似性，认可其内在象征性，他将一切图像看作象征性的符号，提出透视与反透视只是不同的象征性的表现手段。弗罗连斯基通过几何学和集合论的方式来论证，将艺术塑造现实视为艺术和现实这两个集合之间的映射关系，利用康托尔、皮亚诺或希尔伯特曲线证明：无法在不改变结构，保持原有集合点的连续性情况下完成映射。两个集合之间无法同时等值和连续，也就是说，在平面上描绘空间是可能的，但必须破坏被描绘物的原有结构，因而艺术中的自然主义是不可能的。这意味着，艺术的图像不可能在视觉相似的前提下真实地表现现实。弗罗连斯基用数学方法论证艺术问题的时代意义在于：说明了立体主义、未来主义等现代主义流派打破空间整体性，使用多视点和碎片化表现手法的合理性。

在文章第二部分的最后，弗罗连斯基总结：透视不是再现问题，而是象征问题，线性透视法是一个没有主体性真实的符号系统。他归纳了线性透视成立所必需的六个人为的前提条件。然而由于在真实的视觉和空间感知过程中，这些前提都不能成立，因此背离透视法则的反透视有其自身的合理性。

总体来说，《反透视》首次从历史和理论两方面对线性透视进行了总结和批评。弗罗连斯基一方面接过 20 世纪初先锋派反对再现性艺术的接力棒，继续攻击残存在写实主义领域中的透视法，剥夺了它的数学和哲学基础；另一方面他将拜占庭和俄罗斯古代艺术传统从僵化、稚拙与落后的泥潭中拯救出来，指出了其中反透视手法的必然与合理性。他对传统和现代艺术的看法已然勾勒出一条俄罗斯独特的艺术史道路，颠覆了 15 世纪以来西方艺术从利用透视法开始所获得的理论与创作优势地位，并对 20 世纪艺术史研究，尤其是对拜占庭和俄罗斯艺术的空间、视觉研究产生极大的影响。弗罗连斯基对线性透视的批判是深刻而全面的，他使用的材料和提出的观点被后来许多学者所接受。

二、“反透视”：弗罗连斯基与潘诺夫斯基的比较

对反透视问题的讨论无法绕开同时期对透视的研究。弗罗连斯基的研究完全可以拿来同现代艺术史学史上最重要的文献——德国学者潘诺夫斯基(Erwin Panofsky，1892—1968)的《作为一种象征形式的透视》(Die Perspektive als “symbolische Form”)——相对比，不仅因为二者问世的时间仅隔四年，而且在观点和论证中显示出许多相关性。但令人感到奇怪的是，潘诺夫斯基的文章中不仅没有提到弗罗连斯基，对“反向透视”(reverse perspective)现象也着墨不多。

潘诺夫斯基的文章于 1924 年用德文发表，1927 年被译为法文，但该论文在潘诺夫斯基的一生中从未被转载，并且他始终拒绝翻译为英文。直到潘诺夫斯基逝世多年后的 1991 年，才由克里斯托弗·伍德

(Christopher Wood，1961—)将此文译成英文。[①]

与弗罗连斯基相似的是，潘诺夫斯基同样认为线性的中心透视是一种有前提的人类观念的体现，其文章标题中的“象征形式”显然是一个借自哲学家卡西尔(Ernst Cassirer，1874—1945)的概念。[②] 他在文章开头就指出这两个前提是：第一，存在无限的、不变的、均质的、各向相等的空间；第二，视锥(visual pyramid)[③]的切面可以被看作是视觉图像。[④] 潘诺夫斯基认为这两个前提都是大胆的抽象，而且值得进一步探讨。但是在分析这两个条件的时候，他并未完全重复弗罗连斯基反康德主义的立场，而是从技术和历史的角度指出人的知觉克服视觉曲面的历史过程：古希腊人使用的投影和测距方式不同于文艺复兴之后的方式。但总的来说，潘诺夫斯基对待透视的立场与弗罗连斯基是一致的，他们都将线性透视看作符号—象征形式，是某些文化观念造就的主观的认识方式，因而也是历史的和有条件的。

潘诺夫斯基与弗罗连斯基另一个相似之处在于，他们都承认，是否使用线性透视和再现手法，与艺术价值无关，而仅仅是一种风格差异。但是二者作此判断的着眼点不同：弗罗连斯基打破透视法与艺术价值的关联，意在为立体主义、未来主义和原始主义等不同先锋流派的审美合法性张目，他指出在宗教艺术中出现的多视点、时间性等因素正是上述流派所着意表现的；而潘诺夫斯基则对这些现代艺术流派兴趣不大，他并不特别欣赏破坏透视手法的艺术价值，反而强调透视法赖以成立的统一空间观念意味着智力上认识了“更高的统一”，其

---

① 潘诺夫斯基的文章正式出版于 1927 年的刊物《1924—1925 年度瓦尔堡图书馆讲座》(Vorträge der Bibliothek Warburg 1924/1925. Leipzig，Berlin，1927)之中，但其主要内容或以公开讲座的形式发表于 1924 年，因此今天对其发表的年度表述有 1924、1926(W. J. T. Mitchell)、1927 等多种说法，此处引用洛克的观点。Charles Lock，“What is Reverse Perspective and who was Oskar Wulff?” *Sobornost/Eastern Christian Review* 33：1(2011)，pp. 60 - 89. 本文引述均出自该文电子版，参见 https://www.academia.edu/20332925/What_is_Reverse_Perspective_and_Who_was_Oskar_Wulff，访问时间 2020 年 7 月 20 日。

② Erwin Panofsky，*Perspective as Symbolic Form*，trans. Christopher Wood，p. 41.

③ 文艺复兴时期，人们认为人眼能够发出所谓指向被视物体的视线，从而实现视觉感知机能。因此，众多视线形成一个以观看之眼为顶点、以成像平面(画布)为底面的锥体，即视锥。

④ Erwin Panofsky，*Perspective as Symbolic Form*，trans. Christopher Wood，pp. 28 - 29.

本身是优越和进步的。[①] 对后者来说，线性透视表达的统一性是艺术观念的基础，就像光色对于印象派和新印象派美学拥护者而言是其表达统一性的基石一样，然而这种对稳固的统一性的迷恋在 19 世纪 20 年代的人看来，依然是"古典"的。

潘诺夫斯基与弗罗连斯基第三个相似之处是，他们都从中世纪戏剧中找到线性透视的关键。弗罗连斯基认为"奇迹剧"的布景是将古代透视经验传承下来的渠道；而潘诺夫斯基则在哥特式建筑部件和祭坛中的舞台效果中看到线性透视的空间观念，他认为舞台空间象征无限、均质宇宙空间中的一部分的观念背后正是"上帝无限"这一晚期中世纪观念的体现。而这个观点让人联想到当时德国学术界对中世纪戏剧提出的类似看法，例如 1925 年，本雅明（Walter Benjamin，1892—1940）在其名著《德意志悲苦剧的起源》中，将中世纪宗教剧看作整个人类历史的隐喻，与潘诺夫斯基的观点遥相呼应。[②]

在这些相似性之外，潘诺夫斯基与弗罗连斯基的写作更多表现为观念和立场上的差异甚至对立。首先，两人对待拜占庭遗产的褒贬态度不同。弗罗连斯基将拜占庭看作俄罗斯异于西欧的另一种接续古典的传统，甚至将它看作与西方中世纪—文艺复兴相对应的另一条历史道路加以推崇。这种态度承接古代莫斯科"第三罗马"说和 19 世纪"斯拉夫主义"等观念，主张俄罗斯拥有不同于西欧的自身传统，表现为在历史、政治、信仰和文化上的不同道路。而对潘诺夫斯基来说，拜占庭只不过是古代局部透视图像的保存者，是有待西欧中世纪世界观整合的被动质料而已。由于拜占庭从未与古代文化传统相割裂，因此也没有任何"复兴"的可能——对于潘诺夫斯基来说，和成功复兴的西欧文化相比，恰是失败的。[③]

其次，虽然二者都深受新康德主义哲学的影响，但对康德世界观、理性和现代性的态度却各不相同。弗罗连斯基撰写《反透视》一文的目的之一就是批判康德世界观给历史和文化带来的主客割裂、逻辑抽象、信仰丧失等问题，因此对新康德主义尤其是马堡学派进行了尖锐

---

① Erwin Panofsky, *Perspective as Symbolic Form*, trans. Christopher Wood, p. 42.

② 本雅明：《德意志悲苦剧的起源》，李双志、苏伟译，北京师范大学出版社 2013 年版，第 98—100 页。

③ Erwin Panofsky, *Perspective as Symbolic Form*, trans. Christopher Wood, pp. 49 - 50.

的批评和讽刺，表征康德世界观的线性透视空间也遭到他的强烈否认。但是潘诺夫斯基对新康德主义的态度无疑要正面得多，因为在他看来，不管透视法如何背离视觉的真实，但是以现象代替真实，意味着将神圣性归结为人的意识，用充满秩序的理性经验取代“宗教艺术中充满神异、奇迹、教条和象征的王国”，透视正是保障现代人权取代中古“神权”的符号形式。① 从哲学上来说，二人的立场差异是两种互相对立的学说间的争论，质疑统一空间的声音和将统一空间观念压缩为符号系统的做法同样推动了康德主义观念的解体。

第三，弗罗连斯基与潘诺夫斯基最明显的差异表现为，二者从完全不同的层面上理解反透视，因而也对它做出了不同的价值判断。虽然弗罗连斯基对反透视现象与艺术标准之间关系的讨论有循环论证之嫌疑——现代艺术非再现的审美标准使得我们可以欣赏艺术中的反透视现象，因此反透视是合理的；艺术中的反透视现象证明了现代艺术中破坏焦点透视手法的合理性，所以艺术是非再现的——但是对他来说，反透视是一种具有历史、文化和民族意义的艺术现象，他在这种现象中看到了俄罗斯艺术与现代艺术相通的形式特点。而对于潘诺夫斯基来说，他仅仅从技术和视觉的角度来理解反透视，将其看作一种视点在画面之中而焦点在画面之外的、反向的、“倒置的”、不完善的线性透视。② 潘诺夫斯基对反透视的纯技术理解，也许还有更深层面的考虑，或与他对破坏空间整体性的时代观念的担忧有关。洛克指出，潘诺夫斯基也许将德国纳粹主义的兴起与欧洲传统的破坏、对古典和理性的放弃相联系，对他来说，强制性的、限制性的和虚拟的透视体系可能比无政府主义和任意暴力更可取。③ 作为德国人，潘诺夫斯基比俄罗斯人弗罗连斯基更难以承认欧洲文化传统的崩溃。

20 世纪 20 年代，弗罗连斯基和潘诺夫斯基先后从反透视和透视这两个概念入手，对现代视觉机制进行了历史和理论回顾。他们都指出了当时被奉为圭臬的透视理论实际是一种人为的，在文化和历史语

---

① Erwin Panofsky, *Perspective as Symbolic Form*, trans. Christopher Wood, p. 72.

② Ibid., pp. 113 - 114.

③ Charles Lock, "What is Reverse Perspective and who was Oskar Wulff?" *Sobornost/Eastern Christian Review* 33: 1(2011), pp. 60 - 89. 电子版参见 https://www.academia.edu/20332925/What_is_Reverse_Perspective_and_Who_was_Oskar_Wulff，访问时间 2020 年 7 月 20 日。

境中产生的假说或约定，有其自身的前提条件，是否遵从透视法则与艺术性并无必然关系。但是由于各自不同的文化背景，这两位学者对艺术中的反透视现象做出了迥然不同的判断，而这些判断不仅停留在历史和理论探讨上，也反映出俄罗斯和德国学术界对20世纪初欧洲社会文化变革的不同关怀。透视所反映的世界观是否具有唯一真实性？反透视究竟是一种反常状态，还是另一种真实？潘诺夫斯基对反透视问题的忽略，显然不是一时疏忽，而是表现出德国学者与俄罗斯学者在文化选择上的差异性。

三、"反透视"概念的论争史

弗罗连斯基在文章的注释中说明，听取其研究成果的听众有来自艺术史、考古学、博物馆学等许多领域的专家。[①] 在弗罗连斯基发表演讲之后，学者们对他的观点做出了回应。1923年，《反透视》一文的审读者巴库申斯基（Анатолий Васильевич Бакушинский，1883—1939）发表了一篇长文《艺术中和真实空间视觉接受中的线性透视》（Линейная перспектива в искусстве и зрительном восприятии реального пространства），批评弗罗连斯基的神秘主义的观点。巴库申斯基的批评态度当然有受到政治压力而与宗教和神秘主义切割的考虑，但他与弗罗连斯基同样将俄罗斯文化中的精神性因素看作超越欧洲腐朽落后的物质主义文化的标志。在苏联，这场争论持续下去。1927年，艺术史家塔拉布金（Николай Михайлович Тарабукин，1889—1956）在艺术科学院会议（Государственная Академия художественных наух）上发表了《绘画中的偏心空间和超空间》（Эксцентрическое пространство и гиперпространство в живопись）[②]一

① 弗罗连斯基：《反透视》，于润生译，《世界美术》2018年第4期。

② 1927年2月，塔拉布金将自己为艺术院校学生编写的教材书稿提交国立出版社，同年10—11月间，他将自己书稿中的主要观点在艺术科学院进行的两场讲座中公开宣讲，此文是第二场讲座的材料之一。经过审阅和修订的书稿于1929年底正式送交出版，但由于各种原因未能问世，一直以不同的手稿、打印稿、修订稿形式流传于世，直到1993年才以《绘画中的空间问题》（Проблема пространства в живописи）为题分四期连载于俄罗斯最重要的艺术史论刊物《艺术学问题》（Вопросы искусствознания）上。См.：Н. М. *Тарабукин*，（转下页）

文，回应了巴库申斯基，但没有提到弗罗连斯基，这显然也有政治立场的考虑。塔拉布金称东方艺术有不同于西方透视空间的“偏心空间”，在绘画中表现为外敞的，而非内折的结构。[①]

在这些讨论中，众多学者在经验和规则、视觉和理性两极之间的摇摆态度说明，辨析是否有符合规则的艺术手法，能否让理性与美感获得内在统一，是大多数人讨论透视的共同目的。但是与其他国家的学者相比，俄罗斯学者常常有更多的文化和政治方面的卷入。米斯勒指出：在这个问题的跨学科讨论中，俄罗斯学者对哲学和现代艺术的兴趣比欧洲学者带有更多的意识形态和政治关怀，他们不像潘诺夫斯基那样仅仅将反透视当作一种技术问题处理。[②]而潘诺夫斯基也不像俄罗斯同行那样，将拜占庭艺术和当代艺术试验、俄罗斯文化传统以及民族特点联系起来思考。

与十月革命之后许多研究成果一样，弗罗连斯基的《反透视》一文在提交出版之后便石沉大海。这很可能是因为“反透视”是由一位修士提出并用来讨论宗教绘画的概念，与当时反宗教的意识形态相悖。因此弗罗连斯基及其反透视理论仅出现在苏联学术界的内部讨论中，很晚才被西方学术界所了解。1975 年，约翰·斯图亚特(John Stuart，1940—2003)在《圣像》(*Icons*)一书中摘译了《圣像壁》的部分片段。苏联著名符号学家鲍里斯·乌斯宾斯基(Борис Андреевич Успенский，1937—)曾经在 1967 年编辑过弗罗连斯基的文集，他在 1976 年用英文出版的《俄罗斯圣像画符号学》(*The Semiotics of the Russian Icon*)文集中介绍了弗罗连斯基的理论。可以说，西方对弗罗连斯基的认识是从 20 世纪 70 年代介绍符号学的塔尔图-莫斯科学派开始，而今天，反透视已经成为宗教艺术讨论中的常用词语。

2002 年，米斯勒将包括弗罗连斯基的《反透视》在内的多篇论文编辑成《超越视觉：艺术接受文集》(*Beyond vision*：*Essays on the Perception of Art*)。该文集收录有编者撰写的弗罗连斯基小传和长文章《作为艺术史家的弗罗连斯基》，成为重要的英语译本之一。2011

(接上页)Проблема пространства в живописи，Подгот. текста и коммент. А. Г. Дунаева//Вопросы искусствознания，1993. No. 1.

①② See Nicoletta Misler, “Florensky as Art History”, from *Beyond Vision*: *Essays on the Perception of Art*, compiled and ed. by Nicoletta Misler, London: Reaction Books, 2002, p. 90.

年，洛克对21世纪以来西方已经出版的弗罗连斯基的传记和有关研究进行了综述。他认为，派曼（Avril Pyman，1930— ）于2010年出版的传记《不为人知的天才："俄罗斯的达芬奇"悲惨超绝的一生》（*A Quiet Genius：The Tragic and Extraordinary Life of Russia's Unknown da Vinci*），不仅勾勒了弗罗连斯基的生平，而且还涉及这位学者不为人知的政治倾向、种族观念等方面。洛克还提到，2010年，安东诺娃（Clemena Antonova，1970— ）在《圣像画中的时空表现：从上帝之眼看世界》（*Space，Time and Presence in the Icon：Seeing the World with the Eyes of God*）一书中有意利用"反透视"概念，从空间构造的角度挑战造型艺术不能表现运动和连续时间的观点，这既是对康德所设定的单眼静观的观看模式的抛弃，也是对莱辛以来统治艺术史写作模式的否定。①

本世纪在反透视研究中的最主要推进，在于厘清了此概念的源头。许多学者都曾经指出，弗罗连斯基并不是反透视概念的第一个提出者，1907年，德国人奥斯卡·武尔夫（Oskar Wulff，1864—1946）在一篇题为《逆向透视与俯视》（"Die umgekehrte Perspektive und die Niedersicht"）的文章中，最先提出"逆向透视"（die umgekehrte Perspektive）现象并进行了清楚的理论解释。② 但是弗罗连斯基并未提到这一文献。米斯勒认为虽然武尔夫的观点在俄罗斯广为人知，但是弗罗连斯基忽略武尔夫的原因是，当时另外两种透视手册——《画法几何·绘图方法》和《画法几何·透视》更值得一提。两书的作者雷宁（Николай Алексеевич Рынин）的观点不仅启发了弗罗连斯基，而且

① Charles Lock，"What is Reverse Perspective and who was Oskar Wulff?" *Sobornost/Eastern Christian Review* 33：1（2011），pp. 60 - 89. 电子版参见 https://www.academia.edu/20332925/What_is_Reverse_Perspective_and_Who_was_Oskar_Wulff，访问时间2020年7月20日。

② Nicoletta Misler，"Florensky as Art History"，from *Beyond Vision：Essays on the Perception of Art*，compiled and ed. by Nicoletta Misler，p. 87；Clemena Antonova，"On the Problem of 'Reverse Perspective'：Definitions East and West"，*Leonardo*，Vol. 43，No. 5（2010），p. 464；Charles Lock，"What is Reverse Perspective and who was Oskar Wulff?" *Sobornost/Eastern Christian Review* 33：1（2011），pp. 60. 电子版参见 https://www.academia.edu/20332925/What_is_Reverse_Perspective_and_Who_was_Oskar_Wulff，访问时间2020年7月20日。

成为他挑战的对象。[①] 然而与武尔夫同为德国人的潘诺夫斯基对这位学者的忽视则十分耐人寻味，他的名字只出现在《作为一种象征形式的透视》一文的脚注里。洛克强调潘诺夫斯基对武尔夫观点的简单否定与其长达两页的脚注显示出矛盾。他猜想潘诺夫斯基忽视反透视的态度从根本上说明其看待反透视现象的技术视角，即认为反透视也是透视形成过程中的一种“返祖”或者“衰退”的现象，意义不大。[②] 而在怀特（John Edward Clement Twarowski White，1924— ）、达弥施（Hubert Damisch，1928—2017）和埃尔金斯（James Elkins，1955— ）讨论空间的著作中都没有提到武尔夫，可以说他成了一个被艺术史遗忘的名字。[③]

2001年，瑞典学者尼贝里（Kurt Wolmar Nyberg）在其博士论文中首次给予这种忽视以合理解释，并且指出了武尔夫的观点在学术史上应有的地位。[④] 洛克在他的综述文章中对尼贝里的瑞典语论文进行了介绍。[⑤] 据此我们了解到，武尔夫1864年生于圣彼得堡的一个路德派俄国移民家庭中。他在塔尔图和圣彼得堡完成语言学和考古学学业之后才开始从事艺术史研究，随后移居德国成了施马尔索夫（August Schmarsow，1853—1936）的学生。虽然身在德国，武尔夫保持了与俄罗斯学术界的密切联系，成为著名拜占庭学者艾纳洛夫（Дмитрий Власьевич Айналов，1862—1939）的朋友，十分推崇著名的

---

① Nicoletta Misler, “Florensky as Art History”, from *Beyond Vision: Essays on the Perception of Art*, compiled and ed. by Nicoletta Misler, p. 87.

② Charles Lock, “What is Reverse Perspective and who was Oskar Wulff?” *Sobornost/Eastern Christian Review* 33: 1(2011), pp. 60 - 89. 电子版参见 https://www.academia.edu/20332925/What_is_Reverse_Perspective_and_Who_was_Oskar_Wulff，访问时间2020年7月20日；Erwin Panofsky, *Perspective as Symbolic Form*, trans. Christopher Wood, p. 48.

③ Charles Lock, “What is Reverse Perspective and who was Oskar Wulff?” *Sobornost/Eastern Christian Review* 33: 1(2011), pp. 60 - 89. 电子版参见 https://www.academia.edu/20332925/What_is_Reverse_Perspective_and_Who_was_Oskar_Wulff，访问时间2020年7月20日。

④ 论文的英文摘要可见于乌普萨拉大学网站 http://uu.diva-portal.org/smash/record.jsf?pid=diva2%3A170457&dswid=4582，访问时间2020年7月20日。

⑤ Charles Lock, “What is Reverse Perspective and who was Oskar Wulff?” *Sobornost/Eastern Christian Review* 33: 1(2011), pp. 60 - 89. 电子版参见 https://www.academia.edu/20332925/What_is_Reverse_Perspective_and_Who_was_Oskar_Wulff，访问时间2020年7月20日。

拜占庭学家孔达科夫(Никодим Павлович Кондаков, 1844—1925)。1925 年,他应阿尔帕托夫(Михаил Владимирович Алпатов, 1902—1986)之邀访问苏联,此后两人保持了长期而密切的学术合作关系——合著以及翻译学术作品。此外,武尔夫还充当了德国和苏联之间文化往来的中间人,为德国博物馆和私人藏家购买俄罗斯圣像画。尼贝里认为,20 世纪 20—30 年代之间,随着苏德之间政治和意识形态对立的加剧,参与合作往来的双方出于自我保护的考虑对这部分史实都保持了沉默,就像苏联学者回避弗罗连斯基的名字一样,苏联和德国学者对武尔夫也采取了类似的态度。尼贝里提出,德语中的"逆向透视"虽然早于弗罗连斯基的文章,但是很可能是武尔夫从 19 世纪末的俄罗斯拜占庭研究传统中得到启发并翻译为德语的。"德国艺术史家"这一定义很大程度上遮蔽了 20 世纪初俄德学术往来的历史,因此对于弗罗连斯基等俄罗斯学者而言,完全可以从自身的学术传统中获得反透视概念,而无需对武尔夫给予过多的关注。洛克指出,武尔夫的反透视概念也许是出于对施马尔索夫视觉中心主义的、静观的文明进化模式的批评,而这种批评在潘诺夫斯基等人看来,则又是对西方文明传统的一种"挑衅"。[①]

安东诺娃在 2010 年的一篇论文中,回顾了一个多世纪以来对"反透视"的讨论,将这一概念的定义方式归纳为六种,分别是:内在视点说、布景画说、等级大小说、光学视野说、非欧几里得几何说以及第四维度视觉综合说。这些说法中的前两点是武尔夫提出的,而后三种则都与弗罗连斯基有关。[②] 从今天的角度来看,上述视角虽然有助于理解反透视现象,但是依然没有任何一种定义方式得到普遍的认可。争论的焦点主要有二:首先,20 世纪初的学者常常不由自主地将自己的时代观念和立场带入对古代的阐释,存在错时理解的问题;第二,看待距离与成像的角度,衡量视点、画面和物象的远近的技术处理方式不同。

---

① Charles Lock, "What is Reverse Perspective and who was Oskar Wulff?" *Sobornost/Eastern Christian Review* 33: 1(2011), pp. 60 - 89. 电子版参见 https://www.academia.edu/20332925/What_is_Reverse_Perspective_and_Who_was_Oskar_Wulff,访问时间 2020 年 7 月 20 日。

② Clemena Antonova, "On the Problem of 'Reverse Perspective': Definitions East and West", *Leonardo*, Vol. 43, No. 5(2010), p. 464.

在文学中，也有对反透视现象的描述，但这些描述大多是模糊的、概念化的。令人印象十分深刻的一个例子是刘慈欣的科幻小说《三体III》中关于“深水王子”的描述。故事描述了一则人像近小远大的案例，然而作者刘慈欣将这个情节设定为一段插入结构，用反透视现象隐喻一种异于当下的技术思维和世界模式，但是书中角色的表达却简化了反透视的字面意义：“世界上所有的景物，在我们的视野中都是近大远小，这就是透视原理”，西洋画派遵循透视原理，东方画派不符合透视原理。[①] 这番解说反映了对透视的刻板理解，无疑减弱了小说关键情节中的思辨程度，也弱化了小说对“双层隐喻”“二维隐喻”设计的精微程度。[②]

总的来说，“反透视”仍然是一个悬而未决的理论问题。所有研究者都将论证的重心放在了批评线性透视的历史局限和理论依据，似乎认为只要否定了线性透视，反透视就自然成立。是否可以避免理论错时，对反透视异于线性透视的机制做出合理解释呢？

四、“洞喻”与反透视成像机制的解释

遗憾的是，弗罗连斯基文中最终并没从正面说明反透视的成像机制，令人读完若有所失。他的文章更像是一篇声讨线性透视的檄文，“反透视”也似乎只是“反对透视”。而且，如果按照他的结论，图像不能在视觉上和对象相似的话，古代绘画和圣像画中局部的反向透视线和鱼骨效果也同样是没有依据的。那究竟该如何理解所谓“反透视”呢？其成像机制是什么？其背后的思想和观念又是什么呢？

现代学者已经还原了布鲁内莱斯基透视实验的方案(图1)。在这个广为人知的复原方案中，观察者的视点和透视线焦点是重合的。许多人没有注意到这个实验方案和后世欣赏绘画的方式有明显的不同——在实验中，视点位于画面平面内焦点处的一个小孔，借助手中的镜子看到画面的镜像，而不是站在画面之外对观画面。也就是说，人位于绘画的虚拟空间中，才是完全意义上的视点与焦点的重合。在

① 刘慈欣：《三体III》，重庆出版社2010年版，第276—288页，引文出自第285页。

② 刘慈欣：《三体III》，第302—303页。

布鲁内莱斯基的实验中，人们第一次注意到现实世界与镜中反射的画面完全相似，线性透视带来的震撼经验改变了人的视觉。今天我们看画的时候已经不需要借助画面中的小孔和镜子的反射，而可以直接站在画面之外与焦点对称的位置上，像观看镜像一样欣赏画面。15 世纪之后，人是如何从画中走出来的呢？镜子就是这个问题答案的关键。人的眼睛在镜子中"看到"了相似于真实世界的"画面"，同理，画家在创作的时候也可以将画面理解为一面反射现实世界的镜子。镜像与真实相似或者对等的观念改变了古代和中古时期的图像虚幻的观念，它是现代视觉机制的成像基础，预示着绘画进入全新的阶段。虽然它与古代艺术的模仿论相通，但我们不能认为现代绘画分享了古代绘画起源传说中所描述的成像机制，瓦萨里等文艺复兴时期作者写作时并未意识到这一点，依然重复古代的绘画影像起源说，古罗马作家普林尼所记载的故事是其中最著名的例子：有人用木炭描下了自己在墙面上投下的影子，类似的还有恋人在墙上描绘爱人影子的传说。① 这些故事都有一个相似之处，绘画源于物体投下的影子。在文艺复兴

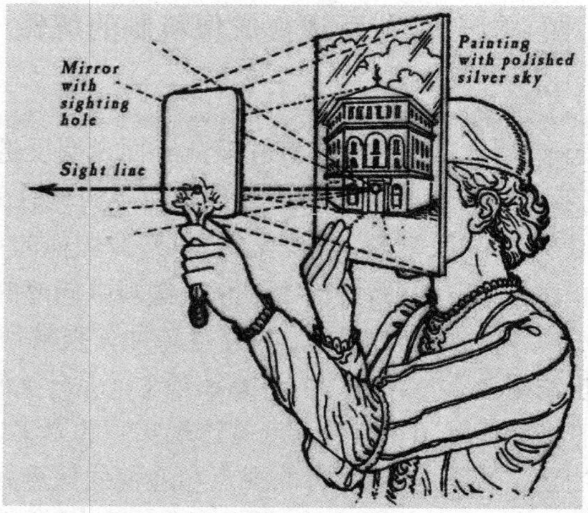

图 1　布鲁内莱斯基透视实验方案(https://www.laetitiana.co.uk/single-post/2017/08/14/filippo-brunelleschi-everything-you-will-ever-need-to-know，访问时间 2021 年 7 月 31 日)

① 瓦萨里：《中世纪的反叛》，刘耀春译，湖北美术出版社、长江文艺出版社 2003 年版，第 23 页；斯托伊奇塔：《影子简史》，邢莉、傅丽莉、常宁生译，商务印书馆 2013 年版，第 6—7 页。

时期作者的认识中，影像和镜像本质相同，都与现实相似，因此同是绘画的源头。但很少有人注意到，影像不同于镜像，它有轮廓和黑色的调子却没有色彩，而且影像和镜像的视觉机制相异。

如果说镜像是线性透视的话，那影像则是反透视的。因为透视最初需借助镜像将视点放在画面之内，从而实现观者对自身所处的对象世界的观察，如果视点和画面(镜面)的距离固定，则事物在画面(镜面)的成像大小与其间的距离成反比。相比之下，投影成像则与反透视的特点相符合：在光源和画面确定的前提下，事物靠近画面时成像小，远离画面时成像大，成像大小与其间距离成正比。我们可以想象一下常见的皮影戏、儿童手影游戏和今天的电影——这些视觉游戏与普林尼所记载的绘画起源故事相似，都是投影，投影大小也与距离幕布的远近成正比——近小远大。他们与圣像画中所谓“反透视”的成像特点相吻合。因此可以说，投影成像和镜面成像实际是两种基于不同视觉机制的绘画的源头，不能混为一谈：镜像是透视绘画的源头，而影像是反透视绘画的源头。解释反透视绘画的关键在于理解影像的内涵及其隐喻。

图 2　塞缪尔·凡·霍赫斯特拉滕(Samuel Dirksz van Hoogstraten，1627—1678)，《影子舞蹈》，出自《绘画艺术学院或曰可见世界之导论》(Inleyding tot de hooge schoole der schilderkonst：anders de zichtbaere werelt)，鹿特丹，1678 年版，第 260 页

柏拉图的洞喻是投影成像最著名的例子，它常常被哲学用来批评再现艺术对现实的模仿。然而今天人们在提到它的时候，还是沿用了柏拉图的批评，将它与绘画透视联系起来，而没有注意到投影与 15 世纪以后绘画的不同之处。斯托伊奇塔（Victor Stoichita，1949—　）在谈到柏拉图的时候指出，这类投影游戏可以称为影子绘画（skiagraphia），该词有沿着身影勾勒轮廓和透视绘画两种含义。斯托伊奇塔注意到投影与绘画起源的关系，也把投影与透视再现绘画等同起来，进而继续用柏拉图的观点批评文艺复兴之后“乱真画”（即“欺骗眼睛”trompe-l'oeil）的虚假。[①] 然而他和瓦萨里一样依旧没有区分影像和镜像。首先，影子绘画不是欺骗眼睛的再现绘画。如果将影—光关系理解为图 1 的关系，将影子视为艺术再现的媒介，那么描摹自身的人将无法描绘全部影子——拿着笔的那只手无法捕捉自身的影子，恰如艾舍尔（Maurits Cornelis Escher，1898—1972）1948 年的著名作品《绘画之手》（图 3）一样，因此投影显然不同于再现绘画，更不能被看成是绘画再现的原型。其次，柏拉图的影子成像与“乱真画”的成像机制是不同的，视觉经验也不同。在柏拉图的语境中，透视对绘画的支配尚未建立，而“乱真画”的视觉机制则主要是线性透视的。因此用柏拉图的洞喻不能批评“乱真画”。洞喻中真正的绘图源头在于造影者—发光者，是立于洞口之处举着偶像的“过路人”和发出光源的“太阳”。这两者后来被反对偶像崇拜的基督教神学家改造、整合成为一切投影的原型和源头——上帝。在这场光影表演中，上帝充当了导演，将影子投给被缚在洞中的观众——隐喻尘世之人的囚徒观看，此处投射的影子近小远大，与反透视成像相一致。

投影的基本规则是，形象大小正比于形象的原型相对于画面的距离。在区分影像与镜像的前提下来思考反透视问题，就不难发现反透视是在投影成像中呈现出来的特点，不仅可以用投影解释反透视绘画成像及其观看方式，而且还可以用来解释与之有关的宗教—文学隐喻。深受新柏拉图主义影响的基督教神学家用太阳比喻上帝：“至善被用光这一名字称颂……永远发光的太阳是神圣之善的明白形象。”[②]

---

① 斯托伊奇塔：《影子简史》，邢莉、傅丽莉、常宁生译，第 27—28 页。

② 狄奥尼修斯（托名）：《神秘神学》，包利民译，生活 · 读书 · 新知三联书店 1998 年版，第 26 页。

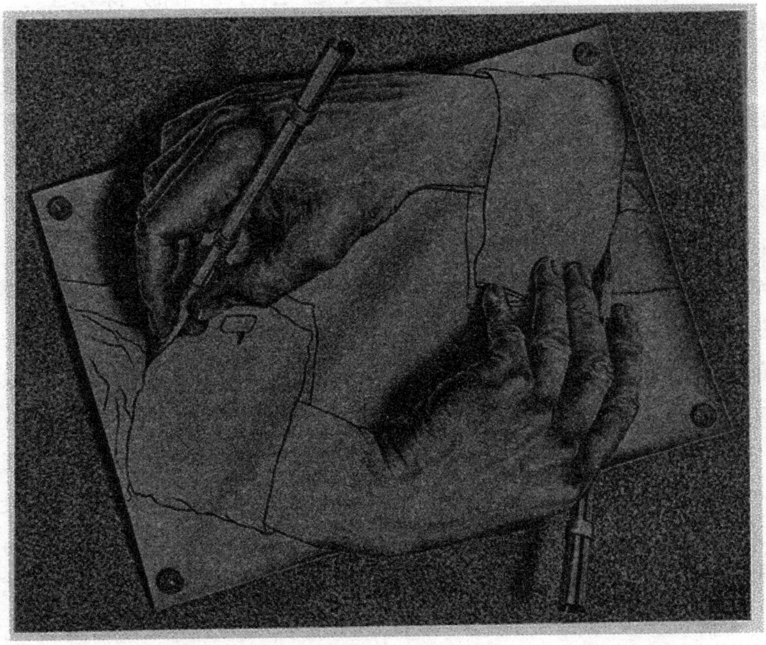

图 3 《绘画之手》,艾舍尔(Maurits Cornelis Escher, 1898—1972),1948,(https://moa.byu.edu/m-c-eschers-drawing-hands,访问日期 2021 年 7 月 31 日)

一切尘世形象的原型都在上帝中。考虑到古人将视线视为"发出光亮的现象",因此在反透视的视觉机制中,光源、视点与原型位置合一——这恰好就是基督教信仰中上帝的全视之眼所在之处。[①] 原型(上帝)距离画面越远,投下的影子(图像)也就越大,距离越近,投下的影子越小,所以在基督教神学观念中,上帝的形象通过反透视方式再现。投影不仅再现上帝形象,而且还通过耶稣将上帝和尘世的形象,《旧约》和《新约》联系起来。投影的反透视原理可以被用来解释以圣子位格在人间显现的上帝,也就是将圣子耶稣解释为上帝在人间的投影,化身为人的耶稣身高完全与常人无异。这让人联想到在刘慈欣小说中,作为拯救人类的科技秘密的隐喻"深水王子"这个角色,当他向

① 恩培多克勒(Empedokles,约公元前 493—公元前 433 年)提出"孔道理论",将视线视为眼睛发射出流射物与对象物相接触,其自然哲学启发了新柏拉图主义哲学。齐林斯基:《媒介考古学》,荣震华译,商务印书馆 2019 年版,第 49—57 页。

世人显现的时候，身影呈现近小远大的变化，小说中的“深水王子”如同《圣经》中的基督，“身高与普通人无异”。[①] 圣像神学家依据“道成肉身”教义为圣像画做出反偶像崇拜的辩护——圣像不是对物质世界的再现，而是对上帝投影的再现，其透视线从画中朝向画外，远离观者的形象大，靠近观者的形象小，画面与原型不是视觉相似而是理念相似；如果上帝可以通过反透视的方式“道成肉身”，将自己的形象投影给人，那人就有理由用反透视方式将这一形象再现到画面中。

当然，从严格意义上来说，直到笛卡尔的牛眼实验之前，人们并不将视线和观看理解为单纯的视觉行为，上文所谓“眼睛”也不完全是生理意义上的眼球。投影完美解释了反透视成像的机制，说明了圣像画实际表现了观者空间，而不同于线性透视所表现的被观看空间。圣像画中的空间透视线从画中射向画外，指向被上帝所俯察的此世。按照中世纪基督徒的观点，人无法也不可能直接看到上帝。但是，人的言行又无不在上帝的全能全视的俯察之中，因此人最终还是上帝剧场中的木偶或演员，因此反透视是“上帝观人”意识形态支配下的视觉模式。如使徒保罗所说：“我想神把我们使徒明明列在末后，好像定死罪的囚犯；因为我们成了一台戏，给世人和天使观看。”（林前四：9）这段话出自保罗在以弗所写给哥林多（即科林斯）教会的信。科林斯和以弗所是当时希腊世界中的大城市，以弗所尤其以城中剧院和图书馆著称。虽然保罗从道德的角度对当时社会的娱乐活动有所批评，但是他在两地传道过程中难道会对当地著名的剧院视而不见吗？在今天的解释中，人们常常将这段话中的喻体解释为罗马时代罪犯决斗的娱乐活动，但如果从柏拉图洞喻的角度将其解释为尘世的戏剧演出的话，不是更为恰当吗？前文也已经提到过，弗罗连斯基、潘诺夫斯基、本雅明都曾经在各自的研究中指出中世纪人常常以戏剧比喻俗世和历史，保罗的这段话则是此种比喻关系的另一个例子。

从这个意义上来说，反透视与线性透视是两种源于不同成像方式的视觉机制，前者是投影而后者是镜像。在文艺复兴之前，圣像画主要运用反透视原理，按照投影方式呈现形象。15世纪，当布鲁内莱斯基举起手中镜子的时候，成像机制和视觉模式也随之发生了反转，逼真的镜像取代了影像，但是关于绘画起源的影像传说却流传下来。文

---

① 刘慈欣，《三体III》，第281页。

艺复兴之后，随着线性透视原理为人所接受，镜面成像统治了艺术。作为镜子的绘画将世界的坐标从上帝反射到尘世观者——人的位置上。古代，上帝在人身上看到了自己的模样，vice versa，现代，人也在自己的模样中看到了上帝。

弗罗连斯基以否定线性透视绝对合理性来反证反透视的合理性，然而这在逻辑上不能成立，因此《反透视》一文未能对这一现象做出充分解释。其关键在于，解释绘画中的反透视现象所隐含的成像机制。文艺复兴时期的线性透视理论和手法源于布鲁内莱斯基的镜面成像实验，此后表征投影成像的反透视手法逐渐从绘画领域淡出，而带有反透视特点的古代绘画也被看作是荒谬的。因此，只有回到古代的洞喻这一典故中，用柏拉图主义的绘画影像起源说才能揭示反透视的视觉和象征的双重机制：反透视表现的是投影成像，是上帝视角下观看行为的象征形式。

结语

弗罗连斯基最先从历史和理论两方面总结了艺术中的反透视现象，他早于潘诺夫斯基四年指出了透视法是一种无关于艺术和美感的复杂人工系统，透视并非是对客观世界的真实再现，而是一种基于特定文化和历史条件的人为约定。他否定了透视的数学和哲学基础，以此反证反透视的合理性。弗罗连斯基和潘诺夫斯基先后都对视觉规则产生了浓厚的兴趣，他们从各自不同的文化立场出发对反透视现象进行了不同的理解和价值判断；二者的研究也都回应了由武尔夫从俄罗斯引入德国学术视野中的拜占庭艺术问题——作为存在于西方艺术传统之外的“他者”，拜占庭艺术以大量存在反透视现象著称，德国学者对它的冷漠和否定与俄罗斯学者的热情鼓吹形成了鲜明的对比。在这段俄罗斯和德国学者之间发生的学术对话中，反透视问题成为其关键词。

弗罗连斯基似乎满足于驳斥透视，他的反证法并未充分说明反透视自身的成像机制。为了解决这个问题，需要重新回到文艺复兴之前的视觉传统中。通过分析柏拉图的洞喻，不难发现古代绘画起源的传说与布鲁内莱斯基的透视实验分别指向了投影成像和镜面成像两种不同的视觉机制，而这两种机制分别表现为反透视和线性透视的效果。因此，反透视或可以解释为文艺复兴之前基于投影成像机制的象征形式。

【本文为中央美术学院自主科研项目“俄欧视角下的俄罗斯艺术研究”(项目编号19KYYB009)的阶段成果】

（作者单位：中央美术学院人文学院）

学术编辑：赵彦芳

索洛维约夫学说中的审美意象“索菲亚”

李一帅

内容提要 俄国哲学家索洛维约夫学说中有一个重要概念“索菲亚”，它是根据神智学中的“智慧”概念发展而来。索洛维约夫深受中世纪神秘主义影响，建立起“索菲亚学说”，并使之进入美学范畴。索洛维约夫提出，“索菲亚”是“神—人—概念”有关智慧的整体象征，同时还提出“万物统一”的哲学观——“真、善、美”是“意志、理智、物质存在”的相应体现，所以美要达到人类与宇宙的最高价值目标——“美是完善”。他学说中的审美意象“索菲亚”在其创作的长诗《三次约会》中得到完全阐释，把“索菲亚”具象化，表现了“索菲亚”“永恒女性的存在”意义，影响了20世纪俄国的象征主义诗歌。

关键词 索洛维约夫　索菲亚　神秘主义　象征主义　意象

“索菲亚”是19—20世纪俄罗斯哲学中的一个名词，它既作为宗教哲学中神智学的一种概念出现，也作为美学的一种审美意象出现。美学的“索菲亚”是把神智学中原本的“知识与智慧”概念转化成有形的女子形象，在美学阐释与文艺作品中，“索菲亚”象征着神圣的知识、人与上帝共同创造智慧的可能。俄罗斯哲学家弗·索洛维约夫（B. C. Соловьев）、尼·别尔嘉耶夫（Н. А. Бердяев）、谢·布尔加科夫（С. Н. Булгаков）、帕·弗洛伦斯基（П. А. Флоренский）等都对“索菲亚”有过论述，其中索洛维约夫更是把“索菲亚”作为“永恒女性的存在”，用美学阐释、诗歌创作等方式塑造了“索菲亚”形象，使之成为独特的审美意象。

一、索洛维约夫的"神秘主义"与"索菲亚"的缘起

弗拉基米尔·索洛维约夫(1853—1900)是19—20世纪俄罗斯最有代表性的哲学家、神秘主义代表人物之一，在俄国哲学史上占有重要地位。索洛维约夫在俄罗斯哲学史上被看作是第一位职业哲学家、第一位建立俄国哲学体系的哲学家。他把神秘主义的问题纳入宗教哲学的体系，其言说的神秘主义并不是单纯的神秘体验，他发展了神秘主义的理论，尤其提出了"万物统一"的宗教思想作为理论基石。神秘主义在19世纪的俄国逐渐兴盛有两方面原因：一方面，俄国贵族在俄国本土教会中感受到精神生活的匮乏，便去西欧寻找宗教精神生活，西欧神秘主义潮流便进入俄国；另一方面，东正教原本特有的神秘元素逐渐回归。① "神秘主义"在英文中为"mysticism"，在俄文中为"мистицизм"，俄国《哲学百科全书》从广义的概念上将其解释为"不能解释的、超自然的现象"，所有的宗教都属于这个范畴，包括犹太教、伊斯兰教、基督教、佛教等；而从狭义的概念上则特指"人与上帝之间沟通的'主要精神实在'"②。神秘主义者意识状态表现为梦幻般的愿景、梦想、幻觉、狂喜等。③ 也就是说，"神秘主义"在宗教范畴中可以被理解为拥有超验力量的人直接与上帝进行心灵对话。有学者指出："由于神的观念所具有的上述性质，可以说宗教之为宗教，本身就是神秘主义的。神秘主义与宗教的本质特性紧密联系，不可分割。"④

索洛维约夫继承早期斯拉夫者的观念，对西欧哲学体系持批判态度，以宗教思想为核心构建了一整套形而上学、认识论、人学、伦理学、

---

① Карасев Н. А. Мистика и мистицизм в России в конце XVIII-начале XIX века. Гуманитарий Юга России, Т. 6, No. 3. 2017.

② 俄国哲学家别尔嘉耶夫解释的"精神实在"意为：哲学把精神自然主义化，但最高精神的层次降级到客体世界中，所以精神被看作是客体中的一个客体，但依然是最高级客体，精神就被赋予了实在性，这类实在性就是客观世界中客体的实在性。参见 Бердяев Н. А. Дух и реальность, М.: АСТ: Астрель, 2011, С. 209—210.

③ Гл. ред. Константинов Ф. В. Философская энциклопедия. В пяти томах. Том 3, М.: Советская энциклопедия, 1960—1970, С. 456.

④ 王晓朝：《神秘与理性的交融——基督教神秘主义探源》，杭州大学出版社1998年版，第9页。

民族学、美学观念体系。同时,索洛维约夫还被视为20世纪初俄国“宗教复兴”的思想源泉,对俄国哲学家别尔嘉耶夫、布尔加科夫、弗兰克(С. Л. Франк)、洛斯基(Н. О. Лосский)等都有影响,尤其是对别尔嘉耶夫在神秘主义“创造”理念的形成上有着重要影响。“创造”理念就是建立在人可以和上帝接触的基础上,人通过积极创造与神相通,别尔嘉耶夫强调“直觉”的力量,这与超验主义的核心不谋而合,超验主义正是强调人能超越感觉和理性而直接认识真理。索洛维约夫的重要性,正如刘小枫所说:“如果只知道陀思妥耶夫斯基和托尔斯泰,而不了解其同时代的俄罗斯伟大思想家В.索洛维约夫,对上个世纪末至本世纪初的俄罗斯精神的了解就是不全面的。”①

作为宗教哲学家的索洛维约夫并不是自始至终对神秘主义坚信不疑,他在读皮萨列夫(Д. И. Писарев,1840—1868)②作品时曾经对宗教、对神秘主义产生了怀疑,甚至曾把圣像移出自己的房间,这证明索洛维约夫在“神秘主义”面前动摇过。索洛维约夫出身知识分子家庭,父亲是知名历史学家、彼得堡科学院院士,其兄弟也是哲学家,同时还写出了著名历史长篇小说,姐姐则是一位诗人。他中学时学习成绩优异,后进入到莫斯科大学数理系,随即转到历史语文系,以《西方哲学的危机》为论文题目通过答辩。索洛维约夫所处的时代是一个社会变革的时代,同时代的思想家很多向现实主义、社会主义革命思想迈进,在各类报刊上、杂志上、学术与社会团体中探讨社会革命与现实的问题。在这种影响下,包括索洛维约夫、别尔嘉耶夫、梅列日科夫斯基(Д. С. Мережковский)等一批宗教思想家,也曾从宗教走向社会现实,但最终又从社会问题回归到宗教。

索洛维约夫哲学体系中有一个重要的核心学说——“索菲亚学说”,即“智慧”学说。智慧(София),音译为“索菲亚”,智慧学(Софиология)——也称“索菲亚学”是围绕智慧之神“索菲亚”衍生出的一套学说,它既是一种本体论,又是美学中的一种神秘意象,是“神—人—概念”的结合体。尤其是,索洛维约夫在自己的长诗中述说

---

① 刘小枫:《中译本说明》,索洛维约夫:《爱的意义》,董友、杨朗译,生活·读书·新知三联书店1996年版,第1页。

② 皮萨列夫:俄国唯物主义哲学家、政论家、文学批评家,被认为是19世纪60年代继车尔尼雪夫斯基和杜勃罗留波夫后的俄罗斯批评家第三人,普列汉诺夫称他为“60年代最杰出的代表之一”。

了自己发现化成肉身的索菲亚女神的过程，这一过程也被理解为索洛维约夫对智慧学说的发展与认识过程。

索洛维约夫美学思想的核心来自“索菲亚学说”，索菲亚的俄语原词为“София”，源自希腊语“Sophia”，表现为“智慧”“智能”与“爱”的重叠意义。在古希腊的文献中，“智慧”既表达观念上的“智能”，又表达一切具有智能的物质功能。《哲学史》(百科全书)对“索菲亚”最早的词义追溯到《荷马史诗》：

> 索菲亚——古老的、后来的基督教及在欧洲文化中的生成意义，它在其内容中固定了世界语义中的完整性概念，这种假设证明了理解宇宙全部意义的哲学可能性(即希腊语中——爱，对智慧的吸引，从起源意义上追升到菲利亚、爱与索菲亚)。最初在古希腊文化中，术语“索菲亚”与工匠的创造力相关，他们创造了充满意义的东西，依据合理性原则和操作性应用的目标进行安排，确保了销售的可能性。(《伊利亚特》第十五章写雅典娜教工匠时，荷马提到“索菲亚”。)①

在索洛维约夫的宗教哲学体系形成之前，俄国理解神秘主义的方式是以体验、经验为主，神秘体验方式主要体现在俄罗斯东正教的两种神秘主义发展潮流当中。一种发展潮流是拜占庭传统以及东正教传统的直接延续，受到拜占庭神秘主义者礼仪生活的影响，以早期的俄罗斯修道者佩西·韦利奇科夫斯基(П. Величковский)、谢拉菲姆·萨洛夫斯基(С. Саровский)为代表，据修道院记载他们在生活中经历了神秘体验②；另一种则来自西方基督教神秘主义的著名人物和鲜为人知的神秘主义作家，以格里高利·斯科沃罗达(Г. С. Сковорода)为代表，他提出周围一切事物源于三个世界：自然世界(宏

---

① Ред. Грицанов А. А. История философии (Энциклопедия). Минск: Интерпрессервис; Книжный Дом, 2002, С. 1018.

② 修道者们的神秘体验在俄国各地修道院记录中均有记载。比如，萨洛夫斯基——圣安息男子修道院的修道士萨洛夫斯基(1754—1833)是最受俄国人尊敬的修道士之一，1903 年在沙皇尼古拉二世的倡议下，他被俄罗斯教会尊为圣人。据记载，萨洛夫斯基儿时生了一场大病，家人几乎放弃对他的治疗，他在重病中看到圣像并痊愈，被视为受到上帝守护的表现，还有萨洛夫斯基医治失明、瘫痪患者痊愈等记载，修道士的一些神秘体验往往在民间流传，有些则变成神奇的民间传说。

观)、人的世界(微观)和符号世界(圣经语言,上帝语言)。20 世纪俄国最著名的哲学家之一洛谢夫(А. Ф. Лосев)曾指出,根据斯科沃罗达的说法,三个世界中的每种都由两种"性质"组成:外部(物质)和内部(精神),这两者都属于神圣和坚不可摧的力量。① 19 世纪,俄国还出现了各种各样的狂喜集团,这些集团中有些属于宗教异端,引起了教会的抗议。

"神秘"一词是从中世纪延承发展而来的概念,多被使用在中世纪哲学当中。中世纪的宗教思潮与经院哲学不同,中世纪时提出了理解上帝的方式不是在逻辑和推理上,而是在超验的深思和感知上,最有代表性的即新柏拉图主义宗教神秘观念。奥古斯丁亦与神秘观念有渊源,他所谓的人类灵魂的光照,在于神的不可理解的恩典,并允许穿透神的本质。奥古斯丁在保留上帝与世界、上帝与人的二元论的同时,也进入了神秘主义范畴。②

索洛维约夫受到新柏拉图主义和西方基督教神秘主义影响,尤其是受到普罗提诺(Plotinus)、约翰·埃里金纳(John Scotus Eriugena)、雅各布·波墨(Jakob Böhme)的影响。"正如 Э·拉德洛夫所说,从索洛维约夫全部著作可以看出一个倾向,这就是他对无条件本原(神)的信仰和要求我们生活同这个本原相一致。"③索洛维约夫对神秘主义的理解建立在他对哲学的分类基础之上,他认为哲学类型分为两种:"经验自然主义"和"理性唯心主义",但他指出两种类型都走向了自我否定,进入了逻辑终结阶段,所以"哲学所要探求的真正本原既不在于外部世界的现实存在,也不在于我们理性的观念存在,换言之,就是应当承认,这种真正本原具有其自身的绝对现实性,它完全不依赖于外部世界的现实性,也不依赖于我们的思维,却使这个世界具有现实性,使我们的思维具有其理念的内容"④。承认一种超宇宙与超人因素是一种本原,不属于经验主义,也不属于理性主义,而是索洛维约夫的"神

---

① Лосев А. Ф. Г. С. Сковорода в истории русской культуры. Лосевские чтения. материалы науч.-теорет. конф. Ростов-на-Дону, 2003, СС. 3—8.

② Гл. ред. Константинов Ф. В. Философская энциклопедия. В пяти томах. Том 3, М.: Советская энциклопедия, 1960—1970, С. 455.

③ 董友:《俄罗斯新宗教哲学之父——索洛维约夫》,索洛维约夫:《爱的意义》,董友、杨朗译,第 4 页。

④ 徐凤林:《俄罗斯宗教哲学》,北京大学出版社 2006 年版,第 113—114 页。

秘主义”。从19世纪下半叶开始，索洛维约夫神秘主义美学逐渐发展成俄国唯心主义宗教美学的代表观念，甚至对俄国象征主义文学、艺术产生重要影响。

对于索洛维约夫来说，哲学思想的基础是“万物统一”，正如董友强调：“万物一统在认识领域就是真，在道德领域就是善，而在外部现实的感情形式中则是美。”[①]索洛维约夫把真、善、美的统一看成是“万物统一”的原则，古希腊柏拉图提出“善的东西也是美的”，索洛维约夫提出“真、善、美”三者缺一不可，如果没有了三者的相互联系与相互作用，则失去了人性的意义，也失去了“神人的意义”。他的神学观念是从人学的基本观点出发的，强调美和真、善一样是人类价值的最高原则，不把美看作独立于其他原则的形式，他研究美与人类精神世界的伦理结构。

影响索洛维约夫的神秘主义，最早可以追溯到苏格拉底、柏拉图书中提到的希腊“秘仪”，但给予索洛维约夫较大影响的当属古罗马哲学家普罗提诺。普罗提诺对西方神秘主义有着根源性的建树。普罗提诺被看成是西方神秘主义思想的来源之一，普罗提诺之后的新柏拉图主义更是对秘仪文化进行推崇。普罗提诺提出“太一”概念，正如研究者指出：“普罗提诺的太一也是‘美’本身，重返太一也是人的审美历程。”[②]美当中同时包含着真，追寻真理、知识、智慧、美的过程是合一的。普罗提诺的另一核心思想是“合一”，按照普罗提诺对“合一”的理解，哲学就是回到灵魂本然的过程，这个过程中，需要不断认识整个世界的结构，最终上升到理智本身，达到最高“太一”——即“合一”。“灵魂醒悟到自己原来一直在大全之中从未分离，因此‘神秘合一’并非从无到有，或者从有到无，或者重新融入，而是发现自我——觉醒我与非我本是一体，从而达到智慧之境。”[③]索洛维约夫的“万物统一”原则中具有提升智慧的过程，和他的“索菲亚学说”有着紧密的联系。索氏把“智慧”看作是神的统一原则、万物自然多样原则的中介。索氏早期理解的“智慧”就是“宇宙的本原”，但他把“智慧”的理念拟人化，强调“智

---

① 董友：《俄罗斯新宗教哲学之父——索洛维约夫》，索洛维约夫：《爱的意义》，董友、杨朗译，第21页。

② 陈越骅：《神秘主义的学理源流——普罗提诺的太一本原论研究》，商务印书馆2019年版，第316页。

③ 同上，第322页。

慧”的人神合一形象“索菲亚”。所以索洛维约夫“万物统一”原则具有神秘主义影响，也具有人神意义，这些都构成了他“美是完善”思想的基础。

二、从“万物统一”“美是完善”到“索菲亚”

根据索洛维约夫的“万物统一”思想，他认为艺术也必须是“真、善、美”的统一。徐凤林曾评价索洛维约夫对美的认知：“实现了的最高理想就是绝对的美；实现过程本身就是审美认识的对象；为实现理想而努力便是艺术的任务。”[①]虽然索洛维约夫理解的“万物统一”是“绝对善”“绝对真”“绝对美”，但是“万物统一”更是一种过程，而非一种结果，在人的现实世界、自然世界中，“万物统一”是在人与自然的作用下逐渐形成的，这是人类的任务，完成这一任务而形成的结果即是艺术，所以艺术本身具有完善美的原则。

索洛维约夫把艺术的“完善美”分为三种。第一种是直接的、神奇的，将人与物质真实本质联系到一起的深刻内在状态，这种联系突破假定性及物质，打破所有惯例和材料限制，可以在优美的声音和文字(音乐和纯诗歌)中找到直接完整的表达方式。第二种是间接的，通过这种美的强化，当生命的内在本质和永恒的意义隐藏在自然和人类世界的个别与偶然现象中，仅在其自然美中含糊而不充分地表达出来时，艺术家通过浓缩、提炼、理想化的形式再现这些现象来揭示和阐明。因此，建筑以理想化的形式再现了自然物体众所周知的规则形式，并表达了这些理想形式在物质的主要反理想特性(重量)上的胜利；古典雕塑将人的形体美理想化，严格遵守身体美与肉体美之间细致而精确的线条，在造型中体现了在现实生活中向我们展现的精神的肉体；风景画(和部分抒情诗)集中再现了外部自然复杂现象的理想一面，消除了一切物质上的偶然性(甚至是从三维维度延伸)，宗教绘画(和诗歌)是人类历史现象的理想化再现，在这些现象中，我们生活的最高意义被预先揭示出来。第三种也是间接的，是对未来完美现实审美期望的一种否定，通过与理想物质不同的媒介反映理想，通常由于

---

① 徐凤林：《索洛维约夫哲学》，商务印书馆 2007 年版，第 338 页。

艺术家的强化，而增强反映力度。[1] 同时，索洛维约夫强调，人类在自然人意义上若想实现"完善美"是不可能的，这种完善需要精神上的人和肉身的人来实现。

悲剧、喜剧中的绝对理想也是索洛维约夫所探讨的精神问题的一环。他认为人们把荷马史诗奉为绝对理想，正是因为美是与人类现实中的无意识混淆后的反映。悲剧中塑造的人物揭示理想与现实之间的内部矛盾，而另一种类型——喜剧，表现的却是现实生活中"非美"的一面，它增强和加深理想感，使生活在现实中的人们对它完全满意，从而来加剧其与理想之间的矛盾，这是喜剧的内部属性，也是与悲剧区别的特征。索洛维约夫还把艺术再现的所有人物都归入两种：正面人物与反面人物，他提出正面人物适合运用在造型艺术中，而反面人物则适合运用在诗歌中，因为造型艺术——包括雕塑、绘画占主导的艺术类型更适合于表现人体美，人体美需要在实现中得以强调并不断理想化，而诗歌的对象则是远离理想的人类伦理与社会生活，当然宗教叙事诗除外。他强调，完善的艺术不应该存在于想象当中，而应通过绝对理想来激活、重新完善我们的现实生活。正如索洛维约夫举出的例子："让我们假设一个比歌德和莎士比亚更加强大的诗人，在一部复杂的诗歌作品中真实地、具体地呈现给我们艺术性，描绘一种真正的精神生活——一种满足了绝对理想的精神生活。在真实的现实中，这种艺术奇迹至今没有哪个诗人能做到，只能是无水沙漠中壮丽的海市蜃楼，这让人烦扰，但我们不会消除对这种艺术奇迹的精神渴求。完善的艺术，其最终任务是必须体现绝对理想（Абсолютный Идеал），不仅在想象力中体现，更应使我们的现实生活精神化并发生质变。"[2]索洛维约夫的这种看法相当于承认车尔尼雪夫斯基提出的"美的现实客观性"，但他把这一切周围世界看作是彼岸世界的象征，仍然属于宗教范畴的探讨。

但是，索洛维约夫也不是完全"屈服"于神秘，他认为"为艺术而艺术"的"神秘"并不可取，他把西方艺术的创造领域分为三种统治阶段，这三种统治虽有各自主要的发展阶段，但创造在每个阶段的统治中往

---

① Соловьёв В. С. Философия искусства и литературная критика，М.：Искусство. 1991，CC. 84—85.

② 同上，CC. 88—89.

往也能看到上一阶段的影子：第一阶段是中世纪完全听从“神秘”的艺术；第二阶段是从文艺复兴开始，宗教本原被弱化，在绘画、雕塑、诗歌、音乐领域出现了高雅的古典主义艺术；第三阶段出现在19世纪，这个阶段艺术创造的统治被索洛维约夫称为“纯实在的和功利主义的技艺的统治”[①]，即唯美主义的诞生。他批判这种“为艺术而艺术”时代风潮是狭隘的功利主义和模仿肤浅现实的体现，艺术退化成手艺。他同时从唯美主义出发，反思了宗教创造问题，得出了“宗教艺术的创造与纯形式上的创造一样片面”的结论。虽然索洛维约夫认清“神秘”具有片面性，但他仍然把“神秘”当作人的精神领域最重要创造行为的来源，他写道：

> 只要人类还有宗教感情和哲学求知精神，只要人类还有追求永恒和理想的意向，那么迄今为止，神秘、纯艺术、神学、形而上学和教会，就仍然是不可动摇的，尽管低级阶段不断取得成功，且贪得无厌，但它们的传播者只不过是智力和道德上的 vulsus（拉丁语：乌合之众）。这些低级阶段之所以不能取代高级阶段，其原因正如：动物要求得到满足，不能取代精神要求的满足，庸俗的爱神不能拥有天上的爱神的冠冕。[②]

所以在索洛维约夫看来，要使人不断地走向他们的本原，就必须经历宗教的阶段。他也承认，基督教在历史上所显露出的片面性，造就了历史发展中的人类斗争，但神秘主义仍然是“人的哲学”，是“为生命的艺术”，与唯美主义不同。可以说，索洛维约夫是把人的精神内在放在首位来思考美学问题的。因而，当一个集聚“真、善、美”于一身的“索菲亚”概念出现，索洛维约夫将“索菲亚”的意象具象化，它是神性概念的人化体现，也是索洛维约夫构建的具有特殊意义的神秘意象。

1877年索洛维约夫完成《整体知识的哲学起源》（Философские начала цельного знания）时，即把“智慧”看成一种可以与“逻各斯”相媲美的哲学理念；在《神人类讲座》和《抽象原理批评》中把“智慧”看成

---

① 索洛维约夫：《爱拯救个性》，张百春等译，山东友谊出版社2005年版，第211页。
② 同上，第212页。

是“理想的人类”和“世界的灵魂”；而在他晚年发表的《奥古斯特·孔德的人类思想》(Идея человечества у Августа Конта)中，索洛维耶夫非常生动地描绘了对“索菲亚”的理解：“像孔德指出的那样，索菲亚的形象不是作为一个个人被理解，也不是作为一个国家或民族被理解，而是作为整个人类的存在被理解，它同时存在于过去和未来，但必定是进入这个世界。这是一个整体的集合，在它的内在本质上，而不仅仅是在它的外在形象上，它超越了每一个人，真正让它成为完美且完整的真实。”①实际上，索洛维约夫对“索菲亚”意象的探索主要来自两个方面的影响。一方面是俄国文化自古以来的母性崇拜，对圣母力量的虔诚信仰。“圣母像与战争的渊源使得俄罗斯人对圣母像极其崇拜。在俄罗斯古代艺术中，宗教中的圣母形象逐渐和大地母亲形象联系在一起，俄罗斯人认为母亲形象具备‘守护’和‘圣洁’的特征，尤其在历史上的屡次战争中，他们认定是圣母力量守护住了土地，而大地母亲又赐予他们骁勇和智慧。”②《哲学史》(百科全书)中也提到宗教中的母性原则：“上帝在其原始存在的智慧中，被认为是逻各斯，以创造的化身呈现就表现为‘索菲亚’，其肉身(从古代起，物质语义上与母性原则结合)赋予其语义上的一种女性色彩，犹太教中的舍姬娜即是上帝和基督徒的女性本质。”③另一方面，“索菲亚”作为女性叙事也拥有传统，骑士小说、异教神话、童话与民间传说及德国浪漫主义诗人诺瓦利斯所写的寓言中都塑造了“索菲亚”的形象，但别尔嘉耶夫曾指出俄罗斯的“索菲亚文化”在起源上与西欧有所不同：“在天主教中，主要是以骑士的精神形成去发展圣母玛利亚崇拜，男性感觉自己像一个忠诚的骑士和圣母的捍卫者。在东方基督教中，特别是在俄罗斯东正教中，主要是以守护者的经历去发展母性崇拜。一个人感到自己躲藏与逃避在最神圣的母亲的衣襟下，同时和大地源泉之母联系在一起。所以，从这里诞生的不是具有强烈个性的骑士精神，而是一个民族集

---

① Меняшев А. Е. Понятие Софии — Премудрости Божией и богоматерии в метафизике Вл. Соловьева. Соловьевские исследования, 2002, No. 2, С. 283.

② 李一帅：《母亲形象：解读苏联文化的一种视角》，《文艺理论与批评》2020年第1期。

③ Ред. Грицанов А. А. История философии (Энциклопедия), Минск: Интерпрессервис; Книжный Дом, 2002, С. 1019.

体。”[①]索洛维约夫则把“索菲亚”的完美型更递进一层——突出其“绝对女性气质”。

从认识论上看，索菲亚是“神一人”秩序的统治者，知识理念与神秘真理表达的承载者。在索洛维约夫看来，从先验的知识到经验的、理性的、神秘的知识之间是相互孤立的，只有通过索菲亚这一路径才能把它们统一起来。索洛维约夫把索菲亚作为“中介者”，通过它把“先验的一经验的”“超验的一理性的”“神秘的一现实的”知识联系在一起，不仅如此，他还把索菲亚拟人化、叙事化，让索菲亚这一意象的概念不再是一种模糊的状态，而是进入完整的叙事和人格的塑造阶段。

三、《三次约会》中的美学意象“索菲亚”

“索菲亚”不仅出现在索洛维约夫系统的哲学思想创见中，还出现在他根据神秘体验创作的长诗《三次约会》(Три свидания)中。德国神智学家雅各布·波墨曾有一次神秘体验，看到了索菲亚的幻象，索洛维约夫的《三次约会》是对波墨“索菲亚”视觉化的继承与发展。他在诗中彻底把对理念中的“索菲亚”想象具体化，也展示了自己文艺创作的才华。

索洛维约夫在晚年创作的《三次约会》中描述了他在不同人生阶段与智慧女神“索菲亚”的接触，他 9 岁时对智慧女神“索菲亚”有了初步印象，23 岁在大英图书馆阅读书籍时对“索菲亚”再一次有了新的认识，第三次在埃及确定了“索菲亚”就是他追寻的美学理想。他通过描写与“索菲亚”的三次约会，把她想象成一位迷人的女子、一位永恒存在的女子。索洛维约夫陷入神学与哲学的思考当中，“索菲亚”问题涉及哲学的形而上学、哲学与宗教、实证科学、艺术与生活之间的关系、人类学的形而上学、末世论等等，但实际上，他对“索菲亚”的解释并不清晰。总而言之，索洛维约夫对“索菲亚”学说的阐释主要集中在“永恒女性的存在”，这体现了他对索菲亚的核心观点：“‘智慧’是某种最高的存在领域，她是爱的对象，是某种女性的存在物，是欧洲近代史上

---

① Бердяев Н. А. О софиологии. Журнал “Путь”, No. 16,1929. С. 98.

十分流行的‘永恒的女性存在物’。”①“索菲亚”的象征意义是“女神”，即“智慧”或者是神的女性形象化身。

从结构上讲，《三次约会》分为引言和三个部分。索洛维耶夫在三次约会中都描绘了“永恒的女性形象”：第一次会面最为简单，他 9 岁时在莫斯科与“索菲亚”相遇；第二次会面在伦敦，他第一次感受到“索菲亚”是神秘的，“索菲亚”连结着他的灵魂；第三次会面超越了第一次、第二次，是在埃及沙漠中一次难以忘怀的会面。索洛维约夫把“索菲亚”塑造成人神之间的模糊形象，她既代表着上帝的智慧，又承载着人类的存在观，是神的女性化、母性化的象征，本身也体现着神与存在的统一，他在诗中揭示了永恒的美，甚至宇宙的奥秘及原理。正如别尔嘉耶夫在文章《关于索菲亚学》中曾评价道，索菲亚学是一种宗教宇宙学，在以前基督教神智学的道路上向前迈进了一大步。②《三次约会》也相当于索洛维约夫的一部小自传，索洛维约夫用俏皮的诗句将自身经历的神秘体验描绘为他生命中最重要的三次约会。他在《三次约会》开篇中写道：

预先战胜死亡，
并用爱克服了时间的枷锁，
永恒的朋友，我不会赐予你名字，
但是你会感到时隐时现的旋律……

不相信一个欺骗性的世界，
在物质的粗鄙外壳下，
我遇到了不朽的紫红袍③
并认识到神灵的光芒……

并不是三次赋予你生动的外形——
不是心理活动，哦不！——
作为预兆，帮助或奖赏，

① 徐凤林：《索洛维约夫哲学》，第 213 页。

② Бердяев Н. А. О софиологии. Журнал “Путь”, No. 16, 1929, СС. 95—96.

③ 紫红袍为俄罗斯帝王的装束，象征神圣与权威。

你的形象是灵魂呼唤的答案。[①]

随后，索洛维约夫在诗中回忆了与索菲亚相遇的过程，9 岁即与索菲亚“见面”，在他的记忆中，索菲亚拿着鲜花，灿烂微笑着伫立，随后又消失在迷雾中。他在诗中叙述自己的经历，写到自己在拿到学位后，偶然一次机会到德国的柏林、汉诺威、科隆出国游学，到了自己梦想之地——英国，异国的游学让他重新陷入思考，重新见到了“索菲亚”，这是他的第二次会面，这一次，他首次感受了神秘的力量。他在长诗中写到了这个过程：

在阅览室里，我一人越来越孤单；
信不信由你，——上帝见证，
神秘的能量选择了我，
终于，我可以读到关于她的一切。

什么时候激发了罪恶的奇想，
拿到一本名为《从另一部歌剧中》的书[②]——
故事就这样发生了，
我疑惑地回了家。

然后在秋日里的某一天——
我告诉她：“神灵盛开吧！
你在这里，我能感觉到，——你为什么不显灵
从儿时开始，你早已出现在我的眼前？”

正当我想到这个词的时候，——
突然间，一切都充满了金色的蔚蓝，
在我面前，她再次闪现——
只有她那一张脸。

---

① Соловьёв В. С. Владимир Соловьёв — Стихотворения и шуточные пьесы. Ленинград: Советский писатель. Ленинградское отделение, 1974, CC. 125—126.

② “从另一部歌剧中(из оперы другой)”，俄语谚语，多用在口头语、玩笑话中，意为与这件事没有直接关系。

那一瞬变成了长久的幸福，
灵魂再次对尘世的事情视而不见，
如果言语与"严肃的"传说相遇，
那则是被诋毁的和愚蠢的。①

索洛维约夫描绘的第三次约会是在埃及的沙漠中，这一次他确信是看到了"索菲亚"，不像第一次的懵懂、第二次的迟疑，他期望抓住遇见"索菲亚"的瞬间，但最终认识到那只是一瞬，惋惜之情油然而生：

在天堂一般的紫色中，
满眼都是蔚蓝的火焰②，
看到你，犹如全世界创造日的
那第一缕的光芒。

什么是拥有，什么是曾经，什么是即将到来的永恒——
纹丝不动的凝视拥抱这里的一切……
大海和河流在我脚下变蓝，
还有遥远的森林，加之高耸的雪山。

我见到了所有，而所有都仅是归于——
一个美丽女子的形象……
连大小都无法估量，——
在我的面前，于我——只有你。

哦，光芒四射的呀！我不会被你欺骗：
我在沙漠中全然看到了你……
那些玫瑰不会在我的灵魂中枯萎，

---

① Соловьёв В. С. Владимир Соловьёв — Стихотворения и шуточные пьесы. Ленинград: Советский писатель. Ленинградское отделение, 1974, СС. 127—128.

② 这一句索洛维约夫引自莱蒙托夫诗歌《多少次，我被形形色色的人群包围……》(Как часто, пестрою толпою окружен……)中的诗句"我爱我创作的梦想，满眼都是蔚蓝的火焰"。

不论生命之墙砌向何方。

稍坐片刻，幻象被隐藏了——
太阳之球在天空升起，
沙漠中寂静无声。灵魂祈祷，
福音的钟声没有在浊饮中停止。[①]

诗中的“索菲亚”不仅代表着宇宙创造的最高精神世界，而且拥有上帝创造的一切美的特性：智慧、善良、慈悲之心、母性灵魂。索洛维约夫笔下的“索菲亚”不仅与上帝紧密相连，而且与创造、自然紧密相连，她优雅的力量为人类提供了生存的动力，带来了生命力、健康、生育能力与荣誉感。她关心、教导、启发人类，带领并拯救人类及其民族文化，使其与上帝同在。

实际上，“索菲亚”的形象虽然很早就出现，但多是以理念或叙事的形式呈现，真正呈现的视觉形象并不算多，但圣像史中确有记载。例如，在俄国古代圣像中，较著名的圣像有《索菲亚——神的智慧》（София Премудрость Божия）、《智慧为自己创造一个家》（Премудрость созда себе дом），两种都是以“索菲亚”为核心主题的圣像——前一种被称为诺夫哥罗德风格，后一种被称为基辅风格。两种圣像在各自的风格里展现的人物位置、构图一致，但人物表情、色彩均有不同，13—19世纪，不同的画家创作了两种风格的圣像，所以有关“索菲亚”的圣像也衍生出多个版本。诺夫哥罗德风格的圣像有着不同寻常的意义，在这种风格圣像中三次展现了基督的形象：分别以天使、婴儿、救世主三种身份出现。画面的中心，王位上坐着一位身披金色皇室长袍的天使，戴着扇形的王冠（受膏者的象征），身后是红色的翅膀。“三位一体”的第三位“圣灵”在画中以物象“索菲亚的红色翅膀”体现，而脸部特征和两缕落在肩膀上的浅色头发则代表这位天使的脸其实是青年基督形象的变体。[②] 王位下面有七根立柱支撑，七根立柱象征七种意义：信仰、希望、爱、在主面前谦卑、高贵、荣耀、纯洁。

① Соловьёв В. С. Владимир Соловьёв — Стихотворения и шуточные пьесы. Ленинград: Советский писатель. Ленинградское отделение, 1974, СС. 130—131.

② 《София Премудрость Божия》（Первая четверть XV века. Музей《Московский Кремль》）, https://www.icon-art.info/masterpiece.php?lng=ru&mst_id=6235.

金色天使右手握住一个带有十字架的权杖，左手握住一个带有铭文的卷轴，这位金色的天使实际上被誉为基督化身。王位的一侧是施洗者约翰(John Baptist)，手上拿着纸卷，上面写着箴言；王位的另一侧是站立的圣母，胸前手捧一幅圣子图，这是基督第二次出现。最后一次出现是在金色天使的头顶上方，是基督祝福的形象。基辅风格的圣像的中心人物是圣母和怀里的婴儿耶稣，圣母身着束腰外衣，头上披着面纱，手朝上张开。上面是天使，左右两面是使徒，圣母后方有七根立柱，与前一种风格圣像的七根立柱意义相同。这种风格与构图的圣像在 17—18 世纪的俄罗斯广为流传，最初是源于基辅圣索菲亚大教堂中的造型形象。[①] 诺夫哥罗德风格和基辅风格圣像具有代表性的画作分别是：15 世纪上半叶创作的、藏于俄罗斯莫斯科克里姆林宫博物馆的《索菲亚——神的智慧》；18 世纪下半叶创作的、藏于俄罗斯莫斯科国家科罗缅斯克保护区博物馆的《智慧为自己创造一个家》。索菲亚与两种风格圣像的联系在于，圣像提醒东正教信徒耶稣基督的本质：耶稣是由一位尘世的女子所生，他自身承载着圣父和圣灵的恩典和智慧(索菲亚)，而前面一种圣像更是将宝座上天使的神权人格化。

索菲亚的世界即自然世界，这种思想在索洛维约夫美学著作中皆有体现，尤其是他的代表作《自然中的美》(Красота в природе)。索洛维约夫将世界之灵或者“索菲亚”比喻成神圣的原则与存在，有学者认为“索菲亚”是索洛维约夫为了艺术而拔高的形象，《三次约会》这样的写作与艺术创作相似，不能成为传统哲学的阐释方式；也有人认为索洛维约夫的“索菲亚学说”是对传统基督教的亵渎。19 世纪末的俄国宗教哲学家特鲁贝斯科伊(E. H. Трубецкой)曾指出“索菲亚学说”的漏洞：首先，如果“索菲亚”是永恒的客观、神性的完善，那么将她描绘成“女性的永恒存在”就是不合理的，神性不会随时间的推移而改变，而“女性的永恒存在”作为“生命存在”是不成立的；第二，“索菲亚”与神的定位出现了问题，“索菲亚”与神几乎融为一体，如果“索菲亚”与上帝的智慧相同，那么就是神智本身的衰落或者是对神智的亵渎性解

① 《Премудрость созда себе дом》(Вторая половина XVIII века. Государственный музей-заповедник《Коломенское》), https://www.icon-art.info/masterpiece.php?lng=ru&mst_id=6272.

图 1　诺夫哥罗德版《索菲亚——神的智慧》,15 世纪上半叶作,藏于俄罗斯莫斯科克里姆林宫博物馆。

图 2　基辅版《智慧为自己创造一个家》,18 世纪下半叶作,藏于俄罗斯莫斯科国家科罗缅斯克保护区博物馆。

读。① 但索洛维约夫直面质疑,他解释“索菲亚”构成了神的重要组成部分,“索菲亚学说”一直存在于基督教中,甚至在基督教发展壮大之前就已经存在。根本不存在把“索菲亚”定义成新神的情况,他认为所罗门箴言就是“索菲亚”思想的展现。

从宗教角度来看,“索菲亚”在诗歌中的艺术形象虽存在争议,但是索洛维约夫的《三次约会》却对 20 世纪俄国象征主义诗歌产生了影响,其中最有代表性的是象征主义诗人勃洛克(А. А. Блок)。勃洛克出生在彼得堡一个贵族家庭,毕业于彼得堡大学历史语文系,早期的诗作受到索洛维约夫的极大影响,尤其是“索菲亚学说”中“永恒女性的存在”之影响。在勃洛克多首诗作中可以读出《三次约会》中“玫瑰”“美丽女子神灵的显灵”“蔚蓝色的气氛”等种种意象,比如勃洛克的《透明、玄秘的影子》:

① А. Е. Меняшев. Понятие Софии — Премудрости Божией и богоматерии в метафизике Вл. Соловьева. Соловьевские исследования, 2002, No. 2, С. 285.

透明、玄秘的影子向你
漂来，你和它们一起浮游，
在我们昧然不知的蔚蓝幻觉的
怀抱中，——你显露真身。

大海、田野、高山和森林，
在你面前呈现一望无垠的蔚蓝，
鸟群在自由的高空啁啾，
雾霭升起，天空泛起红晕。

在下界的尘世中，在屈辱中，
在瞬间里看到不朽的身影，
一个卑微的奴隶，充满灵感地
歌唱着你。但你并不知道他。

在芸芸众生中，你认不出他，
不会回赏他一个微笑，
一旦不自由者看到你存在的印迹，
便在瞬间里领略了你的不朽。①

可以看出，勃洛克通过象征手法，用自然之物来寄托自己对美的事物的理想，追求与向往自己心中想象的女神原型"索菲亚"。彼时，他正追求俄国著名化学家门捷列夫的女儿柳波芙·门捷列娃，便将自己对门捷列娃的浪漫想象与女神原型"索菲亚"进行了联想，融入创作当中，通过象征主义的手法进行创作，于1903年出版了诗集《美人颂》。在诗集中，勃洛克创造了"女王""陌生女性""宇宙之主""白雪姑娘"等女性形象，诗人在创作当中也体会到种种神秘感受。当然这都与勃洛克受到索洛维约夫的神秘主义思想、"索菲亚学说"及象征主义诗歌理论的影响有关，也证明了索洛维约夫的"索菲亚"学说和《三次约会》对"索菲亚"审美意象的塑造，影响的不仅是哲学领域，也影响到

① 勃洛克：《死亡的舞蹈——勃洛克诗选》，汪剑钊译，敦煌文艺出版社2014年版，第79页。

了文学与艺术领域。

结语

索洛维约夫的“索菲亚”审美意象来自俄罗斯宗教哲学传统的影响，也来自俄罗斯东正教长久以来对“索菲亚”原型执着追溯的影响，因此“索菲亚”被塑造为集“智慧者、保护者、守护神”等女性形象为一身的化身。“索菲亚”虽然在希腊文化、异教神话、神秘主义体验、民间故事、骑士小说等中都出现过，但把“索菲亚”作为一种学说来发展是索洛维约夫的功绩，这是19世纪俄罗斯哲学对“索菲亚热”的一种巅峰探索。同时“索菲亚”也作为一种公用的意象连接着哲学、文学、艺术等形式，甚至成为俄罗斯哲学界与文学界、艺术界沟通的一种“中介”。索洛维约夫对“永恒女性的存在”的解释影响了一批20世纪初的俄国象征主义诗人，安德烈·别雷、梅列日科夫斯基、吉皮乌斯等诗人的创作多少受其影响，而索洛维约夫通过《三次约会》的创作，也展示了自己的诗性才华。他把“永恒女性的存在”意象推进到宗教哲学、美学、文学等各个领域，在象征主义文学、超现实主义文学中发挥了重要作用。可以说，索洛维约夫也是19—20世纪俄国美学的集大成者，他的“索菲亚”承载着“神与人”“理想与现实”“普遍与个人”的统一，是“万物统一”的诗意呈现，是“美是完善”的有形构想，也是和谐宗教宇宙观的体现。

【本文为国家社科基金青年项目“别尔嘉耶夫创造论美学与中国启示研究”(17CZW011)的阶段性成果】

(作者单位：中国社会科学院文学研究所)

学术编辑：崔晓红

音乐与文学的“互文”
——契诃夫小说中的音乐性研究

宫清清

内容提要 音乐是许多俄罗斯作家创作动机与灵感的来源,他们经常借助音乐元素来丰富写作技巧,探寻新的艺术表现路径。作为作家和音乐爱好者,契诃夫善于把神秘的音乐旋律和具有动态感的音乐结构与小说创作结合起来,展现形形色色主人公复杂的心理状态和生存困境,从而使音乐符号在其小说中上升到象征的高度,创造一种形式即内容的叙事效果。本文考察音乐与契诃夫文学生活如何水乳交融,探讨契诃夫小说中的音乐动机与文学主题表达之间的关系,体悟文本中音乐情境的情感交流意义,分析文本的音乐结构构建的情节结构,进而对契诃夫小说中的音乐性问题进行多方位观照。

关键词 契诃夫 音乐性 动机 音乐情境 音乐结构

音乐是解读契诃夫小说的一把钥匙,因为音乐与文学的联姻是俄罗斯文化的一大特色。为了探寻新的艺术表现路径,丰富写作内容,许多俄罗斯作家在创作中融入音乐元素。普希金、莱蒙托夫、屠格涅夫、托尔斯泰、陀思妥耶夫斯基、契诃夫、布宁、勃洛克、别雷、安德列耶夫等大作家们都喜欢将音乐标题、声响结构、音乐技法等运用于创作中。与此同时,文学对俄罗斯音乐艺术的发展也有很大影响。俄罗斯音乐家也常常将文学作品进行改编,譬如格林卡、柴可夫斯基、拉赫玛尼诺夫等大作曲家们将许多文学作品改编成歌剧、浪漫曲等音乐形式。埃罗·塔拉斯蒂(Eero Tarasti)在专著《音乐符号》中指出,“理解音乐的关键就在于将它置于一个交互艺术之网中”[1],对文学的解读亦是如此。A. E. 玛霍夫(A. E. Махов)在《文学术语与概念百科全书》

① 埃罗·塔拉斯蒂:《音乐符号》,陆正兰译,译林出版社 2015 年版,第 21 页。

中认为：文学作品的“音乐性”(музыкальность)是指“文学和音乐部分相似的效果。之所以会出现这种现象，是因为在某些文化审美情境下，文学和音乐的一些共同技巧和结构原则主要被认为是音乐性的。文学中的音乐性观念只有在将音乐视为一种普遍语言的文化审美体系中才成为可能，文学以某种方式共享音乐原则”[①]。贝内迪克特·耶辛(Benedikt Jeßing)、拉尔夫·克南(Ralph Köhnen)在《文学学导论》一书中指出，音乐对文学形式的影响主要包括以下几个方面：“一、声响形态：通过语言可以获得某些节奏效果，创建有词音乐(如旋律诗)，主要目的是唤起一些情绪和联想。二、对文学结构的影响：音乐的类型可以作为一种宽泛暗示来用作文学文本的标题——套曲、室内乐或小奏鸣曲都是常见的标题，而且文学文本结构也可以模仿音乐结构。三、音乐文学作为生活形式——一种音乐和文学的结合，这种结合也是一种生活形式的培养。”[②]本文将多角度地分析契诃夫小说的音乐性，考察音乐动机、音乐情境、音乐结构在契诃夫的小说中对主题表达与艺术世界生成的影响。

一、音乐与文学生活的水乳交融

音乐与契诃夫的文学创作密不可分，自童年时代起，音乐就一直伴随着契诃夫。И. П. 艾格斯(И. П. Эйгес)指出：“契诃夫的父亲喜欢拉小提琴，爱唱歌，在教堂唱诗班里担任指挥。在家中，他经常与儿子尼古拉表演二重奏。契诃夫三兄弟小时候在塔干罗格的教堂里演唱三重奏，契诃夫在合唱团里唱高音。”[③]可以说，契诃夫对音乐的爱正是从这时候开始的。在与莫斯科艺术剧院的演员 А. Л. 维什涅夫斯基(А. Л. Вишневский)的谈话中，契诃夫提到“这(音乐)是宗教给他留

① А. Е. Махов, *Музыкальность Литературная Энциклопедия терминов и понятий*, Рос. акад. наук. Ин-т науч. информ. по обществ. наукам; Гл. ред. и сост. А. Н. Николюкин. М.: Интелвак, 2001, с. 596.

② 贝内迪克特·耶辛，拉尔夫·克南：《文学学导论》，王建、徐畅译，北京大学出版社2016年版，第172—173页。

③ И. П. Эйгес, *Музыка в жизни и творчестве Чехова*. М.: Музгиз, 1953, с. 5.

下的全部东西”[①]。虽然契诃夫不会演奏任何一种乐器，但他经常听兄弟尼古拉演奏肖邦的音乐，非常喜欢思考音乐对人的意识产生的影响。当契诃夫迁居到梅里霍沃庄园后，他时常在家举办音乐会。在给Л. А. 阿维洛娃（Л. А. Авилова）的书信中，契诃夫写道：“每天在我书房旁边的客厅里总有人演奏，演唱浪漫曲，因此我一直处于一种多愁善感的氛围中……”[②]可见，音乐为契诃夫的文学创作营造了一种感伤的氛围。诚如叔本华对音乐的高度评价：“音乐不同于其他艺术，绝不是理念的写照，而是意志自身的写照，尽管这理念也是意志的客体性。因此音乐的效果比其他艺术的效果要强烈得多，深入得多；因为其他艺术所说的只是阴影，而音乐所说的却是本质。”[③]

契诃夫一生与一些著名音乐家、作曲家、演员建立了深厚的友谊，创作的许多作品与音乐水乳交融。他高度评价柴可夫斯基的交响乐创作，在本质上，两位大师对艺术的感知不谋而合，他们的作品都充满了抒情色彩，具有朴素、真诚、优雅的特质。“就像普希金与格林卡是伟大的俄罗斯新文学与新音乐的奠基人一样，作为伟大的艺术家，契诃夫与柴可夫斯基的艺术观念相近。他们的作品是19世纪末和20世纪初文学和音乐风格的象征，对这一时期的艺术发展产生了重大影响（两个人都有学生、模仿者和追随者）。”[④]音乐家拉赫玛尼诺夫亦以契诃夫的作品《乡下人》《我的一生》为题材创作了乐曲。在与莫斯科艺术剧院演员Н. С. 布托娃（Н. С. Бутова）的谈话中，契诃夫对文学与音乐的联姻进行了这样的阐释：“您永远不要去怕作者，演员是自由的艺术家，您应该从作者创作的人物形象中塑造一个独一无二的形象。当这两个形象——作者创作的和演员表演的形象融为一体时，真正的艺术作品就会诞生。这不，柴可夫斯基创作了与普希金完全不同的奥涅金形象，但他们一起创作了富有魅力的人物形象。”[⑤]作家普希金、音乐家柴可夫斯基、歌剧演员共同塑造了歌剧《叶甫盖尼·奥涅金》中的

---

① Л. А. Сулержицкий, *Из воспоминаний об А. П. Чехове в Художественном театре*. Альманах《Шиповник》, Спб. 1914, кн. 23. С. 186. И. П. Эйгес, *Музыка в жизни и творчестве* Чехова, с. 7.

② А. П. Чехов, *Письмо Л. А. Авиловой от* 1 *марта* 1893. И. П. Эйгес, *Музыка в жизни и творчестве Чехова*, с. 15.

③ 叔本华：《作为意志和表象的世界》，石冲白译，商务印书馆2011年版，第355页。

④ И. П. Эйгес, *Музыка в жизни и творчестве Чехова*, с. 22.

⑤ Там же, СС. 42 - 43.

人物形象，契诃夫又从歌剧和诗体小说中获得创作灵感，创作了小说《看剧归来》。诚如彼得·奥斯华(Peter Ostwald)所言，“音乐不仅是听觉和感受，而且是一种社会行为。它包含了由作曲家、出版商、经理、乐器制造商、音乐厅建筑师、广播师和录音师、表演者、评论家和(最后但并非最不重要的)听者组成的亚文化——每个人都为音乐活动带来了一些特殊技能，并从音乐中各取所需”[①]。而文学与音乐的互相改编体现了互文性，即“几乎所有的叙述都或多或少是互文的，每个文本或文本的部分，都指向其他文本，每个文本不可避免地吸引了其他文本。在互文性空间的(虚拟)整体中改变自身”[②]。

契诃夫小说创作与音乐的关系通常在小说标题中就显现出来，譬如，《琴师》《罗特希尔德的提琴》《大提琴和长笛手》《爱情和低音提琴》《歌女》《芦笛》《唱诗班的歌手》等。他经常从音乐视角对刚出版的作品进行评价，将自己的小说《幸福》视为一部具有交响乐特征的作品，认为柯罗连科的小说《鹰眼人》的文本结构带有音乐性，是作家创作本能激发出来的作品。契诃夫还经常在报纸上对一些歌剧进行评论，比如高度赞赏格林卡的歌剧《鲁斯兰与柳德米拉》的演出以及一些歌剧演员的表演。由此可见，音乐在契诃夫的文学生活中占有重要位置。

二、音乐作为文学动机

在文学和音乐中都存在着主题动机，优秀的作品总是凝聚着作者崇高的理想和对美好生活的追求。沃尔夫冈·凯塞尔(Wolfgang Kayser)在《语言的艺术作品——文艺学引论》中对比了二者的动机，“当音乐家谈到一个动机时，已经包含在这种概念中的形式性质还会更加突出。他的意思是指一系列有联系有特点的声音，同时它们指示着更高级的，范围更广大的整体，如主题和旋律”[③]，“文学作品中的‘动机’是一种重复的、典型的，因而叫作人类非常重要的局面。具有这种

① F. Peter Ostwald, *The Semiotics of Human Sounds*, The Hague: Mouton, 1973, p. 198.

② 埃罗·塔拉斯蒂：《音乐符号》，陆正兰译，第 79 页。

③ 沃尔夫冈·凯塞尔：《语言的艺术作品——文艺学引论》，陈铨译，上海译文出版社 1984 年版，第 64 页。

性质的局面中有理由地包含着这个事实，就是动机必然指出事先和事后状态。局面产生了，局面的紧张要求一个解决方案。因此，动机是一种推动的力量，这种力量我们有理由称为动机”[①]。按照凯塞尔的观点，“动机”在音乐作品中偏重于形式，是作曲式基础的一组音符或调子，在文学作品中指的是局面，是推动情节发展的力量，有的作家称之为主题，主导动机指的是“在一部作品或一个作家的全部作品中不断重复的中心动机”[②]。契诃夫将音乐动机运用到文学创作中，经常借助独唱、合唱、牧歌、抒情小曲、民间风俗歌等音乐形式来推动情节发展，形成主导动机，但通常使用“当时社会生活中流行的歌曲、浪漫曲、歌剧咏叹调、器乐作品”[③]。B. B. 沃罗夫斯基（B. B. Воровский）在谈到契诃夫作品的思想本质时说，“契诃夫主要是描写我们生活中的一切渺小、无聊和庸俗的东西”[④]，然而这只是作者意图之一。在契诃夫的创作理念中，读者喜欢类似于追求幸福理想的乐观谎言，所以追寻存在的意义，追求崇高理想成为他创作的另一主旋律。契诃夫将天才的崇高理想、自由与幸福、君子和而不同、文化记忆与庸俗、无聊的日常生活主题结合起来加以引申、拓展、深化，形成对位旋律，通过一系列音乐手法表达出来，使音乐扣人心弦的力量成为激发人物行为的一种诱导因素，艺术散发的意志力引导着他们去追寻自己的理想，思考存在的意义。

在小说《黑衣修士》中，契诃夫借助音乐旋律引出黑衣修士的传说，来揭露现实生活中庸俗力量的强大和理想力量的弱小，表达天才与平凡人对立的主题。这一主题在普希金的《莫扎特和沙莱里》中就有所体现。契诃夫继承了普希金的音乐思想，创作了新的“双面人”形象，这种天才/精神病患者形象在诗人叶赛宁的《黑影人》中又有所发展。列夫·托尔斯泰非常喜欢这部小说，认为这是一篇杰作，然而在这篇小说中，契诃夫的作者立场至今还备受争议。如果通过音乐来分析这部作品，小说的神秘性问题可以更充分地被观照。黑衣修士每次伴随音乐旋律出现，呼吁科夫林追求更高的理想，寻找存在的意义。

---

① 沃尔夫冈·凯塞尔：《语言的艺术作品——文艺学引论》，陈铨译，第 66 页。

② 同上，第 79 页。

③ И. П. Эйгес, *Музыка в жизни и творчестве Чехова*, с. 3.

④ 沃罗夫斯基：《安·巴·契诃夫》，沃罗夫斯基：《论文学》，衷维昭译，人民文学出版社 1981 年版，第 264 页。

"是的,你是配称为得天独厚的少数人之一,你为永恒真理服务。你的思想、意图,你的奇异的科学和你的整个一生都带着上天的烙印,因为它们是献给理性和美的,即献给永恒的事物的。"①于是,科夫林把自己当作天才,追求远大理想,探寻真理。这种追求也将其从日常问题中解放出来,因为音乐是来自作曲家灵魂深处的东西,用理性无法理解的语言表达了一种最深刻的智慧,而且"一切音乐这种不可言说的感人至深,使音乐像一个这么亲切习见的,而又永久遥远的乐园一样掠过我们面前,使音乐这么容易充分领会而又这么难以解释,这都由于音乐把我们最内在的本质所有一切的动态都反映出来了,然而却又完全不着实际而远离实际所有的痛苦"②。科夫林作为听者,其内心也怀揣着类似的情感,所以当音乐的旋律响起时,他就变得精神抖擞,仿佛进入了超验世界。

在小说《姚内奇》中,音乐的艺术魅力使叶卡捷丽娜·伊凡诺芙娜在内心深处将音乐看作精神导师。她一心想当钢琴家,认为自己是为伟大的艺术而生,而婚姻和家庭生活只会让人变得庸俗、平凡,毅然决然地拒绝了斯达尔采夫的求婚,去莫斯科学习音乐。四年后,叶卡捷丽娜学习归来,意识到自己学习钢琴只是像自己的母亲一样,附庸风雅,并为自己当初执着于艺术梦想懊悔,试图追回错过的爱情。然而斯达尔采夫的自尊心曾因被拒绝而受到重创,他从此只想着赚钱,变得冷血无情,唯利是图。当叶卡捷丽娜和他谈到他所从事的崇高医生职业时,他只想着钞票,已不是从前那个执着于爱情、欣赏艺术的人,变成了一个彻头彻尾的俗物,小城市的艺术氛围在他眼里也变得一文不值。契诃夫在小说中这样描绘他的内心世界:"他坐上马车,瞧着黑暗中的房子和花园(这房子和花园一度曾是他所珍爱的),一下子回忆起了所有的情景:薇拉·姚西佛芙娜的长篇小说、考契克的热闹的琴声、伊凡·彼得罗维奇的俏皮话、巴瓦的悲剧姿势——于是他心想:全城中最多才多艺的人尚且是如此平庸,那么,这座城市又会是怎样的呢?"③

将音乐作为理想生活的小说还有《琴师》。昔日音乐学院的学生

① 契诃夫:《契诃夫中短篇小说全集》第Ⅶ卷,陈殿兴、王守仁译,上海译文出版社2021年版,第381页。

② 叔本华:《作为意志和表象的世界》,石冲白译,第363页。

③ 契诃夫:《契诃夫中短篇小说全集》第Ⅷ卷,姜明河、孙维韬等译,上海译文出版社2021年版,第365—366页。

彼得·鲁勃廖夫与叶卡捷丽娜一样，梦想成为作曲家或钢琴家，来到大城市莫斯科发展，最后却沦落为琴师。因在上流社会的婚礼上忘乎所以地与一位贵族小姐讨论音乐，被人揭穿琴师的身份而遭受人们冷眼和鄙视。当鲁勃廖夫演奏《薄伽丘》时，想着自己因职业被嘲笑、侮辱、嫌弃，就像薄伽丘去见菲阿美达时，被人骂得体无完肤，贬得一文不值的情形一样，歇斯底里发作了，被痛打一顿。回到宿舍，他向同病相怜的作家室友抱怨命运的不公，认为像他们这一类人并不是天才，而是庸俗的人，从事着庸俗的事业。可见，音乐虽然象征着理想，但从事与音乐相关的职业在当时的俄国则是地位低下的表现。《歌女》也是此种类型小说，人物因所从事的职业被上层社会的人们轻视和侮辱。契诃夫通过音乐因素塑造人物形象，揭露了一些上流社会不尊重艺术，以阶级或是职业来评论人格高低贵贱的虚伪本质。

从艺术形象感知和展示的方式来看，文学与音乐是同属于时间、动态和想象的艺术。在契诃夫的小说中，美好的爱情与音乐息息相关。契诃夫在日记中写道："……诗意的爱情似乎就像一堆无意中落下山、压倒人的积雪一样毫无意义。但是，当听到音乐时，所有这一切……似乎变得平静、伟大，而积雪似乎也不是没有意义的。"[①]在小说《爱情和低音提琴》中，契诃夫用一种滑稽怪诞的叙事手法借助音乐动机讲述了一个关于低音提琴师的爱情传说。在小说《套中人》中，瓦连卡感情充沛地演唱乌克兰抒情歌曲让怪人别里科夫听得入迷，甚至想到了结婚的念头。可见，音乐是人与世界接触、与他人交流情感、表达自身情绪状态的一种言说方式，可赋予言说对象以某种意义。小说《带小狗的女人》借助音乐表达了人物为了爱情，无限彷徨的主题思想。古罗夫和安娜都对不幸的爱情割舍不下，他们的爱情从克里米亚延续到莫斯科，从莫斯科发展到斯城，再从斯城回旋到莫斯科，像是没有休止符的乐曲。就如埃罗·塔拉斯蒂所言："音乐是超级时间艺术。因此，音乐意义不可能一次性感受完，必须随着时间的流逝，从出现到呈现。"[②]柴可夫斯基创作以及改编的音乐作品在契诃夫的创作中经常被用来映衬爱情场景，比如，根据普希金同名诗体小说改编的歌剧《叶

---

① А. П. Чехов, Указ. изд., т. 12, с. 301. И. П. Эйгес, *Музыка в жизни и творчестве Чехова*, с. 83.

② 埃罗·塔拉斯蒂：《音乐符号》，陆正兰译，第24页。

甫盖尼·奥涅金》。在小说《姚内奇》中，斯达尔采夫每次从叶卡捷丽娜家出来，经常哼着歌剧《叶甫盖尼·奥涅金》的曲调。在小说《看剧归来》中，情窦初开的女孩娜佳在看完《叶甫盖尼·奥涅金》的表演后心潮澎湃，陶醉在对爱情憧憬的幻想里。她认为在爱与不爱之间存在着一种美丽、动人、诗意的情调，觉得做一个不被人爱的不幸女人非常有意思。追求娜佳的军官戈尔内热爱音乐，喜欢弹钢琴，像个钢琴家，娜佳喜欢看他与人们讨论音乐问题时满脸讨好、愧疚、温和的优美神情，便像塔季扬娜那样给戈尔内写信："我爱您，可是您不爱我，不爱我。"[①]在小说《无名氏的故事》中，契诃夫用音乐刻画了格鲁津纯洁的灵魂。令叙述者感到惊奇的是，处于最败坏最污秽的环境中的格鲁津内心竟能迸发出如此纯洁高尚的情感。他经常弹奏着钢琴回忆美好的爱情，感慨女主人公被"自己的朋友"抛弃，便弹奏柴可夫斯基的曲子来安慰她。

为了自由便放弃爱情，追求崇高理想的主题，在契诃夫的小说中也十分常见。而在小说《未婚妻》中，声音或者旋律在构建视听艺术或生活场景时起着不可替代的作用，并具有特殊的暗示功能和语义潜能，激发娜佳突破牢笼，去彼得堡学习。卢梭认为声音是一种意志行动元，"可视符号能让我们更加精确地模仿，而声音却能更加有效地激发我们的意愿"[②]。城外青蛙的叫声使娜佳联想到美好、神秘而又生机勃勃的生活。厨房里做饭时琐碎的声音，烤鸡和醋渍樱桃的气味，使娜佳一联想到出嫁后单调、庸俗的生活就忧心忡忡："不知为什么她觉得，似乎一生都将会这样下去，没有变化，没有结局！"[③]每当娜佳半夜惶恐不安地醒来，都会听到守夜人"滴克——笃克""滴克——笃克"的打更声、钟声、萨沙的咳嗽声、火炉里的男低音。这些声音构建了一种多声部音乐，使娜佳内心惶恐不安，萌生离家出走的想法。

叔本华认为音乐是意志的释放，自然界中各种内在力量的释放也形成声音。"自然本身亲密地向人类述说，通过聆听它的声音，人们可以重新和宇宙取得联系。这个观点尤其在音乐中获得体现，音乐的

---

① 契诃夫：《契诃夫中短篇小说全集》第Ⅶ卷，陈殿兴、王守仁译，第181页。

② 卢梭：《论语言的起源兼论旋律与音乐的模仿》，吴克峰、胡涛译，北京出版社2010年版，第6页。

③ 契诃夫：《契诃夫中短篇小说全集》第Ⅷ卷，姜明河、孙维韬等译，第553页。

‘声音’是对宇宙的灵魂说话。”[①]Г. Д. 伽挈夫(Г. Д. Гачев)认为，“德国人对时间的重视超过空间，俄罗斯人则相反，他们非常重视空间”，“一些作家、艺术家、诗人从宇宙中感受意志和意义的辐射，并试图猜测它们的含义”。[②] 契诃夫拥有敏锐的洞察力，在作品中将自然万物的心声通过歌声、呐喊声、笛声表达出来，巧妙地融于作品的整体构思中，创造了惟妙惟肖的境界，表达了一种人与自然共通的宇宙意识，使作品具有浪漫、感伤、哲理、田园诗般和悲剧的“情感基调”，如《草原》《幸福》《芦笛》。

小说《大提琴手和长笛手》和《罗特希尔德的提琴》就像《爱情和低音提琴》一样，是借助乐器名称创作的诙谐小说，标题带有隐喻性。在小说《大提琴手和长笛手》中，契诃夫非常喜欢大提琴丰厚、优美，兼有人声的音色，将大提琴和长笛拟人化，塑造了性格完全相反的人物，表达了“君子和而不同”的思想。在乐队里，大提琴手和长笛手亲密无间，但在生活中，他们生活习惯完全不同。“伊万·马特维伊奇和彼得·彼得罗维奇的外貌恰如他们所使用的乐器一样，彼此很不相同。彼得·彼得罗维奇是个高身材、长腿、大脑袋的金发男人，头发剪得很短，穿着不合身的短襟燕尾服，讲话是沉闷的男低音，走起路来踩得地板咚咚响，打喷嚏和咳嗽会震得窗玻璃直发颤。伊万·马特维伊奇则是一个身材瘦小的人，总是踮着脚走路，用细声细气的男高音讲话，一举一动都在竭力显示他是一个懂礼貌的、有教养的人。两个朋友的生活习惯也有很大的差异。”[③]为了不伤害对方，谁都不愿提出分开住，直到最后忍无可忍才讲出实话。这种在艺术中君子和而不同的思想在《罗特希尔德的提琴》中也有所体现。老提琴师兼棺材匠雅科夫非常看重生活中的得失，只有音乐能给他带来心理平衡。所以，只要一想到生活中琐碎事情带来的损失或者生活中有什么烦恼，雅科夫就拨一下琴弦。“琴在黑暗中响一声，他的心里就轻松一些。”[④]当妻子死后，雅科夫也得了不治之症，他对自己的人生意义进行一番思索，认为死

---

① 埃罗·塔拉斯蒂：《音乐符号》，陆正兰译，第18页。

② Г. Д. Гачев, *Национальные образы мира: курс лекций*. М.: Издательский центр 《Академия》, 1998, с. 27.

③ 契诃夫：《契诃夫中短篇小说全集》第Ⅳ卷，裴家勤、廖鸿钧译，上海译文出版社2021年版，第38—39页。

④ 契诃夫：《契诃夫中短篇小说全集》第Ⅶ卷，陈殿兴、王守仁译，第433页。

并不使他感到惋惜，可是放不下自己的提琴。“琴不能带进墓穴里去，它要变成孤儿，会受到桦树林、松树林同样的对待。这个世界上一切被糟蹋了，还要继续被糟蹋下去！”[①]在乐团里演奏时，雅科夫非常讨厌犹太琴师罗特希尔德，因为长笛的音色给人心情愉悦之感，而罗特希尔德连最愉快的曲子都能吹得像哭一样，便对罗特希尔德恶语相向，甚至想要揍他。罗特希尔德去请雅科夫演奏时听懂了雅科夫琴声中的悲切含义，不再害怕挨揍。可谓高山流水惜知音，正是罗特希尔德对艺术的尊重赢得了雅科夫的好感。于是老提琴师将琴赠予知己，使自己的音乐造诣得以传承，没有像松树、柳树一样被糟蹋。

诚如 B. B. 梅杜舍夫斯基（B. B. Медушевский）所言：“音乐之所以能够体现人的社会本质，恰恰是因为音乐家学会了将文化转变为曲调，将文化风格、整个艺术时代以及充满它们的社会世界观内容，都压缩到曲调内。”[②]可见，音乐在契诃夫的文学作品中是一种行动元，影响着人物的行为轨迹，情感的迸发，使作品主题得以引申、拓展。

三、作为交流与事件的音乐情境

在契诃夫小说中，音乐不仅是被描述的对象，而且是一种交流纽带。契诃夫采用各种音乐旋律和修辞手法来构建音乐情境，着力挖掘和发挥音乐表现情感和思绪的功能，使文本具有音乐性。那么，何谓音乐情境？埃罗·塔拉斯蒂在黑格尔的“主体性心情”[③]说，叔本华的

---

① 契诃夫：《契诃夫中短篇小说全集》第Ⅶ卷，陈殿兴、王守仁译，第 439 页。

② B. B. Медушевский, *Человек в зеркале интонационной формы*. *Совемскае музblka*. 1980, No. 9, c. 43.

③ 黑格尔在《美学》中强调音乐的表现内容是主体性的内心活动，即自我生发的心情，音乐的载体——声音不具空间性，所以音乐的表现形式也是主体性的，只能通过具有“认知”特征的听觉被感知。由于人想象的产物也是抽象的和不确定的观念，所以音乐所针对的也是主体性的内心生活，即心情。可见，在黑格尔的理论中暗含了音乐艺术中的几个维度“作者—听众—内容—形式”之间的关系。（参见黑格尔：《美学》第三卷上册，朱光潜译，商务印书馆 2010 年版，第 330—334 页。）

音乐意志说[1],梅洛-庞蒂[2]的存在主义思想,皮尔斯[3]和罗兰·巴特的符号学理论[4]的基础上,在专著《音乐符号》中提出"音乐情境"(musical situation)说。他将文学作品中的音乐看作一种由多部分组成的混合"情境",并强调,"如果音乐是某种表达,它的根本性的运动是从内在的、深层的内容——克里斯蒂娃称作'生成文本'(genotext)——朝听觉形状展示('现象文本',phenotext)"[5],而且当"一个音乐符号同时作为交流性的和携带意义的符号出现时,疑惑便会产生"[6]。可见,这种疑惑就是一种听者意识中产生的观念,一种艺术知觉。塔拉斯蒂强调"情境"是一种存在主义符号概念,而不是一个固定的对象和线性系统链,其含义与特殊性相关。"情境不能被解释为因果链的事件,而是作为一种持续的混合现象,它象征了多种模式在真实的环境中发生。……一个人通过他或她的情境与世界发生联系。情境是一个人的身体和意识借以实现的现象、客体与事态。情境通常是多种因素组成的游戏空间",而且"情境的三方面——世界、身

① 叔本华认为意志与身体具有统一性,音乐是意志的直接客体化,是意志本身的烙印。作曲家用非理性的语言启示世界最内在的本质,表现最深刻的智慧。(参见叔本华:《作为意志和表象的世界》,石冲白译,第 355—358 页。)

② 梅洛-庞蒂发展了黑格尔的主体性观念和叔本华的音乐意志说,在《知觉现象学》一书中将声音现象看作是一种身体活动的结果。根据庞蒂的观点,身体在与他者相遇时,通过触觉感知自身完整的存在。他将音乐比作身体,认为作者在艺术品中传达了一种知觉或观念,但在观众的意识中也预先存在着一种观念,音乐意义的完整性得益于双方观念的交流与融合,即两种观念集合相交的并集。(参见莫里斯·梅洛-庞蒂:《知觉现象学》,姜志辉译,商务印书馆 2009 年版,第 199 页。)

③ 皮尔斯分析了《追忆似水年华》中音乐旋律在人物情感感受过程中的作用,认为符号产生过程建立在现象学范畴之上,他将此划分为三阶段:"第一性"(Firstness)、"第二性"(Secondness)、"第三性"(Thirdness)。(参见埃罗·塔拉斯蒂:《音乐符号》,陆正兰译,第 10 页。)

④ 罗兰·巴特从人类学和符号学视域出发,将听觉看作一种心理和生理活动的综合。声音被他看作是在身体与话语结合处的运动,承载着一个人的身体形象和心理形象,是一种能指。与之相应,听也在身体与话语之间运动。他根据声音在时空中的运动特点得出听是对时空的感觉,因此,主体性的内心活动——情感也与时空相关。此外,罗兰·巴特将听视为一种捕捉能指的游戏,认为听的内容是一种符号,有时候是一种神秘性的东西。他还从精神分析学角度,阐释了"潜意识",认为这也是一种听。此外,罗兰·巴特考察了音乐表演者的身体姿势与情感的关系。(参见罗兰·巴特:《显义与晦义》,怀宇译,百花文艺出版社 2005 年版,第 251—252 页,第 261—262 页。)

⑤ 埃罗·塔拉斯蒂:《音乐符号》,陆正兰译,第 23 页。

⑥ 同上,第 67 页。

体过程、意识——是互相依傍的，不是处在关系因果中，而是处于持续的微观对话中”。[①] 换言之，音乐情境是参与交流的人物之间对话的纽带。塔拉斯蒂将音乐情境分为“作为交流和意义的情境”和“作为行动和事件的情境”，在皮尔斯符号学“第一性”(Firstness)、“第二性”(Secondness)、“第三性”(Thirdness)理论的基础上，提出了音乐情境的“分节”概念。他将音乐情境分为三个阶段：第一阶段是第一性，“是无时间的、当下的、即刻的情绪经验”[②]。在第二阶段(第二性)，“我们遇到了‘他者’，统一性被打破了”，出现了“两极化的、比较的、斗争的元素”[③]。第三阶段(第三性)“是持续感，是行动的规则占了上风。第三性指向未来，帮助我们预知将来的事。它代表逻辑思维、秩序、法则”[④]。这三阶段构成了音乐欣赏过程。在文学中，音乐旋律的重复出现，使人物的情感不断变化，分为不同阶段，在文本的叙事结构中体现出来。塔拉斯蒂认为，音乐之所以能被理解，是因为“音乐符号的存在性(existentiality)，是靠在音乐‘此在’中起作用的纯粹音乐的标准。相应的，存在性是由作曲家、表演家和听众之间的隐含叙述交流所决定的，这离真实地生活在他们时代的社会文化环境中的血肉之躯的作曲家、演奏家与听众有很大距离”[⑤]。声音是一种自我生发的运动，在音乐情境中，主体情感通过心声的迸发得到释放。换言之，人内心无形的主体性活动是音乐符号能指和所指的纽带。音乐作为媒介，营造了一种时空，作者和听众的内心活动在其中相遇、碰撞，产生共鸣，而且身体的生理活动是表演的媒介，音乐表演和欣赏的过程是一种朦胧混沌的游戏过程。

对音乐情境的分析，可以契诃夫早期创作的小说《唱诗班的歌手》为例。它讲述的是圣彼得堡的无神论者、地主老爷弗拉基米尔·伊万内奇即将到叶弗列莫沃村来，为了接待他，神父与教堂执事组织孩子们合唱的故事。小说以孩子的视角叙述，作者的自传成分清晰可见。契诃夫的妹妹在回忆中写道：“从严格意义上来说，父亲内心深处是一

---

① 埃罗·塔拉斯蒂：《音乐符号》，陆正兰译，第 69 页。

②③ 同上，第 82 页。

④ 同上，第 82—83 页。

⑤ 同上，第 83 页。

位艺术家，而不是一位商人，对自己的贸易并不十分上心。”[①]显然，教堂执事兼合唱团指挥阿列克谢伊·阿列克谢伊奇的原型是契诃夫的父亲。契诃夫曾在回忆中写道：“你们知道吗？我和我的两个兄弟在教堂里演唱咏叹调《求主赐福》和《天使颂歌》，所有人都陶醉地看着我们，并且非常羡慕地看着我们的父母。这时，我们感觉自己就像苦役犯。”[②]在小说中，一方面，孩子们不想在合唱团无聊彩排上花时间，就像契诃夫兄弟三人每天被父亲逼着到教堂唱诗班排练；另一方面，音乐之美又吸引着年幼的表演者们。当排练唱了一千次的《求主赐福》时孩子们觉得曲子单调无聊，便心不在焉，但当等到排练《天使颂歌》时，孩子们精神抖擞，他们纯洁、清脆的嗓音赢得大家的瞩目。“小学生们都停下习字，开始注视着阿列克谢伊·阿列克谢伊奇的动作。窗子外面站满了人。看守人瓦西里身上系着围裙，突然出现，手里拿着菜刀，走进教堂来听唱歌。神父库兹马一脸关切的神情，仿佛他是从地底下钻出来似的……”[③]

合唱的排练场面带有极其鲜明的音乐节奏，契诃夫用音乐化的语言将教堂指挥和孩子们认真排练的鲜活画面展示在读者面前。“到练大合唱的时候，指挥劲头来了。他脸上善良的表情不时变成惊恐。他挥动双臂，动着指头，耸动肩膀……‘强音！’他嘟哝道，缓慢而平缓！放松……放松！唱呀，你这木头人！男高音，你们的声音我这儿听不到！朵——朵——梯——朵——朵……索……西……你这个笨脑袋！‘伟大’！男低音：伟——伟——大……他的提琴弓子在唱走调的童高音和童中音歌手的脑袋和肩膀上敲来敲去。左手不时揪住那些小歌手的耳朵。有一次，他忘神了，甚至弯曲着大拇指去打根纳季的下巴。但歌手们挨了打既不哭，也不生气：他们意识到他们执行的任务有多么重要。”[④]这一排练场面体现了表演在音乐情境中的重要作用，展现了一种忘我的艺术精神。表演人员的紧张和活力，以及音符中包含的思想在艺术交流中是重要的一环。然而，圣彼得堡来的贵客——

① М. П. Чехова, *Мои воспоминания*. М.: Дом музей Чехова в Ялте, 1949, с. 5. И. П. Эйгес, *Музыка в жизни и творчестве Чехова*, с. 5.

② И. П. *Музыка в жизни и творчестве Чехова*, с. 5.

③ 契诃夫：《契诃夫中短篇小说全集》第Ⅱ卷，邓蜀平、刘若译，上海译文出版社2021年版，第410页。

④ 契诃夫：《契诃夫中短篇小说全集》第Ⅱ卷，邓蜀平、刘若译，第411页。

“受过教育的无神论者”是一个庸俗的，对音乐毫无感知的人。他对合唱团表演不感兴趣，提出在做弥撒时不要唱诗班演唱的荒唐要求，认为教堂司祭的男低音是“大喊大叫”，任何一个人都会唱男低音。“那谁都会。人的嗓子并没有人的智慧那么重要。”[①]孩子们的童年世界与所有肤浅的事物绝缘，他们的表演感受与契诃夫童年在教堂表演的感受一致，指挥忘我的状态也像极了契诃夫的父亲，合唱彩排仿佛是契诃夫在叙述自己的童年经历。所有人都被音乐打动，只有在首都见过各种世面的贵宾对这个业余合唱团的美妙歌声无动于衷，因为他先入为主地认为在那里看不到真正的表演者，从而对这一音乐情境的感受尚不如那些年幼的孩童。

音乐情境与文学动机密切相关，如前文所提到的《黑衣修士》。主人公科夫林之所以会联想到黑衣修士，是因为他身体过度疲劳去老师佩索茨基的庄园度假，听到塔尼娅和邻居家的一位姑娘在演唱意大利歌剧家布拉加(Gaetano Braga)创作的《瓦拉几亚的传说》。歌词大义是：“一个少女幻觉错乱，夜里听到花园里有一种神秘的声音，这声音是那么美妙奇怪，使得她只好认为这是仙乐，因为我们凡人听不明白，所以又飞回天上去了。”[②]瓦拉几亚位于巴尔干半岛，那里的居民大多信奉东正教。在不同的音乐形式中，歌曲是最便捷的表达情感的方式，因为歌曲由词语和旋律组成，具有特殊的曲调、节奏和节拍，是灵魂的语言，可以使听众在脑海中形成音乐画面。然而，“语言中所有的一切都有原初意义，当我们在聆听音乐时，我们受到‘不可抵挡’的渴望要向其中注入意义。也就是说，听众用感受向音乐灌输意义”[③]。传说中幽静神秘、虚无缥缈的意境使科夫林联想到了一千年前的黑衣修士传说，并使其脑海中幻化出海市蜃楼。开始时，科夫林将黑衣修士看作一种光学现象，认为他是一种超乎尘世的东西，在“有形世界”与“无形世界”中穿梭。实际上，黑衣修士是科夫林想象的产物，他的出现为小说附上了一种神秘色彩。音乐情境体现了梅洛-庞蒂的“黑色空间”思想，即“通过可见空间，音乐暗示着一个音乐在其中展开的新维度，就像在有幻觉者中，被感知物体的明亮空间不可思议地夹杂着

---

① 契诃夫：《契诃夫中短篇小说全集》第Ⅱ卷，邓蜀平、刘若译，第413页。

② 契诃夫：《契诃夫中短篇小说全集》第Ⅶ卷，陈殿兴，王守仁译，第372页。

③ 埃罗·塔拉斯蒂：《音乐符号》，陆正兰译，第6页。

一个其他呈现得以成为可能的'黑暗空间'。就像他人对我的世界的看法，每一种感官的空间领域对其他感官来说是一种不可认识的绝对存在，并且规定了它们的空间性"①。也就是说，实际上音乐展开之前的可见空间比音乐展开之后的空间狭小，"空间的统一性只能在与各种感觉领域的相互交织中被发现"②，可见空间与不可见空间的融合构成完整的音乐空间。《瓦拉几亚的传说》的音乐旋律像带有某种魔力，像是来自另一种存在空间的声音，只要一响起，黑衣修士的传说就在科夫林的脑海中出现，引导他去感受自然界生命万千形象里最深的节奏起伏，体悟音乐旋律里所潜伏的奥秘。这让科夫林能够察觉，但又不能理解。由此可见，借助音乐情境，契诃夫的作品反映了神话传说和音乐的关系。埃罗·塔拉斯蒂强调"音乐作为中介，存在于价值（审美的、意识形态的，或者任何意义上的价值）与固定了的、现成的对象之间"③，他援引列维-斯特劳斯著名的音乐和神话关系的模式，认为神话传说是一种具有独立声音的感受，是一种无法感觉的语言。"屋里又唱起来；远处听起来，提琴声像人的歌唱声。科夫林在极力回忆着这个传说是哪儿听来还是读来的，信步朝花园走去，不觉走到了河边。"④"如同在宗教上常把公正的、理想的彼岸世界与不公正的、粗俗的现实世界相对照一样"，《瓦拉几亚的传说》中神秘的音乐世界在科夫林的意识里"是一个超验的、神秘的理想世界，在那样的世外桃源里，一切疑虑、烦扰和悔恨都将不复存在，进而完全融入一个无拘无束、充满和谐的声之海洋"⑤。可见，神话与音乐具有"统一的、超验的本质"⑥。科夫林将《瓦拉几亚的传说》这部音乐作品进行了再创作，通过联想形成了新的音乐形象，并为旋律附加了新的音乐内涵。

在小说《姚内奇》中，契诃夫对叶卡捷丽娜·伊凡诺芙娜琴声的描写有种大珠小珠落玉盘的声响感觉。在这种音乐情境中，演奏者与听者的感觉融合，使声音塑造的人物形象更为完整。"叶卡捷丽娜·伊

---

① 莫里斯·梅洛-庞蒂：《知觉现象学》，姜志辉译，第284页。

② 同上，第285页。

③ 埃罗·塔拉斯蒂：《音乐符号》，陆正兰译，第4页。

④ 契诃夫：《契诃夫中短篇小说全集》第Ⅶ卷，陈殿兴、王守仁译，第373页。

⑤ 王彦秋：《音乐精神——俄国象征主义诗学研究》，北京大学出版社2008年版，第40页。

⑥ 同上，第87页。

凡诺芙娜正在弹一段难奏的曲子，一段正因为它难所以才有趣的、又长又单调的乐曲。斯达尔采夫听着，他想象着许多石头怎样从高山上散落下来，一个劲地落个不停，他巴望着那些石头快停止散落，同时他很喜欢叶卡捷丽娜·伊凡诺芙娜的模样，她紧张得脸儿绯红，她坚毅刚强，她精力充沛，一绺鬈发披在额头上。斯达尔采夫在嘉里日在病人和农民中度过了一个冬天，现在坐在这个客厅里，看着这个年轻、雅致，而且想必是纯洁的人，听着这热闹、恼人，但毕竟是文雅的声音，他感到十分愉快和新奇……”[①]斯达尔采夫由音乐旋律联想到山上滚落的石头，说明他具有一定的音乐欣赏能力，但是他将音乐看作是热闹、恼人的东西，只想着演奏者的神情、姿态，这暗示了他与女主人公在音乐领悟能力上的差距，二者注定要分道扬镳。在《罗特希尔德的提琴》中，音乐情境则表达了一种知音惺惺相惜的思想。“罗特希尔德侧着身子，双手交叉抱在胸前，聚精会神地听着，脸上惊讶疑惑的神色渐渐变成了悲伤痛苦的神色，他翻着白眼，好像在强忍着难忍的痛楚，终于哇的一声痛哭起来，泪水缓缓地沿着脸腮流下来，落到绿色常礼服上。”[②]可见，音乐占领了罗特希尔德的意识，将之卷到声音的急流里，所以罗特希尔德在心理上不再对雅科夫感到抵触。

音乐是属于心情的艺术，对人的情绪有着强烈的激发作用，听众从音乐中听到的是“观念性的心情活动”[③]。在《脖子上的安娜》中，站台上响起的音乐和舞会上的音乐使安娜心情愉悦，勇敢地在上层社交圈中翩翩起舞，步入理想中“幸福”的上层社会生活。在小说《带小狗的女人》中，音乐象征着爱情，生活中的各种声音，如孩子们准备功课的声音、抒情歌曲或大提琴声、风雪在壁炉里的哀叫声，都使古罗夫回忆起自己与安娜的美好爱情。在雅尔塔度过的美好时光，促使他离开莫斯科，前往斯城寻找安娜。当古罗夫站在安娜家的围墙外，听到楼里传出的安娜弹奏钢琴声时，胡乱猜测她是否已经将自己忘掉，与别的男人相好。剧院里首次公演的轻歌剧《盖伊霞》为古罗夫和安娜在剧院里的相遇提供了契机，听着糟糕的乐队演奏的小提琴声，古罗夫想道：“她多美啊！”[④]但当两个主人公在剧院遇见，面面相觑时，乐团

---

① 契诃夫：《契诃夫中短篇小说全集》第Ⅷ卷，姜明河、孙维韬等译，第351—352页。

② 契诃夫：《契诃夫中短篇小说全集》第Ⅶ卷，陈殿兴、王守仁译，第439—440页。

③ 黑格尔：《美学》第三卷上册，朱光潜译，第331页。

④ 契诃夫：《契诃夫中短篇小说全集》第Ⅷ卷，姜明河、孙维韬等译，第480页。

小提琴和长笛的调音声使他们感到尴尬，仿佛地下恋情被人发现了。在小说《三年》中，拉普捷夫与波林娜在安东·鲁宾施泰因指挥的音乐会上再次相遇，贝多芬的《第九交响曲》深受大家欢迎，这一情境带有隐喻性。音乐厅中上演的音乐会是一种公共场域，贝多芬的交响乐给处在痛苦与绝望汹涌的风浪中挣扎的人们以无穷的力量和希望。

综上所述，契诃夫借助音乐创建了一种特殊的情境，不同人物的内心情感在其中相遇、碰撞，产生共鸣，从而使人物形象显得更加丰满，小说主题更加鲜明。

四、音乐结构的叙事功能

音乐具有过程性特征，契诃夫将文学中的素材按照音乐结构进行谋篇布局，丰富文本的叙事功能，使读者在阅读中可以充分体悟作品里人物情感的起伏变化和思想转变，因为“音乐结构是最完美的艺术结构，以最纯粹的形式体现了所有时间艺术的结构原则，是一般艺术规律的浓缩体现”①，而且“音调结构，我们称之为‘音乐’，与人类的情感形式有着明显的逻辑相似性——有起有落、成长与发展、斗争与和解、强烈的情感与安宁、淡淡的兴奋与高涨的梦想，与其说是与喜悦和悲伤相关，不如说是与这些情感的强度相关，与伟大、脆弱和生命中一切重要的永恒循环相关”②。正如埃罗·塔拉斯蒂所言，许多音乐符号碎片“依据某种意图或‘情节’被链接在一起，音乐就成了一门叙述艺术，并成为故事讲述的一部分。然而，它提供的差异性及丰富的可能性，远远多于词语建构的故事（小说）与姿势（舞蹈）”③。乐曲的整体结构被称作曲式，包括回环曲式、变奏曲式、奏鸣曲式、套曲曲式等。音乐曲式在契诃夫的作品中发挥着情节构成功能，比如，体现了回环曲

① О. Соколов, *О《музыкальных формах》в литературе*. Эстетические очерки. Вып. 5, Москва: Музыка, 1979, с. 208.

② Langer S. *Jausmo simbolis* (*Символ чувства*), *Grožio kontūrai* (*Контуры красоты*), Vilnius: Mintis, 1980, СС. 353 - 371. Рута Брузгене, О *динамизме формы: музыкальность литературного текса*. Вестник пермского университета, 2009, No. 5, с. 79.

③ 埃罗·塔拉斯蒂：《音乐符号》，陆正兰译，第 8 页。

式的小说《芦笛》，模仿了复调变奏曲式的小说《幸福》和《草原》，运用了变奏曲式的小说《黑衣修士》和《脖子上的安娜》，体现了奏鸣曲式的小说《未婚妻》。

小说《芦笛》是用乐器名称命名的回环曲式作品，以牧羊人的凄凉哀怨的笛声作为开篇，并以同样令人忧郁的笛声结尾。哀怨的笛声一直在小说中重复出现，老牧人吹的芦笛声与秋天的天气十分协调，被叙述者比作人的哭泣声。"那笛声恍恍惚惚，没有章法，形不成个曲调，但是，寻思世界末日的梅利通却从这笛声中听出了凄切而讨厌的味道，这是他所不愿听到的。尖利的高音颤抖着，时断时续，就像嘤嘤啜泣，那芦笛似乎在宣泄着痛苦和惊惧，而低音不知为什么让人想到这雾，这使人愁闷的树林和这灰暗的天空。这样的笛声似乎和这天气，和这老人的话，十分协调。"[①]契诃夫借老牧人的笛声来表达世界末日终将到来的末世论思想，表达了对人类未来命运的担忧。

《幸福》是关于草原的小说，带有交响乐的特征。作者的叙述视角不是聚焦于一个透视点，而是像音乐一样流动着渗透在上下四方，具有高低起伏的节奏。草原上螽斯的吱吱声、鹌鹑的歌唱声、远处森林里小夜莺的啼啭、近处猎狗的嘶哑声构成多声部。可见，契诃夫在创作中擅于"经营位置"，他依据透视原理，结合高低远近的声音各有千秋的妙处，绘制了一幅自然风景画。老牧人在刻画恶老头叶菲姆的神秘形象时，指出叶菲姆家的西瓜、甜瓜会叫，石头也会叫，逮到的狗鱼哈哈笑，能够使读者联想到合唱团演出。契诃夫强调："《幸福》全部的焦点在于个别段落嵌入的装饰元素，比如山羊。"[②]他使用拟人手法来描写山羊的沉思，将两个牧羊人与羊对于幸福的期盼表达出来，创造了一种复调式的审美效果。诚如黑格尔所言："音乐所表现的内容既然是内心生活本身，即主题和情感的内在意义，而它所用的声音又是在艺术中最不便于造成空间形象的，在感性存在中是随生随灭的，所以音乐凭声音的运动直接渗透到一切心灵运动的内在的发源地。"[③]

如《幸福》一样，小说《草原》也是一部旅行纪事小说，像一首多声

---

① 契诃夫：《契诃夫中短篇小说全集》第Ⅵ卷，王福曾、陈殿兴译，上海译文出版社2021年版，第55—56页。

② А. П. Чехов. *Письмо брату Ал. П. Чехову от* 21 *июня* 1887 *г.* И. П. Эйгес, *Музыка в жизни и творчестве Чехова*, с. 20.

③ 黑格尔：《美学》第三卷上册，朱光潜译，第349页。

部变奏的自然之歌，由形形色色随笔式的形象组合而成。在草原上不论是物品、动物、植物，还是人，都发出自己的存在之声，每种声音都被作者当作独立个体，通过小男孩儿叶戈鲁什卡的视角呈现出来。这些形象无主次之分，就像果戈理《死魂灵》里的五个地主一样。在小说开篇，契诃夫运用拟人化手法描绘了马车和铁桶发出的忧郁的第二声部声。三驾马车是俄罗斯的象征，这种老朽不堪的马车象征着古老腐朽没落的俄罗斯。叙述者指出，这样的马车只有像商人的伙计、牲口贩子和不富裕的神甫等中下层人民才乘坐。契诃夫以此揭露了俄罗斯农奴制改革后，人民生活并没有得到改善，勉强能维持生计，贫富差距越来越大的现象。

小说由听觉落笔，契合夜中不易见物之际，营构起幽美静谧、飘渺空灵的境界，为窅远之思作了铺垫。叶戈鲁什卡以流盼的目光、敏锐的听觉绸缪于身所盘桓的草原上的声声色色，描绘的是具有音乐交响效果的宇宙境界，所持的不是一个固定的视角。契诃夫借助合唱的艺术手法描绘了草原上各种鸟类、昆虫混声合唱的喧哗场景。扁嘴海雀欢快的叫声和凤头麦鸡的哭声构成对位旋律。黄鼠互相呼唤的声音、上山鹑的"忒噜噜噜噜"声，螽斯、蟋蟀、蝈蝈儿和蝼蛄的叫声具有丰富的音色，宽广的音域，构成了十分完美的和声。小说中这样的描写不止一处，契诃夫还通过叶戈鲁什卡的听觉展现了夜晚草原人们熟睡后的声响氛围：马的打鼾、咀嚼声，人们的酣睡声，凤头麦鸡的哭泣声，三只田鹬的尖叫声，小溪柔和的潺潺声等构成和谐的旋律。音乐是一种不占空间的艺术，契诃夫借助音乐没有物质载体的特征，因"虚"得"实"，构建出虚实相生的艺术境界，而且这样的画面使读者看到小男孩儿仿佛处于一片"神境"。诚如王国维在《人间词话》中指出的那样："自然中之物，互相关系，互相限制。然其写之于文学及美术中也，必遗其关系限制之处。故虽写实家，亦理想家也。又虽如何虚构之境，其材料必求之于自然，而其构造亦必从自然之法则。故虽理想家，亦写实家也。"①

大自然象征着孩子纯洁无瑕的天性，草原在叶戈鲁什卡漫无目的观察的时候，袒露出自己的真面目。契诃夫不仅描绘了实有的自然之声，还描绘了农妇缥缈、袅绕、哀怨的神秘歌声。歌声使叶戈鲁什卡脑

---

① 王国维：《中国人的境界》，中国工人出版社 2013 年版，第 65 页。

海中产生幻象，让他联想到草原用柔肠百转的歌声向人诉说自己无辜而又悲凉的命运。“作为对声音专门的、突出的使用，歌唱如同一种‘标出性’的活动，它总是代表一种表演艺术(dar-stellende Kunst)，是一种呈现、显示某物，并向人们投射说出来的信息的艺术。”[①]契诃夫借助旋律使真和美、内容和形式高度统一起来，使作品带有一种虚实相生的审美向度。音乐旋律的袅袅飞升创造出一种虚灵的时空，这是契诃夫创建特殊时空体的一种手法。他借助音乐流动的、轻灵的、朦胧的“不确定性”特征，呈现出小男孩儿懵懂时期复杂的思绪，这与托尔斯泰对音乐的看法不谋而合：“有时候，人在思考一些东西时不记得自己在想什么，但清楚地记得这些想法具有什么格调：忧郁的、沉闷的、沉重的、愉快的、振奋的，甚至还记得那个过程：起初是悲伤的，然后平静下来，等等。当回想时，这一过程完全是音乐所要表达的东西。”[②]

就像描绘草原合唱团各种动物的叫声一样，契诃夫还透过草原上行走居住的形形色色的人的声音来刻画他们的形象，展现他们的人生经历。声音是一种与外界接触的媒介，“没有人可以与他人隔绝而独自存在。声音是突破个人外壳与他人接触的重要媒介。声音成为人们打破私人空间与外界接触过程中非常重要的媒介。从出生到死亡，每个人都会通过尖叫、喘息、喋喋不休和呼唤来让其他人知道自己在哪里，他在做什么”[③]。在叶戈鲁什卡的意识里，莫伊谢·莫伊谢伊奇说话声是男低音，他太太的说话声像土鸡尖细的叫声；所罗门的声音是低沉嘶哑的；车夫叶美良因为在顿涅茨河洗了次澡，失去了嗓音，左手拿鞭子，右手挥舞着手准备唱的姿势，就像指挥一个隐身乐队，嘴里时常哼哼着什么曲调；潘杰烈老人的老婆孩子在火灾中被大火烧死，一路在向同伴们诉说年轻时的离奇经历，回忆过去的俄罗斯生活；农夫康斯坦丁在夜晚突然出现在车夫们面前，倾吐心音，释放出内心孤独无聊的心绪；基留哈用发疯的嗓音唱“我们的俄罗斯母亲，全世界的领袖！”[④]；叶戈鲁什卡在受到德莫夫的惊吓后无助地叫喊“妈妈，妈

---

① 埃罗·塔拉斯蒂：《音乐符号》，陆正兰译，第152页。

② Л. Н. Толстой, *Дневник*, Толстой Л. Н. *Полн. Собр. соч.*: *В* 100 *т. Т.* 53. М.: Наука, 2000, с. 148.

③ F. Peter Ostwald, *The Semiotics of Human Sounds*, p. 39.

④ 契诃夫：《契诃夫中短篇小说全集》第Ⅵ卷，王福曾、陈殿兴译，第268页。

妈!"[①];德莫夫狂吼"我烦闷呐！主啊！你别生气，叶美良，我们的生活糟透啦，无法忍受啊!"[②],还伴有门的吱呀声、抽鞭子吆喝牲口的声音等。这些声音是人们潜意识中暗含的情感，契诃夫结合回忆、梦境手法构造了一个时序百年、千年乾坤的时空结构，表达了一种宇宙意识。

《黑衣修士》的结构具有变奏曲特征。契诃夫将庄园的兴衰、科夫林与塔尼娅的爱情和婚姻、科夫林与佩索茨基的亲情结合起来，通过音乐旋律的重复再现进行了四次变奏，有序曲、发展、高潮、尾声。在结婚前(序曲)，科夫林与塔尼娅处于热恋期，黑衣修士经常伴随着音乐旋律在科夫林的幻象中出现，并与科夫林探讨天才与精神病、天才与普通人的问题。在二人结婚后(发展)，妻子发现科夫林患了精神病，开始为他治疗。于是，科夫林就进入了治疗期，过着平庸的生活，其容貌发生了很大变化。黑衣修士的再现使科夫林发现，以前他虽然精神失常，但快活、幸福、风趣、卓尔不群，但经过治疗后，他变成了实际、持重、从众的庸才，变成了白痴。科夫林体悟到了人生存在的意义。离婚后(高潮)，两个主角之间的爱情褪色逝去，科夫林的观念又发生了转变，他发现自己是一个平凡的人，并不是天才，而造成这一切不幸的是生活，为了获得那点无足轻重的生活福利，他努力学习十五年来获得一个教职。最后(尾声)，塔尼娅的诅咒使科夫林精神病发作，他忏悔自己对亲人造成的伤害。这时琴声再次响起，黑衣修士再次出现，告诉科夫林他是天才，他羸弱的躯体已失去平衡，不能再继续充当天才的外壳。宗白华在《美学》小言中分析身体与精神的关系时指出:"身体的痛苦和心灵的伟大是经由形体全部用同等的强度分布着，并且平衡着。"[③]身体与精神具有统一性，科夫林听了黑衣修士的话后幸福地离开人世。

变奏的叙事结构在小说《脖子上的安娜》中也有所体现。无论在哪个时代，爱情都是稀缺物，当一个人失去享有爱情的权利时，其他的追求便将之代替。契诃夫运用音乐曲式展现了安娜由受命运支配的穷家女身份意识向贵妇身份意识转变的过程。火车在中途车站停车时，突如其来的军乐队演奏的音乐像有着神奇的力量，使安娜勇敢走

---

① 契诃夫:《契诃夫中短篇小说全集》第Ⅵ卷，王福曾、陈殿兴译，第273页。

② 同上，第274页。

③ 宗白华:《美学散步》，上海人民出版社2006年版，第9页。

出车站,讲起法语,展现自己美丽的身姿,享受众人好奇的目光,在自己嫁给一个又老又丑的丈夫的不幸命运中看到了幸福。正如 A. 别雷所言:“音乐是一扇窗,透过这扇窗永恒的醉人的力量不断涌入,并且魔法四射。”①当安娜被生活压抑得快要窒息的时候,也是舞会上的音乐拯救了她,让她在镜子中看到了自己曼妙的身姿,使她再次体会到月光下在小站台上感受到的自信与幸福感,“情不自禁地效仿她那已经过世的母亲的步态和姿势”②,实现身份转换。在小说中可窥见表演在人物内心活动变化中的重要功能,正是乐队演奏和舞会彻底改变了安娜的命运,使她在舞会上备受瞩目,增加了她对未来的信心,使她迅速迈进上层社会的社交圈子。

小说《未婚妻》也讲述了女性意识觉醒的过程,契诃夫采用了交响乐的奏鸣曲式结构(包括呈示部、展开部、再现部)展示娜佳突破现实的牢笼,追寻自由、五彩缤纷的生活的过程:呈示部(等待结婚)、展开部(逃离家乡)、再现部(回归家乡,再一次决定远离故土)。守夜人的打更声“滴克——笃克”“滴克——笃克”的三次重复是娜佳思想和行动转变的标志。在这一过程中,娜佳的思想发生了很大变化,而且觉得故乡小城呈现出衰落的趋势。B. K. 苏汉采娃(B. K. Суханцева)认为“音乐构成人类完整而自由的世界,并时刻存在、逗留、发生。也就是说,音乐与本体论、人类文化如影随形”③。契诃夫在思想深处并不固守传统文化,不排斥社会潮流的发展,借助音乐曲式构建的情节结构,表达了俄国农奴制改革之后,衰朽的庄园文化终将面临翻天覆地变化的立场,预示着俄罗斯即将到来的革命风暴,与戏剧《三姊妹》《樱桃园》的主题思想有异曲同工之妙,但这些作品的结尾都带有不确定的神秘色彩。

综上所述,音乐技法的运用在契诃夫作品的情节结构中发挥着重要作用,使小说像乐曲一样具有流动的节奏,营造了一种娓娓道来而又不尽余音的叙事效果。

---

① А. Белый, *Символизм и творчество*. Белый А. *Символизм как миропонимание*. М.: Республика, 1994, с. 246.

② 契诃夫:《契诃夫中短篇小说全集》第Ⅷ卷,姜明河、孙维韬等译,第 133 页。

③ В. К. Суханцева, *Музыка как мир человека*, *От идеи вселенной к философии музыки*, К.: Факт, 2000, с. 12.

结语

音乐是人类所创造的文化现象之一，是社会生活的反映，也是个人情感和思想的表达。契诃夫作品中的音乐性与其生活经历有着密不可分的关系，这种民族传统为契诃夫提供了一个天然的艺术氛围，使其能够用一种音乐思想领悟宇宙万物存在之"道"，反映社会的发展趋势及时代的文化图景。就这一维度而言，契诃夫的写作风格是他的文学个性之表达，这种风格的养成和显现，既源于个人气质，也与时代相关。借助音乐主题，契诃夫呼吁人们要时刻审视自身文化生活，反思自身行为，对艺术恪守一种虔诚的态度。小说家巧妙地运用音乐语言、音乐结构使作品主题得以拓展、深化，营造出一种虚实相生的艺术境界，创造了一种音乐情境，展现了如音乐旋律一样起伏变化的人物内心情绪，这无疑是他有意识塑造作品风格的手法之一。虽然契诃夫作品中的文字能明白地表达出人物的思绪，但是音乐情境在小说中创造了第二空间，从而使读者在阅读时体悟文字与旋律相结合的双重奥秘。值得注意的是，在契诃夫的小说中，没有一个人物的思想完全正确，每个人都是在不断探索中获得启示。契诃夫将个人的自我认知和对周围环境的认知过程借助音乐的曲式结构表现出来，这种形式即内容的艺术效果正是契诃夫作品中音乐艺术运用的独到之处，也体现了音乐独一无二的艺术特质。

（作者单位：浙江大学文学院）

学术编辑：崔晓红

陌生化

杨向荣

内容提要 学界在分析陌生化理论时，大多视其为俄国形式主义的一个标志性范畴，强调陌生化可感觉性功能建构中所承载的形式论范式意义，而忽略了晚年什克洛夫斯基的反思及其所衍生出来的更深层次的美学意义。根据什克洛夫斯基早晚年的不同阐释，陌生化有着两种不同的解读范式：形式主义范式和批判主义范式。立足于形式主义的维度阐释陌生化是当前学界的主要解读路径，从莫斯科到布拉格再到巴黎，俄国形式主义为新批评、符号学和结构主义的兴起奠定了基础。立足于批判主义的维度，我们可以挖掘出陌生化以批判性为核心的现代性品质，这主要以德国戏剧美学家布莱希特的陌生化概念以及法兰克福批判理论家们的理论表述为代表。

关键词 俄国形式主义　陌生化　形式主义　批判主义

在20世纪西方美学和文艺理论史上，由什克洛夫斯基提出的“陌生化”，与雅各布森提出的“文学性”一起构成了俄国形式主义的核心范畴。俄国形式主义主张文本形式前置，将文本的形式自足性作为研究中心，反对任何心理学、哲学或社会学的外在研究方法。在俄国形式主义者眼中，文学性是文学研究的主人公，是文学的本质存在，它通过陌生化而得以实现。学界在分析陌生化理论时，大多沿用什克洛夫斯基的早期阐释，强调陌生化的可感觉性功能建构中所承载的形式论意义，而忽略了晚年什克洛夫斯基的反思。晚年的什克洛夫斯基认为陌生化不仅仅只是一种可感觉性的“手法”，它同时也可以被视为一种诗学原则或诗学思维模式，承载着日常生活内容与社会批判意义。笔者以为，根据什克洛夫斯基早晚期的不同阐释，陌生化可以分为两种不同的解读范式：形式主义范式和批判主义范式。

一、什克洛夫斯基的晚年反思

1917 年，什克洛夫斯基在《作为手法的艺术》中提出“陌生化”（俄语为 Остранение）概念，并对其内涵展开了具体描述。

> 正是为了恢复对生活的体验，感觉到事物的存在，为了使石头成其为石头，才存在所谓的艺术。艺术的目的是为了把事物提供为一种可观可见之物，而不是可认可知之物。艺术的手法是将事物“陌生化”的手法，是把形式艰深化，从而增加感受的难度和时间的手法，因为在艺术中感受过程本身就是目的，应该使之延长。艺术是对事物的制作进行体验的方式，而已制成之物在艺术之中并不重要。①

根据什克洛夫斯基的阐释，陌生化的命意在于通过特殊的手法增强审美体验的可感觉性，使事物成为“可观可见之物”。也就是说，通过陌生化的手法，使主体对习惯化的感知模式起反作用，从而延长主体的感知时间和难度，增加审美快感。詹姆逊认为：“陌生化使事物变得陌生，使感知重新变得敏锐。”②笔者以为，陌生化的效果是要打破主体的接受定势，它通过对前在文本经验的违背，创造出了一种与前在经验不同的特殊的符号经验，体现出陌生化的质的规定性：取消文本感知的“前在性”。③ 陌生化效果在于使事物成为“可观可见之物”，而非“可认可知之物”，如什克洛夫斯基所言：“我们称为艺术性的事物则是用特殊的手法制作，制作的目的也在于力求使之一定被感受为艺术性的事物。”④

陌生化是伴随着俄国形式主义的另一个核心概念“文学性”而提出的，雅各布森在论文学科学的对象时说：“文学科学的对象不是文

---

① 什克洛夫斯基：《散文理论》，刘宗次译，百花洲文艺出版社 1997 年版，第 10 页。
② 詹姆逊：《语言的牢笼》，钱佼汝译，百花洲文艺出版社 1995 年版，第 41 页。
③ 杨向荣：《陌生化》，《外国文学》2015 年第 1 期。
④ 什克洛夫斯基：《散文理论》，刘宗次译，第 6 页。

学，而是'文学性'，也就是说使一部作品成为文学作品的东西。"[①]基于雅各布森的文学性概念，俄国形式主义拒绝历史、文化、社会等外在的"他者"参照系，认为："艺术是自主的，一项永恒的、自我决定的、持续不断的人类活动，它确保的只是在自身范围内、根据自身标准检验自身。"[②]在什克洛夫斯基眼中，艺术的最终目的在于以陌生的手法创造别具一格的外在形式，以此强化和翻新主体感受，"艺术是一种体验事物之创造的方式，而创造成功的东西在艺术中已无足轻重"[③]。对此，布洛克曼评论认为，通过陌生化手法，"诗的形象似乎不过是诗人所支配的一种程序，而且意义不能归因于形象本身。阐明意义的是形象的功能（即其结构关联）"[④]。

俄国形式主义诞生之时，传统的文艺思潮在俄国文坛上异常活跃，其中最具代表性的是实证主义诗学和象征主义诗学。俄国形式主义反对实证主义与象征主义，希望能实现文学研究的科学化，"使诗学摆脱他们的美学与哲学主观主义理论，使诗学重新回到科学地研究事实的道路上来"[⑤]。从本质上说，俄国形式主义是一种科学美学。正是基于这种立场，陌生化在什克洛夫斯基眼中是一个纯形式概念。什克洛夫斯基关注文本的语言以及形式结构等方面的特性，他甚至提出"艺术不应当反映城堡上空的旗帜的颜色"等偏激的观点。

但有趣的是，陌生化概念却是什克洛夫斯基由于笔误而被创造出来的一个新词。据晚年什克洛夫斯基回忆，他是因为将俄文"CTPaHHblŭ"中的两个"H"误写成一个"H"，因而创造了"陌生化"这个术语。"我现在已经可以承认这一点，我犯了语法错误，只写了一个'H'，应该写'CTPaHHblŭ'（奇怪的）。结果，这个只有一个'H'的词就传开了，像一只被割掉耳朵的狗，到处乱窜。"[⑥]我们现在不需要讨论陌生化这个词是如何产生的，但晚年什克洛夫斯基对陌生化的态度确实发生了根本性转变。1982 年，近 90 岁高龄的什克洛夫斯基撰写

---

① 托多洛夫：《俄苏形式主义文论选》，蔡鸿滨译，中国社会科学出版社 1989 年版，第 24 页。

② 霍克斯：《结构主义和符号学》，瞿铁鹏译，上海译文出版社 1997 年版，第 60 页。

③ 什克洛夫斯基：《散文理论》，刘宗次译，第 10 页。

④ 布洛克曼：《结构主义：莫斯科—布拉格—巴黎》，李幼蒸译，中国人民大学出版社 2003 年版，第 38 页。

⑤ 托多洛夫：《俄苏形式主义文论选》，蔡鸿滨译，第 23 页。

⑥ 什克洛夫斯基：《散文理论》，刘宗次译，第 80—81 页。

了与早期同名的《散文理论》,对早期的思想展开了反思。晚年什克洛夫斯基认为,艺术不仅仅是纯粹的形式,而应当有内容和意义。

> 艺术——是怜悯与残忍的代言人,是重新审理人类生存法则的法官。①
>
> 艺术——是世界的触觉。需要认识世界的规律。②
>
> 艺术——是暴露现实、更新现实的方法。艺术紧贴着现实世界来构筑自己的现实;艺术离它的源泉很近,比影子同遮阳物体间的距离还要近。③
>
> 我说过,艺术是超情绪的,艺术里没有爱,艺术是纯粹的形式。这是个错误。……我曾经写过,艺术无恻隐之心。此话激烈,但并不正确。……我过去曾说过,艺术无所牵涉,它没有内容。从说这话到现在,五十周年了,可以庆贺金婚了。但这话不对。④

晚年的什克洛夫斯基认为,艺术必须反映生活,必须被注入意义。在他看来,艺术应当以一种责任和担当精神来重新审视现实生活。在对艺术本质展开反思的基础上,什克洛夫斯基对自己早期误造的陌生化概念所引起的"以讹传讹"进行了澄清。"我们在自己先前的论文中引用了大量被视为是'陌生化'的例证,而实际上,乃是一种风格手法。"⑤"陌生化——就是用另外的眼睛来看世界。……陌生化——不仅仅是新视角。它是对新的,从而也是充满阳光的世界的幻想。"⑥晚年的什克洛夫斯基显然更强调陌生化概念中的意义生成和批判功能建构。在他看来,陌生化不仅仅是一种感受事物的新视角,同时也是对"充满阳光的世界的幻想",有着认识世界和批判世界的内涵。

就青年什克洛夫斯基的视域来看,陌生化是形式创新的手法;但

---

① 什克洛夫斯基:《散文理论》,刘宗次译,第82页。

② 同上,第101页。

③ 同上,第235页。

④ 同上,第243页。

⑤ 什克洛夫斯基:《汉堡记事》,转引自张冰:《陌生化诗学:俄国形式主义研究》,北京师范大学出版社2000年版,第234页。

⑥ 什克洛夫斯基:《散文理论》,刘宗次译,第326页。

如果审视晚年什克洛夫斯基的反思，陌生化就不能简单地被视为手法，在宽泛的意义上，它可以被视为一种诗学原则或诗学思维模式。笔者认为，陌生化有两种解读范式：形式主义范式和批判主义范式。就前者而言，陌生化是语言学转向在诗学话语中的体现，其后的新批评和结构主义等形式论文艺流派无疑强化了这一范式；就后者而言，陌生化强调打破常态化的日常生活无意识，更新主体认知的新感性，进而起到反思与批判意义建构的作用，这在布莱希特和阿多诺那里得到了充分体现。

二、形式主义路径

从形式主义的角度来分析陌生化是当前学界的主要解读路径。在西方20世纪美学和文论史上，俄国形式主义、英美新批评、符号学、法国结构主义构成以形式和结构为核心的重要支脉。从莫斯科到布拉格再到巴黎，俄国形式主义为新批评、符号学和结构主义的兴起奠定了基础。此外，什克洛夫斯基强调陌生化形式的可感性，重视主体的接受心理机制和心理规律，也给接受美学的理论生成提供了空间。

莫斯科-塔尔图学派洛特曼从文化符号学的维度写道："对一般的文本结构来说，为了继续提供信息，它必须不断地使自己摆脱内在于非艺术结构的自动化状态。……这样，两种对立的机制就同时在艺术文本结构中发挥作用。其中的一种力求使文本的全部要素都服从系统，并把这些要素转换为自动化的语法，交流行为不可能没有它们；而另一种则力求破坏这种自动化，使结构自身也传送信息。"[①]笔者以为，这里的"自动化状态中拯救出来"，也就是陌生化命意的表述，是一种陌生化思维模式的体现。

新批评学派韦勒克和沃伦也指出，人们对平常所熟悉的语言组合或陈词滥调往往不能立即做出反应，他们不把文字看作文字，也不去确切地理解文字所指的意义，甚至会因文学审美蜕变成机械化的语义认知而感到腻烦。只有当我们把文字以新鲜的方式令人吃惊地组织

---

① 洛特曼：《艺术文本的结构》，王坤译，中山大学出版社2003年版，第103页。

在一起时，才能够认清它们，并了解它们的象征意义。[1] 在这里，韦勒克和沃伦所针对的是日常生活体验中感知的标签化和自动化，“把文字以新鲜的方式”重新组织，其实也就是陌生化思维模式的表述。

布拉格学派穆卡洛夫斯基将语言区分为标准语言和诗的语言，认为诗的语言是最大限度地把言辞“突出”，标准语言则极力避免“突出”。“诗的语言，突出达到了极限强度：它的使用本身就是目的，而把本来是文字表达的目标的交流挤到了背景上处，它不是用来为交流服务的，而是用来突出表达行为、语言行为本身。”[2]“对标准语的规范的歪曲正是诗的灵魂。因此，要求诗的语言遵守这种规范是不适当的。”[3]在这里，穆卡洛夫斯基所说的“突出”和“对标准语的规范的歪曲”，即陌生化对自动化模式的反对。

结构主义关注能指，关心文本意义产生的过程和方式，而忽略意义本身。“诗歌的特点就在于把词当词来看待，而不是它所代表的所指物或者是感情的爆发，还在于词及其调度、意义、内外形式的重要性和价值都来自它们自己。”[4]在结构主义的理论视域中，语言和结构等形式因素被凸显，文学问题被视为一个以语言和结构为中心的形式问题。在后结构主义的理论视域中，语言并不是一个稳定的系统，而是充满了诸多不确定性因素。意义并不是符号的直接表现，而是由一系列相互连接的符号网络的文本关系所决定。在结构主义和后结构主义者看来，文本是一个纯粹的语言编织物，是能指的实践或游戏。文本的存在就是解构语言能指与所指间习惯性、常备化、自动化的意指关系，摆脱由语言建立起来的习以为常的知觉经验，通过陌生化程序打破、毁坏一切固有的语言符号模式，把语言置于能指突显的背景中，重构文本的可感性，形成新的意指链。

陌生化强调语言与形式的可感觉性，也对读者反应批评和接受美学产生了重要影响。霍拉勃认为：“俄国形式主义者提出了一个与接受理论密切相关的、全新的解释方式，他们把形式概念扩大到包括审

---

① 韦勒克、沃伦：《文学理论》，刘象愚译，三联书店1984年版，第277—278页。

② 穆卡洛夫斯基：《标准语言与诗的语言》，伍蠡甫、胡经之：《西方文艺理论名著选编·下》，北京大学出版社1986年版，第419页。

③ 同上，第426页。

④ E. Victor, *Russian Formalism: History-Doctrine*, London and Paris: Mouton & Co, 1965, p. 183.

美感知，把艺术作品解释为作品‘设计’的总和，把注意力转向作品的解释本身。”[①]在俄国形式主义的视域中，“文学史的动力概念包含着姚斯的‘期待视野’和伊瑟尔的‘间隙’和‘未定性’思想”[②]。根据霍拉勃的研究，以姚斯和伊瑟尔为代表的接受美学，其理论起点可以追溯到俄国形式主义及其陌生化理论。

伊瑟尔指出，惯性的社会规范会自动化为个体的行为习惯。当这些规范被移置于文学文本之内，规范本身就成为一个反规范。对这种自动化感知心理，什克洛夫斯基曾援引托尔斯泰的日记展开过具体描述：“我在房间里抹擦灰尘，抹了一圈之后走到沙发前，记不起我是否抹过沙发。由于这些动作是无意识的，我不能，而且也觉得不可能把这回忆起来。”[③]什克洛夫斯基认为，个体在接受的过程中，会处于一种自动化模式之中。针对读者的自动化接受惯性，伊瑟尔也认为，作者在创作时就应当与读者惯常的期待视域保持距离，要使读者不再处于习惯了的日常现实之中，而是从现实境况中转移出来，移置到非现实化的文本中。伊瑟尔指出，好的文本应当是一个陌生化的虚拟世界，一个现实约束不再有效的世界。在这个新的世界中，如果文本设置的新语境否定了这些规范，这种感知就会变得更加强烈。[④] 顺着伊瑟尔的表述继续下去，笔者以为，陌生化对日常生活规范的打破实际上就是对接受主体前理解的破坏。在接受美学的讨论域中，陌生化的目的就是要破坏主体前在的接受定势，创造出让接受主体耳目一新的非定势文本。

托多洛夫认为，在什克洛夫斯基的陌生化概念中隐约可以找到阅读理论的雏形。“形式主义把作品的研究与创作或接受的研究区分开来，并且不断批评他们的前辈对只是情境或只是印象的东西的关注。一种阅读的理论只能通过秘密的方式介绍到形式主义理论中来。”[⑤]可以说，在接受美学的理论阐释中，读者的原初审美格局和期待视野，都与陌生化的心理机制密切相关，而读者求新趋异的心理欲望是艺术创

① 姚斯、霍拉勃：《接受美学与接受理论》，周宁等译，辽宁人民出版社 1987 年版，第 292 页。

② 同上，第 300 页。

③ 什克洛夫斯基：《散文理论》，刘宗次译，第 10 页。

④ 伊瑟尔：《审美过程研究》，霍桂桓等译，中国人民大学出版社 1988 年版，第 291 页。

⑤ 托多洛夫：《批评的批评：教育小说》，王东亮等译，三联书店 2002 年版，第 19 页。

作的潜在动力源，也正是陌生化概念的核心要义。

三、批判主义路径

立足于批判主义的维度，我们可以挖掘出陌生化以批判性为核心的现代性品质，这主要以德国戏剧美学家布莱希特的陌生化概念以及法兰克福批判理论家们的理论表述为代表。

在什克洛夫斯基提出陌生化概念约 20 年后，布莱希特从戏剧理论角度提出陌生化（德语为 Verfremdung，又译为“离间化”或“离间效果”）。Verfremdung 这个词是布莱希特独创，有间离、疏离、异化等含义，最早出现在 1934 年创作的戏剧《尖头党与圆头党》的说明中，布莱希特通常把 Verfremdung 和 Effekt（效果）合在一起使用。

关于布莱希特陌生化的理论渊源，有学者认为布莱希特的陌生化理论受中国戏曲理论，尤其是梅兰芳的中国京剧艺术的影响很大；有学者认为陌生化受到了德国认识论哲学，特别是黑格尔的异化理论的影响。更多的学者也看到了布莱希特与什克洛夫斯基理论之间的联系，如托多洛夫认为：“形式主义运动的终点正是布莱希特美学的出发点。”[①]塞尔登指出，什克洛夫斯基把他的核心概念命名为陌生化，而“陌生化”和“裸露”两个概念直接影响了布莱希特的陌生化效果理论。[②] 魏勒特则明确认为，布莱希特的陌生化理论其实是什克洛夫斯基理论的翻版，“这个词显然是来自俄国形式主义批评家的‘Priem Ostrannenija’（‘使之成为奇怪的手法’或‘间离效果’）。1935 年布莱希特访问了莫斯科之后，这个概念（陌生化）和其他的时髦词汇便出现在他的作品中。”[③]根据上述学者的考证，再结合布莱希特自己的理论表述，布莱希特与什克洛夫斯基的陌生化理论确实在内涵指向上有着惊人的相似，这也表明二者之间有着重要的理论渊源关系。

在布莱希特眼中，陌生化通过对习以为常、众所周知的事件和人

---

① 托多洛夫：《批评的批评：教育小说》，王东亮等译，第 34 页。

② R. Selden, *A Reader's Guide to Literary Theory*, Lexington: The University Press of Kentucky, 1985, p. 11.

③ 魏勒特：《关于布莱希特史诗剧的理论问题》，引自张黎：《布莱希特研究》，中国社会科学出版社 1984 年版，第 35—36 页。

物性格进行“剥离”和“间离”，使演员与角色、演员与观众之间产生一种距离，进而使人们从新的角度来看习以为常的事件和人物性格，并从中发现新颖之美。在布莱希特看来，陌生化是一种技巧，这种技巧带给接受主体的是令人惊异的，需要解释的，而不是理所当然的，不是单纯自然的事物的烙印，陌生化效果在于使主体能够从不同的角度对社会现实做出有益的批判。布莱希特多次提到，戏剧的主要目的在于实现对资本主义虚假意识形态的揭露与批判，引导观众获得对日常现实的发现。陌生化是为了防止观众被所表演的事件所迷惑，从而丧失思考的能力和批判的眼光。

在布莱希特的理论中，陌生化超越了单纯的形式与结构层面，成为参与、介入社会现实生活，以及对社会现实进行审视与批判的一种手段。在陌生化效果的实现过程中，制造“间隔”只是一个步骤，更重要的是消除“间隔”，达到对现实本质的更深刻的熟悉。伯格·潘认为，布莱希特的戏剧美学从一开始就内含美学与社会学的含义。陌生化这一术语对于布莱希特来说应该是特别巧妙的，因为它同时传达了其戏剧诗学的美学与社会政治方面的含义。[①] 相比于什克洛夫斯基的陌生化理论，布莱希特的理论呈现出戏剧艺术的批判性功能建构，而这也正体现出布莱希特陌生化理论的现代性品质：批判性。笔者以为，布莱希特强调以审美的陌生化手段实现对现实的批判，这就使他的理论摆脱了狭隘的审美经验论，而进入了一个审美超越的空间，在这空间里，戏剧艺术实现的是批判性功能诉求。

什克洛夫斯基的陌生化概念追求文学的纯粹性，极少有意识形态批判的内容，而布莱希特将戏剧的陌生化作为认识现实生活和批判资本主义异化社会的工具和手段。在什克洛夫斯基眼中，陌生化为了追求审美的复杂化效果而成为一个纯美学或艺术的范畴，而在布莱希特眼中，作为艺术与美学范畴的陌生化已移到社会批判领域，成为一个具有批判性意义的现代性概念。布莱希特认为，要使戏剧艺术真正实现批判性功能，反映或揭露被偏见或习俗所蒙蔽的现实，就必须使用陌生化这面“特殊的镜子”。

在布莱希特眼中，陌生化是一种意图恢复个体理性，进而实现对

---

① R. Berg-pan, *Bertolt Brecht and China*, Bonn: Bouvier Werlag Horbet Grundmann, 1979, p. 164.

资本主义虚假意识形态揭露与批判的工具。这个概念发展到法兰克福学派的批判理论中,则强调个体要站在社会对立面,把对象陌生化,进而实现以他者眼光审视和批判物化现实的目的。强调艺术站在社会的对立面,以一种异在的陌生化视角或距离来实现对日常生活的超越和批判,德国文化社会学家齐美尔早有论述。20世纪初,齐美尔思考着现代个体的生存意义,并提出距离观念来对抗现代物化文明对个体精神的压制。齐美尔认为,在工业文明导致现代个性沦丧愈演愈烈的趋势下,个体只有远离被物化文明所控制的现代生活,现代艺术只有远离物化现实,才能抵御物化文明对人本真性的不断侵蚀。齐美尔写道:“为了体验个别现象的所有全部细节和它的全部真实,就必须在一定程度上撤离此现象,甚至要对这些现象进行一种转化,不再对其应有本质做出纯粹反应,以便从一个更高的视角来重新获得更全部、更深刻的真实。”①对齐美尔的距离思想,弗里斯比有着精辟的分析,在他看来:“‘现代人们对碎片、单一印象、警句、象征和粗糙的艺术风格的生动体验和欣赏’,所有这些都是与客体保持一定距离的结果。”②“我们所欣赏的客体‘变成了一种沉思的客体,通过保留的或远离的——而不是接触——姿态面对客体,我们从中获得了愉悦’。……它创造了对真实存在的客体及其实用性的‘审美冷漠’,我们对客体的欣赏‘仅仅作为一种距离、抽象和纯化的不断增加的结果,才得以实现’。”③

齐美尔构建了以距离为核心的现代性审美救赎策略,他希望通过对生活世界的陌生化处理来实现对物化意识形态的突围与救赎。以距离为核心的审美救赎策略也正是法兰克福学派的理论诉求,如马尔库塞、本雅明、阿多诺、哈贝马斯等人都强调通过艺术与现实保持距离,呼吁艺术的“异在性”实现对异化人性的审美救赎。应当说,把自我从虚假意识形态的束缚下解放出来,通过恢复个体的内在本真来抗拒和批判物化现实,实现个体的自我救赎,这恰恰是陌生化策略的现

① G. Simmel, “Tendencies in German Life and Thought since 1870”, D. Frisby, *Georg Simmel: Critical Assessments*, Vol. I, London: Rouotledge, 1994, p. 24.

② D. Frisby, *Simmel and Since: Essays on Georg Simmel's Social Theory*, London: Routledge, 1992, p. 138.

③ D. Frisby, *Sociological Impressionism: A Reassessment of Georg Simmel's Social Theory*, London: Biddles Ltd, 1981, p. 88.

代性价值之建构。布莱希特以及法兰克福学派对陌生化概念的命意转换，让我们看到，陌生化不仅仅作为形式上的艺术手法，而且也是观察、审视和批判社会的一种特定策略。在这个意义上，审美的批判实际上源于对最普遍而又最牢固的日常生活观念及其意识形态的批判。

在20世纪思想史上，俄国形式主义与批判理论的关系也是一个相当微妙的话题，二者之间的对话一直没有停止过。20世纪40年代以来，正值新批评、结构主义和解构主义思潮席卷欧洲大陆之时，批判理论异军突起。形式论学派对文本形式的重视自然也是批判理论学者们不能回避的话题。批判理论家们在建构批判理论体系的过程中首先遇到的就是形式的批判性问题，于是俄国形式主义自然进入了批判理论的论题视域。基于这种考虑，本文梳理出陌生化概念的形式主义与批判主义两种范式。通过对这两种范式发展路径的剖析，笔者发现，不能将陌生化局限于形式论的阐释语境，而沿着什克洛夫斯基的晚年反思，梳理陌生化理论发展过程中的形式主义范式和批判主义范式，是我们研究陌生化理论时不能绕过的问题域。

【本文为国家社科基金项目“图文的叙事建构及其话语隐喻研究”(20BZW027)、国家社科基金重大项目“美学与艺术学关键词研究”(17ZDA017)阶段性成果。】

（作者单位：杭州师范大学人文学院）

学术编辑：刘　卓

交互性

钟丽茜

交互性(interactivity),一般意义上指事物之间的相互作用。在当代的不同学科领域,"交互性"则有着不同的含义:在计算机学科中,它主要指人机对话、人机通信;在信息科学领域,它指信源之间往来传输信息;在传播学领域,它指人们通过传播设备获得信息反馈、实现双向或多向传播;而在新媒体艺术中,"交互性"通常是指构建于计算机和数字平台上的艺术形态,允许受众通过话语、身体运动等参与其中,与艺术家设计的某种开放性审美环境或半成品式文本对话互动,使作品得以完成,涌现出审美意蕴。

如果说传统审美是"艺术家主导",主要由作者决定艺术品的形式及意蕴,新媒体时代则转换为"受众导向",欣赏者通过与艺术媒介对话,参与到作品的形式成型与意义建构中,作者与受众形成"联合生产意义"的关系。英国艺术理论家罗伊·阿斯科特(Roy Ascott)总结新媒体艺术不同于传统艺术的五个特征:1. 连接性,2. 沉浸性,3. 交互性,4. 转变性,5. 涌现性。[1] 概言之,新媒体艺术应当是一种通过计算机界面、传感器等中介,在受众—作品—艺术家之间建立连接的艺术,它鼓励上述三者交流互动,使作品形式、受众身份等发生转变,涌现出连接之前并不存在的审美事件、多元意蕴和体验感悟。"交互性"在此过程中成为极其重要的一个因素。

1. 艺术的交互性:从前数字时代到数字时代

现代艺术"交互性"的实践与理论创建可以追溯到 20 世纪早期,

---

① Roy Ascott, *Telematic Embrace: Visionary Theories of Art, Technology, and Consciousness*, Edited and with an essay by Edward A. Shanken, University of California Press, 2003, p. 311.

未来主义和立体主义艺术家就开始有意识地在创作环节中预测受众的心理与反应，并试图对其进行一定的引导，鼓励受众积极参与审美过程；第二次世界大战后，随着新型艺术材质和电子技术的出现，艺术交互方式越来越丰富多样，互动方式从起初的偏重视觉技术逐渐发展到听觉、身体动作等。50年代的偶发艺术和60年代的激浪派艺术等更是把观众与作品的互动视为审美接受过程的重要成分，将作品文本与受众的对话、作品形态的未(待)完成性视为当代艺术应有的特征。

到了数字时代，审美活动中的交互性现象更日渐普泛。美国学者亨利·詹金斯指出，当代传媒文化有两大潮流：一是媒介融合的速度与广度不断推进，二是参与性文化蓬勃兴起。[①] 在新媒体艺术中，封闭、固定、完成态的艺术文本不再是绝对主流，艺术家们有意识地追求作品的开放性、可生长性，以构建形态可塑的互动性文本。

新媒体艺术之所以能够有较强的交互性，主要原因在于艺术媒介及呈现方式的"数字化"。传统时代，不同门类的艺术往往建立在特定的材质基础上，如雕塑使用木石、书法使用纸笔、舞蹈运用人体(之动作)、电影使用胶片等，这些材质彼此之间通常不可融合。而基于计算机数字技术的艺术创作，则把各种类别的艺术语言都统一转化为二进制数字"0"和"1"组成的符号，这首先使得不同门类的艺术能够便捷地融合互通，其次又允许受众在观赏作品时能够通过电子感应机制与其互动，即时反馈体验、续写文本。这些科技条件，为新媒体艺术的交互性准备了外部基础。

另一方面的深层原因，是计算机全球化普及后"数据思维"对人的深度影响，导致21世纪的文化在某种程度上可以称为"数据库文化"。"数据库文化"的特征，一是"用户控制"导向——计算机和网络世界中贮存着海量的数字信息，等待用户去调用和体验(在后现代经济社会中，受众可被视为艺术作品的"用户")。新媒体艺术作品往往搭建为某个主题之下的数据元素集合，其中设置了多种跨媒体链接，吸引受众按照自己的喜好去选择阅读路径。在这里，受众的需求以及他们如何挑选数据库元素、如何与之互动，成为审美文化关注的重点；二是"非线性"逻辑——从数据库中调动素材、搭建作品，通常呈现出明显

---

① 参见亨利·詹金斯、伊藤瑞子、丹娜·博伊德：《参与的胜利——网络时代的参与文化》，浙江大学出版社2017年版。

的多元化、碎片性和拼贴性特征。如果一种艺术建构是从“数据库”里征用各类数字集合，通常就不必遵循现实生活的单向时间和传统叙事的线性逻辑，而更多呈现为非线性的元素组合。较之传统艺术创作模式，这种数据调用、片断组合的方式的确更适宜受众参与到创作进程中，因此，数字时代新媒体艺术家的作品往往只是提供一个开放性的文本框架或环境，引领受众去调用数据资源，对作品进行多样化、个性化解读，并使其因亲身参与了艺术的创构过程而产生强烈的审美愉悦。

迄今，新媒体艺术已开发出丰富多样的交互方式：从交互主体（艺术家、作品文本和受众）的角度区分，可分为艺术家与受众的对话、作品与受众的互动、受众与受众之间的交流；以互动对象来区分，交互性可体现为人与人（艺术家与受众、受众与受众）的对话、人与机器（电子装置）的交互、人与审美环境的互动等；按照艺术作品的表现形态，则可分为生长式交互（作品从单一幼小的状态生长为复杂宏大的规模）和开放式交互（多种路径走向、多元结局），等等。

艺术能有如此之多的交互可能性，离不开科技的支持。目前常见的交互技术有传感器、手势识别、眼睛运动轨迹跟踪、语音理解、二维和三维定位等。受众可以通过声音感应器、键盘、鼠标、数据外套、灯光等设备与作品互动，相应地，计算机已经能够捕捉人的触摸、话语、眼神、唇动、呼吸、肢体移动等多种表现或行动，来实现人与作品的交互反馈。

2. 新媒体交互艺术的审美特征

交互性是当代审美深刻而巨大的变革之一，它不仅改变了艺术作品的存在状态，为广大受众提供了参与审美创作的机遇，还将深远地影响未来的审美习性和审美思维。

与传统艺术对比，新媒体艺术的“交互性”大致造成如下的新型审美特征。

审美活动中，交互过程的重要性优先于结果——传统时代的艺术创作，一般是由艺术家独力构建作品，且作品在面世之时通常以固定形态出版（展览），任何受众领略到的文本都呈现同一面貌，静态空间艺术（绘画、雕塑等）固然如此，动态的时间艺术（文学、音乐等）的展开过程和结局也始终同一，不因读者的变换而改变。以叙事性作品为例考察传统作品和新媒体交互作品，我们可以发现，过去的美学一般认为人物塑造和情节发展是叙事的重要内容，读者希望看到饱满生动的人物形象、有头有尾的故事情节。但在当今的交互性叙事作品中，人物是否血肉丰满、情节是否首尾完整，可能已不像从前那样受重视，新媒体交互作品往往更多地致力于搭建非线性结构的数据链、设置多路径叙事以保证读者有足够的自主选择，引发其探索、游历的兴趣。例如美国南加州大学的“迷宫”小组创作了一个影像数据库作品《渗血的穿行：多面之城洛杉矶，1920 至 1986 年》，开头像是一个典型的悬疑片：女子莫莱的丈夫忽然失踪，周遭的多种踪迹似乎导向“莫莱是凶手”的可能性。但接下去的情节并不是传统叙事中常见的排除疑点、找到元凶，而是让读者跟随莫莱行走，在她行经的地方、停留的环境中预设了多个链接，点击它们即可通向五个巨大的数据库，包含了与洛杉矶相关的地图、文字、图片、访谈和电影，呈现各种历史地理、风土人情信息，每位读者都可以随兴进入数据库的任意部分去观览。剧终之时，作品也没有揭露凶手是谁——这部作品的意义不在于讲述头尾俱全的故事，而是引导受众通过众多的非线性叙事路径与链接去观赏和了解洛杉矶这座名城，换言之，审美活动的重点在于诱导读者展开游览的过程而非让某个叙事行为有圆满的结局。受众在互动过程中的个性化抉择、在数据库中随兴游弋的乐趣、与各种新鲜信息随机相遇的惊喜等等，成为互动性审美的主要意义，交互性新媒体艺术由此体现出“重过程而非重结果”的理念。

艺术家让渡权力，与受众合作生产审美意义——在传统艺术体制中，艺术家的话语权远远大于读者的权力，他们高踞于“意义输出方”地位，将审美意蕴通过作品传达给读者。在传统审美活动中，探究“作者意图”自古以来都是一个重要的内容，历代专家、读者投入大量精力去考据作者的生平，试图阐释他们创作时的“本意”。到了新媒体时代，交互性审美中的艺术家不再是拥有绝对权力的一方，他们开始扮演“中介者”或“催化剂”的角色：构建审美情境，铺设链接路径，引导、陪伴受众去探索和实践，将起初的艺术“半成品”补全定型、解答作品中预设的审美谜题。在交互性艺术中，艺术家的意图通常只以一种开放性的“待完成状态”存在，审美活动的重点是接下去受众如何对文本进行续写或改写，在这里，“作者本意”究竟是什么，不再像从前那么重要——读者如能完全领会到作者的初始意图当然很好，但若不拘泥于作者本意，大胆进行自己的个性化解读乃至故意误读等，也是今天的审美接受活动完全允许的。在这样的审美情境中，艺术家不再以意义“创建者”的角色掌握作品的解释权，他们让渡了部分权力给受众，期望读者的积极参与能够为作品拓展丰富多元的审美意蕴。因此，未来的“作者”与“受众”这一对概念或许会过时，双方在交互性审美活动中成为意义的“合作生产者”。

追求“沉浸式”体验，审美距离消失——在传统美学中，以康德为代表的理论家强调，审美时必须保持合适的心理距离，以平和超脱的心态静观对象，才能保证审美的无功利性和评判的公正性，否则审美者可能易被私人情绪、实用目的、感官快感等因素左右。但在新媒体时代，交互性艺术在某种意义上与康德美学反向而行，其重要特征之一，就是极力创造一种强烈的“沉浸”感，艺术家力图打造新奇幻美的情境，努力消除观众与作品之间的审视距离，呼唤受众全身心地投入艺术氛围，将五官感受、注意力、情绪情感全然浸没于作品营建的装置与环境中。如若“沉浸感”营造成功，受众与艺术作品之间的心理距离即近乎完全消失，康德式审美讲求的静观、超越、反思等心理特性将大大减退，受众沉醉于新奇的感官体验与情绪牵引中，恍然忘我。换言之，康德主义美学试图将艺术与现实生活区分开，将其凝练提纯，供人们静观和审视；交互性艺术则更关注如何将艺术与环境融合，给予受众逼真的在场体验与饱满的情绪感染。“沉浸式”体验会带来比传统审美强烈得多的感性享受和情感刺激，但在这种无距离审美中，受众对一部作品审美价值的合理评估、对其结构的整体把握、对其立场的公正判断等，都可能相当程度地减退，批判性反思将变得困难。

娱乐化、游戏化与从众性——艺术一旦是追求“交互性”的，就需要有友好宜人的界面、明白晓畅的操作方法、符合大多数人兴趣的叙事走向，等等，因此交互性艺术的另一个或许存在的消极面，就是许多作品为了尽可能与更多的观赏者互动，需要迎合一般大众的平均知识素养、常见口味，而放弃艰深知识、小众趣味、先锋实验性等元素或内容。尽管也有少数艺术家在创作专业性、先锋性较强的互动作品，但目前的新媒体交互艺术大部分是依据社会上多数人的接受视域、认知水平、审美兴趣、操作技能、情感反馈乃至集体无意识去设计互动装置或情境，作品通常显现为易操作、有明显的感官愉悦度和游戏化趣味。2014 年，美国艺术家珍妮特 · 艾勒曼(Junct Echclman)等人在加拿大温哥华创作了大型遥控互动装置作品《无数火花》，于会展中心外上空架设起一张巨大的LED聚合纤维网，观众只需用手机App连接，在屏幕上随手涂画，就可以引发这张超过一千万像素的巨网显现出奇幻流动的影像。居民和游客们蜂拥而来，争相用手机、ipad与这张电子大网互动，营造出无数绚丽缤纷、流光溢彩的动态“烟花”。美国学者派恩和吉尔摩认为，艺术生产带来的体验可分为四种：娱乐的体验、教育的体验、逃避现实的体验和审美体验，而最美妙的体验应处于四种类型交界的“甜蜜地带”(sweet spot)，即如果一部艺术作品既富于美感，又助人暂时摆脱现世烦忧，带来游戏的欣悦感，还能给人以教益和启示，受众就能得到极度愉悦的高峰体验。[①] 许多新媒体交互艺术作品也希望在自身与观众的互动中造就上述多种体验，但到目前为止，大多数互动艺术作品为了迎合广大受众群体，在教益启示、思想探索方面往往还浅尝辄止，未能为受众带来丰富深沉的反思与省悟。

交互成果的非定型化与不可再生性——因为交互性艺术是让受众将预设为“半成品”的艺术文本进行续写、完形，每一位受众的选择或创构中必然或多或少地带有自己的个性化趣味或情感倾向，最终造就的“完成态”作品常常会形成具有明显个人特征的、独一无二的版本，这些个人化版本难以固定、留存，只在每位受众自己的感知与记忆中成形。旧谚语说“一千个读者有一千个哈姆雷特”，原本是喻指审美接受活动中基于单一文本产生的理解上的个性化差异，但今天的交互艺术却真正实现了这一境界，每位受众心目中“完成态”文本的形态和意蕴都的确有实质性差别。但是，每位读者也无法确知其他人体验到的“哈姆雷特”是怎样的形貌。这就导致了交互性艺术作品与传统艺术的一个重要差别：过去艺术史上那些有着唯一、固定形态的传统艺术作品，除了能够表达创作者本人的思想情感外，还能作为一个时代的社会记忆、历史见证而存留，具有社会学、历史学价值，因此人们常把某些伟大的艺术作品誉为社会“百科全书”“历史画卷”等。但是新媒体交互艺术通常具有的开放性和未完成性，导致它们与每一位受众的互动成果都是即刻性的存在，其形态的非定型化和不可再生性，使得许多作品很难承担起“社会印记”或“历史见证”的职责，也很难像传

---

① 参见B.约瑟夫·派恩、詹姆斯·H.吉尔摩：《体验经济》，夏业良等译，机械工业出版社2002年版。

统作品那样获得美学家、艺术史家的评判，形成定论，这对传统的审美评价方式、艺术史撰写方式都提出了新的挑战。

审美评判标准多元游移——从20世纪早期起，现代主义的各种思潮变换就导致艺术批评家们很难树立恒定的审美标准，而到新媒体交互性艺术出现后，审美评判的标尺就变得更加难以确定。传统的非交互性艺术作品不论多么新奇特异，终归是完型、固化之后才推向受众和批评家，作者想要传达的意旨或情感已经封存在文本中，始终如一，即便大众和理论家提出了各种各样的评判，至少仍有唯一固定的文本作为阐释、争论的基础。而新媒体交互作品的"完成态"是由每一位受众决定的，由于个体艺术修养、审美素质和想象力的差别，最终完成的作品必定各不相同，有雅俗、精粗、高下之差异。因此，目前评论新媒体交互艺术的言论或文章，大多仍只能按照传统方式对艺术家构建的初始"半成品"形态的框架或意蕴进行评点，而受众参与完成的后续文本，因其难以固化且千差万别，传统审美标准和评判法则大都无用武之地，目前的相关研究通常只是在采访部分受众后作一些统计分析。

当然，审美标准的摸索与确立是历史上每一种新兴艺术都要面对与回答的问题。新媒体交互艺术方兴未艾，尚有许多新领域等待开拓，可能会继续向艺术史与美学史提出新的挑战。我们应可期待在不远的未来，应对这些挑战的理论规则将日益丰富完备。对于新媒体时代蓬勃兴起的种种前沿艺术现象来说："理解媒介（技术）、理解人性，通过想象力与创新来表达未来的可能性正是媒体艺术发展的必由之路。"①

（作者单位：浙江传媒学院文学院）

学术编辑：刘　卓

① 李四达：《数字媒体艺术简史》，清华大学出版社2019年版，第356页。

读杜威《艺术即经验》(八)

高建平

1. 在这一章中,杜威主要讨论审美与艺术心理学问题。他给了一个标题:“人的贡献”,这很容易引起误解,并被赋予某种社会学、政治学以及伦理学意义上的理解。其实,这一章主要讲的是人的心理对审美和艺术活动的贡献。重点在心理学和对“旧心理学”的批判上。

2. 一些哲学家反对使用心理学的术语来进行美学研究,将心理学排斥在外,分析美学家们就是如此。许多分析美学家努力将自己的研究与心理学和社会学区分开来。然而,杜威的优点,或者被一些哲学家们所认为的缺点,就在于对二者的连续性的支持。区分可能是好的,但也可能是武断的。杜威主张,从另一个方向看过去,即在众人都寻求区分之时,看到连续性。

3. 心理学在历史上有很多学派。许多术语原本都是由一些学派提出的,是一些学派的核心概念,在今天的心理学教科书里已经被中立化了。这些术语原本代表着各自的学派,各自具有特别的意义,这些学派的持有者和拥护者也对这些术语有着特别的感情色彩。这些术语包括感觉、直觉、观照、意愿、联想、情感,等等。从其中任何一个术语出发,加以扩展,就能发展成一个学派,或者说,它们曾经是一个学派的核心概念。当然,在不同的学派中,这些术语也得到不同的解释,其意义也不完全相同。

4. 杜威说,在审美的理论中,充满着大量过去的心理学的“残骸”。“残骸”这个比喻很生动,很有意义。“感性”“理性”“直觉”“情感”等,原本都各自成为学派,后来就作为“残骸”,被安置在新的理论框架之中,获得新的解释。在当前学派林立之时,我们也可以反过来说,一个学派如果能留下一两个“残骸”,也算是有历史价值。学科的知识,就是这样积累起来的。

5. 艺术心理学的研究,当然主要是从人的共同特征方面来研究。

每个人都有独特的兴趣和态度，有自己的特点，每一件具体的艺术作品也都有着自己独特的特征，这种具体的、个性的研究是困难的。心理学的研究，只能研究正常人的共同性，包括共同的体质构造，他们有共同的生理特征，诸如吃同样的食品，可被同样的武器伤害，等等。当然，这种"共同"，也不能假定是在研究所有人的共同特性，研究的可能是一类人的特性。试验新药，要以不同的人种做实验。白种人、黄种人、黑种人，可能会对某种新药的敏感程度不同。心理学的研究也会如此。性别、年龄、教育程度，都要作区分。是选最优秀的、心理健全的人研究还是选心理病态的人研究，各有区别。

6. 我们在理解心理学时，要坚持这样的基本原则，即从有机体与环境的相互作用出发。这一点此前已经反复说过，这里要再次重申。关于人的心理，必须从这种相互作用，而非直观的观点出发。自我不是"白板"，知识的接受也不是外在世界打在惰性蜡模上的印记。有机体的反应和回应，形成人的主动性，这一点极其重要，却常常被心理学的研究者们忽视。这是由当时的心理学研究方法的设计所决定的。对于一些心理学家来说，人只是"被试"，结论是被预设的，研究者先考虑一种可能的结果，然后通过实验来验证这种结果。这种研究从方向上看还是弄反了，也需要换一个方向看过去。

7. 回到经验的立场上来。经验是由有机体与它的环境的相互作用形成的，不是被动的接受。因此，有机体是一种力量，而不是一种透明物。这就是说，有机体在面对客体时，有着自己的主动性，即有着自己的动力和方向，而不只是被动的接受并被打上印记。

8. 在经验中，确实存在着"主体"与"客体"，或者说自我与世界，它的产生，还是由于两者的相互作用。这种作用所形成的是相互融合和相互改变，并由此产生经验。并且，由于前面所说到的"一个经验"的自身完整性要求，这种相互融合和相互改变是一个过程。我们会将一些经验称为"精神性的"，原因在于它们由内在的成分起主导的作用，将另一些经验称为客观性的，这只是辨识的产物。也就是说，通过辨识，将一些经验归结到"主体"，另一些归结到"客体"，其实它们之间的区分，只是程度的差别而已，是对一个原本不可分的主客结合体通过辨识而确定其归属。

9. 杜威对当时的心理学，即构造主义心理学进行了批判。这种心理学不是将心理状态和过程想象成一个活的生物生活在其环境之中的过程，而将其想象成一种纯粹属于自我、心理或意识内部的东西。由于这个原因，他们又对心理进行分析，将之区分为感觉、感受、欲望、目的、认知、意志等分离的碎片。那种我们所熟悉的关于知、情、意，即感知和理智、情绪与情感、意志和意欲的三分，也是这种碎片化的表现。

10. 心理学的区分，有其历史根源，一般都认为是从康德开始，其实，其源头还是要追溯到古希腊时期。柏拉图就作出了三分，即欲望、意志和理智，并将它们分别对应为三种人，即商人、公民-战士和立法者。他发现，在东方和北方的野蛮人那里，这种三分也存在。将三种人与心理的三种官能相对应，这很有意思，也很有启发性。心理的三种官能，仿佛是天然就有的区分，其实，这是历史地形成的。杜威意在解构这种三分，他的方法正是将之进行历史的还原。人被武断地分成三种类型，根据在不同的人身上某些官能特别发达的特点，认定他们分别是某种官能的代表，由此相应地将人的各种官能分成三类。对此进行历史的还原，就是说明，这三类是对在城邦中人的三分引导下形成的心理分类，而不是本来就有的三种类型。

11. 在现实社会中，人与人之间常常有很大的区别。有人善于执行，有人偏于反思；有人乐于行动，有人耽于幻想；如此等等。有人以自我为中心，追求自身利益的最大化；有人利他而无私，更看重群体的利益。一个组织得好的社会，这种差别就会被缩小；组织得不好的社会，这种差别就会被夸大。人的全面发展，也许只是一种理想，并不能实现；但是，减少分离、调和对立，同时发展个性，应该是艺术的功效。杜威以此来批评心理学，认为心理学高度分科化、分类化，与艺术的功能背道而驰。艺术要在人与人之间起调和对立、发展个性的作用，而心理学的分类研究，对心理要素进行专门研究，无益于这种艺术的功效。

12. 美的快感，是由于心灵的投射而形成的“客观化的快感”，还是由于审美对象？这是美学上的一个古老的问题。杜威认为，“对象与快感存在于不可分割的整体经验之中”[①]。这一点似乎违反常识，只有联系杜威的哲学体系来看，才能理解。“客观化的快感”与审美对象似乎完全不同。快感来自主体，只是主体将它客观化，放到对象上去。

---

① 杜威：《艺术即经验》，高建平译，商务印书馆 2016 年版，第 288 页。

对象是客体，处在人的对面，被人所观赏。但是，按照杜威的体系，这一切都产生于活动所形成的人与环境的互动之中。这时，快感既是主体的，又是客体的，在主客体之间。

13. 在日常生活的其他经验领域，自我与对象的初始划分，是必不可少的，也是合理的。我们做任何事情，一个前提条件是划分物与我。如果不能划分物与我，我们连横穿一条繁忙的马路都做不到。其实，何止是横穿马路，我们处理各种事务，都必须区分物我。我们要不被自己的情绪和幻想所困扰，不被固有意识和观念所控制，面对现实，实事求是地得出结论，做好事情。一个人的头脑是不是清楚，处理事务的能力是否强，全在于此。

14. 我们在处理事务时，重要的不是感受自己的心理状况，而是将注意力放在事务本身上。相反，要控制住自己的情绪，情绪不能冲动，也不能低落，理智地面对所要处理事务的状况及其发展，这就像在打球时，眼睛盯着的是球本身，不能分散注意力一样。但是，我们并不能由此而认定，审美的快感的来源仅仅是由于作为物的对象本身，相反，审美的快感是来自有机体与环境的互动，它们的相互交融。

15. 当然，有一种"物皆着我之色彩"的情况，是外在情况造成的。戴着黄色的眼镜或患黄疸病，一片风景就被看成黄色。类似的情况，杜威举例说，一个人的未婚妻背叛了他，嫁给了一位教士，于是他将教堂钟声的音乐听成了噪音。人们在欣赏一个对象时，带上某种色彩，这种色彩，与欣赏者个人的经历和遭遇，以及欣赏者的生理心理问题，都联系在一起。因此，投射是价值的"转移"。它可以带来审美，但这不是原生性的，而是因其他条件或其他有机体的参与而形成的。

16. 我们对世界的观看，也深陷于某种惯例之中。有时，换一个角度看惯常的对象，可能会带来意外的生动。杜威举了头朝下看一片风景的例子，说明物理位置对观看的影响，换一个角度，色彩会更鲜艳。这实际上是对原本有机体活动形成的感觉的分解。原本三维的图像变成二维的画面，原本彩色的图像变成黑白的素描，原本可触的事物变成只可看的事物，都会带来原有感觉的分解。

17. 经验具有一种适应性，从而形成习惯。艺术的新形式、新风格一开始常常遭遇敌意的反应，正是由于这个原因。感觉形成一个整体，对这个整体进行分解，会引起情绪上的抵触。人们一开始看到梵·高的画会觉得不习惯。梵·高的确是在画他所看到的世界，但他的视觉与常人不同，有一种新的分解。对此，人们不习惯，就不喜欢，抱有敌意。这是梵·高在世时，他的画卖不出去的原因。马蒂斯、毕加索的画也都有这种情况，只是他们的运气好一些，活着看到自己的画被接受，变得很有名。新的艺术形式需要有一段时间，经由某种机缘被人们接受。在这段时间里，发生着很多的事，有外在宣传的效应，有关于艺术家的故事的讲述，有种种运作的效果，但归结到内在的原因，还是这种对分解的适应。

18. 审美经验产生所依赖的主体的一边，即“自我”“有机体”“主体”“心灵”，与环境中的事物相互作用，并由此而产生“一个经验”。对审美经验的形成，只能这样理解。主体不是将情感投射到对象上，也不是作为“一个经验”的承担或负载体而存在。“自我”只是在与环境相互作用过程中的一个因素而已，这种相互作用产生经验，而不是由“自我”来负载经验。

19. 瑞恰慈认为一幅画的美，是由于它在我们心中产生了经验，这种说法是不正确的。不是外在的物在我们的心中产生了某种效果，而是它就在与有机体相互作用之中，产生了某种总体的效果，我们的观看是对这种效果的发现。一幅画的美，是客观的，不是一种离开人的客观，而是在与外在因素与有机体相互作用意义上的客观。在此之后，才有“我”对“它”的观赏。对象与“我”的构造产生因果性反应，而不是“我”的意愿。对“我”来说，“我”的构造是客观的，它与对象相互作用。“我”的意识是对这种相互作用的感知。

20. 美的客观性正是由于这种构造。因此，美是身体性的，当然也是社会性的，人是社会的人。人的心灵产生美感，心灵是在身体与外在物的相互作用中产生感受。

21. 所谓的“在我们心中”是一个容易引起误导的说法。我们的爱恨情仇，各种各样的情感，仿佛是“在我们心中”，实际上仍是来自相互性的总体经验。它们是“部分地由于我们”，而不是“在我们心中”。

22. 艺术也是如此。传统的艺术，在欧洲直到文艺复兴为止的艺术，都是非个人的，其中有某种“普遍性”，个人的因素在 19 世纪得到了增强，这与浪漫主义对个人的强调有关。从中世纪到当代，艺术的个人性在不断增强，但是，即使是 12 世纪的宗教画和雕塑，也有个人的因素，甚至现代艺术，也不是纯粹“个人的”。

23. 人的思想、情感、感觉、目的与冲动之间相互的结合，依赖于活的生物与环境间的联系。活的生物与环境的联系纽带中断以后，人的各种感觉器官间也相互分离了。

24. “观照”一词就是如此，很流行，但杜威认为，这不是一个恰当的术语。“观照”使得知觉中的其他因素被排除，只是“兴奋与激动的专注”，而实际上，这种排除是不可能的。

25. 是分还是合？在康德那里，理论致力于分。这就是他的著名的三分法。普通欲望行为以快感为对象，道德行为指向纯粹意志，认知依赖纯粹理性，纯粹感受就指向美。审美所依赖的是判断力，这种判断力的官能不是反思性的，而是直觉性的。杜威认为，这种思想的缺陷在于，将18世纪的艺术，即以“理性”而不是“激情”为主要特征的艺术，推广为艺术的普遍特征。康德的美学就是如此，重视“客观的秩序与规则，不变的因素”[①]。“观照”的学说，那种“远离所有欲望、行动与情感激动的‘美’的象牙塔”[②]，就是这样建造成的。

26. 这种“观照”的美学忽视了与艺术生产有关的“做”与“造”的过程，以及相应的对这种艺术欣赏中的积极因素，将关于艺术的讨论限于知觉的性质中，将审美局限于认识论。这种美学只是在特定的条件下才有可能。这就是“再现”的艺术，并且所再现题材具有“理性的”性质，即有规律的与周期性的成分与方面。换句话说，那种“再现的”或“现实主义”的艺术，以及其中的成分或形式是“有规律的”或“周期性的”，就适合于这种定义。这不是对艺术的定义，而只是对艺术的一种要求而已。艺术的定义是要说：艺术是如何，而这里，艺术的定义却是：艺术应该如何。如果将“观照”看成是所有审美的共有特征，显然是荒谬的。这种定义可能适用于18世纪的一些艺术，但不适用其他时代的艺术。从18世纪的理性主义即古典主义的艺术出发，加以普遍化，就出现了康德美学。此后，由于康德美学的盛行，又使美学陷于矛盾之中。观照是一种艺术理论，而非艺术或审美的定义。

27. 这种定义从好的一面来说，强调知觉完善本身，即我们普通的知觉受功利的影响，或者情感的影响，不能完整地知觉对象，而“观照”能够实现知觉的完善。但是，杜威则坚持认为，观看时，只观看对象的形象，而排除所观看物给人提供的刺激，只能造成艺术观念的贫乏。我们在观看时，对作为物的对象的观看，是绕不过去的。对有些

---

①② 杜威：《艺术即经验》，高建平译，第294页。

艺术，例如建筑、戏剧、小说，等等，离开作为物的对象，离开所展现的对象，而只是观看对象的形象，是不可能的。康德式的将审美知觉的情感因素定义在观照行动中所取得的愉悦（知解力与想象力的和谐运动），与所观照的对象无关，所造成的只能是艺术观念的极度贫乏。

28. 审美经验并不是没有欲望和思想，而是将欲望和思想彻底地结合在当下的直接经验之中。我们有对于对象的“理智”的感受，有对于对象的“实际”的感受，也有对于对象的审美的感受。这三者的区分，并不是像朱光潜所说的那样，是对于一棵古松的三种态度，即植物学家、木材商人和画家的态度。画家并不是不对古松的种类不加辨认，也不是对古松的材质不加思考，而是将这一切辨认和思考融入当下的知觉之中。

29. 对审美经验，要有一种包容性，而非排他性的理解。这种经验是将各种理智的和实用性的经验包容进去，达到完美的和谐，而不是通过筛除各种其他的经验，达到一种纯粹的、突出的经验，并将它当作审美经验。

30. 面对一个对象，要有积极的、充满活力的思维。读一首诗，一部小说，欣赏一件艺术品，看一片风景，都是如此。动物也能成为欣赏对象。看狮子、老虎，看牛与马，都是如此。首先是观看者处于安全的位置。这不能用“距离说”来理解，不是只要有了距离就能欣赏，而是比起逃生来，有更多的意识、形象和思考被放了进来，构成了欣赏。

31. 康德的“观照”说发明了一种快感，认为这种快感与满足无关。其实，这种快感并不存在。所有的快感都是被渴求所推动，并获得满足。眼睛不能作为感官获得满足，就只能盯着事物发呆。朱光潜举“画家的态度”的例子，并不能否定其功利性。画家看的时候，并不是像镜子一样地“观照”，而是捕捉可以“入画”的细节，是画家要去画的欲求，使他看到所看到的对象。

32. “感受”(feeling)是要去“感”(feel)，这源于“冲动”。传统的心理学都将“感受”放在先，“冲动”放在后，这恰好弄反了。应该是“冲动”在先。我们去“看”，于是“看到”，我们去“听”，于是“听到”。心理学研究“刺激—反应”，这本身就是方向上的错误。恰好相反，应该是“冲动—感受”。在生存竞争中，谁饥渴，欲望强，就先得到食物。在艺术中也是如此。艺术的感受源于对艺术的欲望。

33. 有机体需要外在的环境，离开环境就无法活。需要吞食外在的环境，以获得能量。对于动物来说，这是盲目的，后来就产生了有意识的行为，产生兴趣，调节注意力。那种“过剩精力”产生艺术和美的说法也是错误的，这是席勒和斯宾塞的理论。“过剩精力”只能使内在的冲动急于寻找出路，产生焦虑，而不会产生美和艺术。

34. 有机体对周围环境的关注，不是原初性的，而是一种发展的结果。在真正的知觉诞生之前，有着低级而模糊的对环境的感觉，这受着本能需要的支配。有机体的生命需求促使它关注环境，获取与生命体相亲和的物质。来源于内在的、依据生命需求的冲动为意识提供了焦点和范围。人有原始需要，这种需要最初是本能冲动的依据，但有了意识，就可以更好地满足。既然如此，人就产生了对意识的依赖。这种依赖是知觉产生的原因。

35. 我们在思考审美经验时，不要从一种先入为主的心理学出发，寻求纯粹的知、情、意的区分，构想一种与美的对象相对应的心理活动，而是从艺术作品生产的实际出发，就会发现，那种将需要、欲望、感情与行动都排除在审美经验之外的做法，是极其荒谬的。在知觉中，各种因素和成分都同时呈现。

36. 审美欣赏时有一种特点，被称为“静观”或者“观照”，这不能理解成单纯而被动的观看，而只是各种冲动与知觉结合在一起，形成一种平衡状态。这时的知觉为了自身而存在，而不是为了某一外在的目的。

37. 诗(poetry)一词来自古希腊文的 poiesis，意思是创制。既然如此，它是一种活动，对艺术的欣赏也是如此，是一种创造活动。在审美的知觉中，有着冲动与满足的平衡。

38. 因此，不要将“观照”理解成对激情式的情感持超然态度，那种作为审美欣赏特征的沉静与镇定，只是表明各种冲动处于内在平衡状态，甚至说，不是平衡，平衡也可能被静态地理解，这只是平稳的状态。

39. 由此来看一些流行的审美理论。“无利害性”，并不是表明无功利观，无兴趣和趣味，而只是表明没有一种专门化的兴趣占据着主导地位。“Disinterestedness”也许更好的译法，是“非功利性”，即去除功利。不是没有，而是去除。叔本华所讲的，也是“去除”，他认为，审美观赏是压制住人的欲望，从而获得快感。很多翻译已经成为习惯，但还是有反思的必要。

40. “超然”一词也是如此。不是指自我隔绝,与对象分开,而是完满地参与,不受作为消费者在物质上利用一物时所产生的专门化的欲望的影响。一盘美味,色香味俱全,饥肠辘辘的人只顾着填饱肚子,不能品味。进餐要完满地参与,仔细品味,不是隔着橱窗看一眼美食就走,也不是邻桌的饭菜。

41. “心理距离”也是如此,不是拉开,而是参与。“距离”使人不受当下的威胁,就像前面所提到公牛的例子,或者我们常举的欣赏狮子老虎之美的例子。距离获得的安全感,只是条件,欣赏还是要依赖于更加全面地参与到对象中,产生知觉上的彻底沉湎。

42. 对于“心理距离”说,还很重要的一点是,这不是“不动心”的“静观”和“超然物外”。“狄德罗的悖论”说的是这种情况。演员在演出时,不能没有情感,只是需要一种作为艺术家的专业性而使这种情感实现转化。这种观点具有普遍有效性。距离只是做减法,审美只做减法不行。情感情绪不能少,不能过滤掉,只能通过转化,使原生的情感转化为艺术情感。

43. 关于理性与感性,杜威在猜测一种介乎其间的东西。艺术作品是感性的,但又含着丰富的意义。怎么看待这种理性与感性的结合,是一个重要的理论问题。杜威并没有解决这个问题,但他将问题明确提了出来。“艺术以某种方式拥有理性内容的蛋糕而又拥有吃这块蛋糕时的感性的快乐。”[①] 这一切又是如何可能的?对此,需要有一种理论来给予回答。

44. 杜威给予的回答是不清晰的。他认为,“对感性的性质与概念性的意义所作的区分,并非一种基本的,而是衍生性与方法性的区分。”[②] 他认为,这具有中间性和过渡性的特点。其实,这是不对的。如果联系符号的观点来看待这一点,就可以发现,感性可以直观意义,而不是对理性的扭曲。

45. 在观看时,感觉与意义总是纠缠在一起的。去看树叶,是看见一片绿,还是一片绿叶?我们本来无法分清。实际上,我们所有的观看中,都含着理解。感觉与理解被区分,在艺术中可看得很明显。印象派绘画,致力于去还原纯观看。这不是说,还原到原初的观看活动,实际上,这种原初的观看活动并不存在。观看从一开始,就与看到

①② 杜威:《艺术即经验》,高建平译,第301页。

了什么联系在一起，理解增进观看，与观看结合在一起。然而，两者又不是不可分，印象派绘画，就是偏重观看本身，而致力于悬置对所看物的理解。

46. 在日常生活中，常常存在的，不是被环境所压倒，就是对环境冷漠。由于这两种情况，我们的感觉不能活跃，也不能为思想所感动。正是由于人们经常处于这种状态，即日常经验的压抑和单调，因而才偏爱梦和幻想。通过进入到音乐、戏剧、小说等等之中，进入一种情感和幻想的王国，在这其中，使能量得到发泄。

47. 正是由于这种人们在纯粹幻想物中寻找安慰与刺激，并以此构成经验的观念，"实际的"思想就被放在艺术作品性质的对立面了。"美"与"有用"的对立，根源于经济制度的错位。美与艺术不是无用，而是有用的。庙宇和教堂是欣赏的对象，其本身也有用处，这些建筑里的绘画也是欣赏的对象，同样也有用处。不同种类的艺术，都是为着各种实用目的制作出来的。

48. 既然美与艺术也有用，那么，如何区分艺术品与普通物品，就成为一个重要的问题。我们的许多关于艺术边界的研究，都与这种区分有关。对此，杜威在这里提道："物品的生产与使用涉及生产者与使用者行动的流畅，即尽可能具有机械性和自动性，而艺术品的强烈而有活力的意识依赖存在于这种行动中的抵抗力的存在。"①这里说得还不够清晰，我们只能猜测他的含义，即物品是机械地制作出来的，而艺术品的创作有一个过程，有制作，有抵抗，以及对抵抗的克服。这种克服的过程，体现了人的力量和智慧，以及人的情感过程。

49. 对于同样的东西，不同的使用情况，可以给人提供不同的经验。例如器具，是用来使用的。一个杯子，可用来喝水，也可用来欣赏。杯子的造型、材质和做工，影响到我决定用这个杯子，而不用另一个杯子。审美经验在这里起作用。杜威不知道的是，在他以后，这一点发展到了极致。所谓的日常生活审美化，其中重要的一点，就是各种商品造型都趋美。商品竞争，过去是功效和质量上的竞争，现在出现了造型上的竞争。样子高大上，就卖得好，这是所有的生产者和经营者都懂的道理。只有那种要急速解决吃喝问题，填饱肚子，从而不将吃喝当作一个过程来欣赏的人，才不注意器皿之美。

---

① 杜威：《艺术即经验》，高建平译，第 303 页。

50. “熟能生巧”的说法,对于物质生产来说,是有道理的,但对于艺术生产来说,就存在问题。熟会带来生命机械化,带来麻木,只想到要做什么,根据习惯去做,而不会对过程有感受。因此,中国古人讲,画须熟外生,有一点这方面的意思。熟悉了,知觉就麻木,由熟回归生,就回到了一个思维活跃的状态。不仅作画如此,各行各业都是如此。各行各业中都具有这种艺术性,这方面的道理是相通的。

51. 各种各样的心理学理论,都受心灵与肉体相分离思想的影响,并由此造成了“心灵”与“实践”的二元论。“实践”是身体的活动,传统的心理学将它与“心灵”区分开,认为“心灵”“灵魂”“精神”能单独存在。同时,传统的哲学认为,“实践”与辛苦繁重的劳作联系在一起,而“心灵”和“精神”只与闲暇联系在一起。其实,“心灵”“精神”“思维”等活动,只是身体的功能,主要是大脑在思维。但是,由于劳心和劳力的分离,于是人们就认为,闲暇产生思想,而劳作只生产实用的物品。做出了这种还原,就可以看出过去种种思想的弊端。

52. 关于“心灵”(mind),杜威引用这个词的一些日常的和习惯的用法,说明它不是作为哲学术语使用时的那种与实践和物相对的概念。当我们说“心”与“物”相对时,“心”就被赋予了与实践活动无关的心灵活动的意思。但是,mind这个词平常使用时,表示的是对现实事物,对人和物,对情境和事件的关注。根据不同的上下文,它可以具有“留心”“在意”“记起”等各种意义,都是“及物”的。“Mind”,是对某人、某物、某事的mind,在日常使用中,总是“及物”的。

53. 原本,“mind”是这样的一个动词,表示人对各种事物的心灵反应,但后来却被实体化了,被看成是形成这些反应的内在的实质,而这原本是不存在的。这种意义的转化,在杜威看来,是一些“有影响的思维方式”①造成的,他对这些“有影响的思维方式”持批判的态度。

54. 与此相应,“物”也是如此。我们习惯上用“substantial”(实质上),这是一个形容词,与主体有着关联性,态度和兴趣存在于其中。从这种意义出发,才有了“substance”这样的一个表示“物”的词。“物”是后来才获得形而上学上的意义。

55. 杜威将“心灵”称为“背景”,却又说,这个词“太消极了”②。的

① 杜威:《艺术即经验》,高建平译,第306页。

② 同上,第307页。

确如此,心灵充满着积极性,主动接触环境,寻求将环境投射到这个背景之上。或者,正如杜威所说,背景吸附环境,将所有碰到的东西吸附到自身的存在之中。

56.“心灵”是“背景”,但心灵不是固定不变的镜子,它是“自我”,而这一“自我”在与环境的相互作用中出现,又不断地在这种相互作用中得到修正,并通过进一步的相互作用而得到发展。沉思默想不是脱离现实,而是通过暂时从现实场景中撤离以思考这些场景的材料而已。

57.“心灵”的积极性,体现在它的分类方式上。我们说,有科学的、行政的、艺术的与商业的心灵,以所处理的材料来命名,说明不同的心灵对不同的材料敏感,使不同的材料得到聚合和投射。艺术家对自然和人的世界的某些方面特别敏感,有所擅长的媒介,有表现的冲动,以此来对材料进行改造。所谓的心灵,就是内在的冲动与特殊的经验背景的融合。

58. 艺术中对传统的依赖是普遍的现象,但有着不同的对待传统的方式。不同的艺术门类对待传统的方式都有差异,一般说来,雕塑、建筑和绘画中,传统的作用更明显一些,然而,即使是文学,传统的作用也仍然是巨大的。其实,科学、哲学,以及工艺之中,都有着传统的影响。对待传统,有着两种态度,那些学院派模仿者对传统的接受,是表面的,只是关注技术方面。其实,传统的接受需要进入心灵之中,即进入观看与制作方式的结构之中。

59.“心灵”与“意识”不同。“心灵”也在改变,但相对持久,这是杜威将之说成是“背景”的原因,它吸收材料,仿佛是材料落入其中。当然,“心灵”不是始终不变的,在兴趣与环境的共同作用下,它也会缓慢地发生着变化。“意识”则相反,它是“前景”,总是处于迅速变化之中。它是已形成的性格倾向与当下的情境相互作用的结果。

60. 杜威下一个要解释的概念是“直觉”。他的“直觉”与克罗齐不同。他认为,“直觉”中旧与新的相会,也就是长期而缓慢地培育准备的要素的突然闪现。这是一种旧与新、前景与背景的和谐的结合。这方面的思想,有待进一步展开。

61. 接着,杜威讲到“兴趣”。兴趣是心灵的产物,是选择和组合材料的动力。我们说,兴趣是最好的老师。兴趣取代了监督,人就自觉去从事某件事。这是一种内生的动力。同时,兴趣还是个性特征的来源。艺术创作具有个性特征,恰恰是由于它们是具有个性的艺术家的创作的成果。相反,那种机械的产物就只有统一性,例如各种工业制成品。

62. “兴趣”是表示一种持续的动力,与“灵感”不同。“灵感”是短暂的,转瞬即逝的,而兴趣能给予“灵感”以推动力,以集中其能量,完成活动。兴趣代表着艺术中的生命力。只有通过兴趣的滋养,“灵感”才能获得创造力,化为现实。

63. 杜威还谈到一个重要的概念——“想象”。这个概念与“美”一样,融进了太多的误解,其中也夹杂着许多抒情而非理性,甚至神秘主义的描述。想象是一种“弥漫在制作与观察的全部过程之中,使之充满生机的性质”[①]。想象是将观看和感受综合成整体,也是心灵与世界接触之时兴趣的混合。古旧而熟悉的事物在经验中得到翻新,或者说是激活,使遥远而奇特的事物进入经验之中,变得熟悉而自然亲切。

64. 柯尔律治谈到想象时,说它的特征是“融为一体”(esemplastic),即将各种不同的成分融合,成为一个全新而统一的经验。他所使用的术语可能是属于当时那一代所常用的,即将心理官能先区分成各种要素,又将它们融合起来。但是,这时的意思是明确的。想象不是做某些事的力量,而是将各种感性材料、情感和意义聚集到一起,形成一种新的集合。

65. 杜威也提到了柯尔律治对“想象”与“幻想”的区分。他所理解的“幻想”,是指“就像一个超自然的幽灵所做的那样,故意穿上异乎寻常的袍子,从而给熟悉的经验以奇特的伪装”[②]。这种幻想阻止了心灵与材料之间的相互渗透,玩弄材料,而不是“大胆地把握它”[③]。在幻想中,材料的使用是任意的、外在的。随意地使用材料,与心灵的表达无关。杜威认为,在文学中,有可能是这种幻想,但是在绘画中,“想象”与“幻想”的区分就可以看得很清楚,至于建筑,杜威认为,就更是如此。建筑要依托材料,是包含材料的思考和想象,而离开有关材料的思考,就具有任意性。

66. 关于想象,杜威提出了“两种视觉”的观点,即内在视觉和外在视觉。内在视觉常常丰富精美、多彩多姿,但外在视觉具有坚实性

---

① 杜威:《艺术即经验》,高建平译,第310页。

②③ 同上,第311页。

和能量。内在视觉是虚幻的，而外在视觉是实在的。但是，这不等于我们必须只接受外在视觉而排除内在视觉。实际上这是不可能的。人们通过内在视觉而控制外在视觉，使两者相互对比。想象是两种视觉的相互作用，艺术由此而生。人们会喜爱内在视觉，感到习惯而亲切，但又不得不服从外在视觉对它的调整，由此产生两者的相互作用。其实，在哲学上也是如此。人们喜爱自己的思想与理想，认为比现存的一切都要更加美好，但思想要想有力，就不得不回到现实之中。

67. 思想具有一种惰性，走着一种阻力最小的路。人们喜欢重复一些习惯的思想，也许会有一些小的变化，使人避免感到单调，但变化太大，就会激起恼怒。语词也是这样，服从一种自动性的倾向。因此，创新很难，一种全新的思想，在一开始会激起公愤，人们会群起而攻之。接受这种新的思想需要时间，要经历一个过程。在科学、哲学、宗教等各个领域中，都有类似现象。人们先是用石头将先知砸死，再用石头为先知立纪念碑。

68. 有两种艺术家：一种艺术家小心地模仿前人的作品，掌握他们的技能，对他们的风格作某种综合；还有一种艺术家回到原初的自然，致力于新的发现。前一种由于是重复眼睛已经熟悉的东西，很容易被认出和评价，而后一种由于走一条新的路，则要艰难得多。前一种依托习惯的惰性，而后一种则要克服阻力。通过阻力的克服，艺术经验得到极大的膨胀和丰富。因此，艺术与哲学不同。哲学是始于惊奇终于理解，而艺术是始于理解而达到惊奇。

69. 最后谈到公共性的问题。那种从单个的人的角度研究人的心理的学问，是一种割裂。人是社会的动物。一个人的思想与信仰，来自那些与这个人生活在一道的其他的人，来自于群体的活动。人与人时刻都在交流，这种交流不必是深思熟虑的表达，而只是直接反应。

70. 艺术是人与人交流的手段。人与人无时无刻不在交流，这种交流都具有艺术的性质。但是，我们又不能泛化，称这一切都是艺术。艺术是一种集中体现这种性质的一些活动，例如仪式和典礼。因此，“艺术是仪式与典礼的力量的延长，这些仪式与典礼通过一种共享的庆典，将人们与所有生活的事件与景观结合起来”①。从起源的角度看，艺术与原始社会的各种仪式和典礼有密切的关系。这种仪式与典

① 杜威：《艺术即经验》，高建平译，第 314 页。

礼,有功利目的,也与信仰联系在一起,例如为了狩猎、丰收,祈求风与雨,等等,但从本质上讲,仍是做给人看,传达某种意思。

71. 人的贡献,讲的是心理学,主要还是批评当时流行的各种心理学。回到人的活动的整体性,关键在于克服一种悖论:研究人,人又不是心理学意义上的"被试",不是被看,被观察。研究者身在其中。固然,"不识庐山真面目,只缘身在此山中",但是,人却出不去。出去了再看山,又不是"此山"了。

(作者单位:深圳大学美学与文艺批评研究院)

学术编辑:张　冰

古典批评的四根支柱

王柯平

内容提要 西方古典批评，从希腊古风时期绵延至基督教初期，前后长达14个世纪。按照西方古典学界的权威说法，古典批评的至要遗产包括三部文本——亚里士多德的《诗学》、贺拉斯的《诗艺》和归在朗吉努斯名下的《论崇高》。本文作者认为，这里需要加上柏拉图《理想国》第十卷，由此合成四部经典文本，堪称古典批评的理论圭臬。它们如同四根支柱，支撑着古典批评这座千年老店。

关键词 古典批评　四根支柱　《理想国》第十卷　《诗学》《诗艺》《论崇高》

在西方文学批评史上，"古典批评"（classical criticism）历经希腊古风时期、希腊古典时期、希腊化时期、古罗马时期、奥古斯都时期、罗马帝国时期与基督教早期，时间跨度从公元前9世纪绵延至公元5世纪，前后长达1400年左右。"古典批评"的主要对象是诗歌与散文，诗歌包括史诗、颂诗、哀诗、抒情诗、悲剧诗、喜剧诗、讽刺诗与牧歌等体裁，散文涉及历史叙事、庭议雄辩、公众演说、对话与书信等体裁。总体而论，"古典批评"涉及文学、哲学、神话学、修辞学、语文学、伦理学、政治学与心理学等诸多领域。

那么，在千余年的演变与沿革中，"古典批评"所凝结的代表性理论遗产到底有哪些呢？按照西方古典学界的权威说法，古典批评传给后来数百年的最伟大遗产，无疑是其三部影响深远的文本，即《诗学》《诗艺》与《论崇高》。就此三部文本而言，贺拉斯的《诗艺》虽然并非总是广为人知，却最持续不断地为人所知且为人鉴赏。亚里士多德的《诗学》虽然确是有史以来最伟大的批评论文，但通过中世纪后来的拉丁语译本，仅为少数人所知；它对文艺复兴时期的文学和批评产生了主要影响，并在20世纪的批评思想中发挥了重要作用。朗吉努斯的

《论崇高》,倘若确是他的著作,是在17世纪脱颖而出,激发了崇高膜拜者的灵感,一直延续到19世纪。[1]

在笔者看来,除了上列三部文本之外,还应加上柏拉图《理想国》第十卷。如此说来,这四部文本便构成古典批评的四根支柱。显而易见的是,前两部文本为哲学家撰写,后两部文本出自批评家之手。在理论绵延机制与思想相互影响方面,不难见出哲学与古典批评的内在联系。从历史沿革角度看,柏拉图的文本,依据形而上学的理念论,阐述了涉及艺术创构、再现加表现的模仿论,由此奠定了诗歌之为诗歌或艺术之为艺术的本体论。亚里士多德的《诗学》,是从艺术哲学角度对柏拉图模仿论的反转性回应,有关史诗、悲剧和喜剧体裁及其艺术特征的论述,也是如此。贺拉斯的《诗艺》,在理论基质上,是受亚里士多德诗学思想的影响,尽管其对拉丁语诗歌创作艺术进行了富有独创性的反思和总结。至于归在"朗吉努斯"名下的《论崇高》,原文是用古希腊语撰写,思想是受新柏拉图主义的影响。故此,从思想源流与发展理路上看,将柏拉图的诗论纳入古典批评的核心遗产,委实是合乎情理之举。我们随后将对这四根支柱的理论要点及其新近研究成果,逐一进行简述,以便引起讨论。

一、柏拉图的诗论

《理想国》第十卷(*Republic* Book 10)是柏拉图诗论的基石。与此关联密切的有《理想国》第三卷、《法礼篇》(*Laws*)第三、七卷,另外还有《伊安篇》(*Ion*)、《斐德若篇》(*Phaedrus*)和《会饮篇》(*Symposium*)等。迄今,相关论述甚多,这里补充三点。

1. 模仿论的多义指向

入乎其内而观,就会发现柏拉图对模仿(*mimesis*)[2]的论述,实属

---

① George A. Kennedy (ed.), *Classical Criticism*, Cambridge et al: Cambridge University Press, 1989, p. 346.

② 古希腊语词"*mimesis*"通常英法译为"imitation",也有译为make-believe的,汉译为"摹仿""模仿""虚构"或"假装"。德里达认为imitation是一种误导性的误译。索尔(转下页)

其诗学思想中的代表学说。在《理想国》第十卷里，柏拉图提出了著名的"床喻"[①]，借此来图解模仿的本质特征。这里，柏拉图以理式为始基，以真实为根本，以比较为方法，以价值为尺度，逐一论述了三类制造者、三类床和三类技艺。若按本末顺序排列，三类制造者分别为神明、木匠与画家；三类床分别为神明所创之床或自在之床，木匠所造之床或木质之床，画家所画之床或象形之床；三类技艺分别为运用型技艺、制作型技艺与模仿型技艺或模仿术。就其各自地位及其相互间的内在关系而论，神明是无所不能的原创者和"享有真知的运用者"，神明首先创造出独一无二的床之理式，也就是具有真正本质或最为真实的自在之床，并且依据自已所掌握的运用型技艺，判别出床的性能好坏与正确优美与否，然后留给掌握制作型技艺的木匠，由后者按照相关要求制作出具有物质形态和实际用途的木质之床；画家看到木质之床，借助自已所熟悉的模仿型技艺，将其表象照样描摹下来，由此制作出自已的仿品，也就是他所画之床或象形之床。

比较而言，自在之床象征真实，是所有床的理想原型或原创形式，属于形上本体的第一级事物；木质之床是自在之床的摹本，与真实相隔一层，属于好像真实的第二级事物；象形之床是木质之床的影像，与真实相隔两层，属于复制外观的第三级事物。从认识价值上看，柏拉图最重视神所创造的床之理式，其次是木匠所制作的木质之床。前者至真，尊之为体；后者似真，意在为用；体用虽然相关，但彼此二分，呈现出由体而用、由一而多的衍生关系。另外，神明贵在原创且有真知，木匠善于领悟且能制作，神明授意，木匠追随，两者结为设计先导与具

（接上页）邦从艺术角度将 mimesis 等同于 art creation（艺术创构），参阅 Göran Sörbom, *Mimesis and Art*, Stockholm: Svenska Bokfriaget, 1966. 奥尔巴赫从文学角度将其阐释为 representation of reality（现实的再现），参阅 Erich Auerbach, *Mimesis: The Representation of Reality in Western Literature*, trans. W. R. Trask, Princeton: Princeton University Press, 1953. 哈利维尔从美学角度将其解释为 representation-cum-expression（再现加表现），参阅 Stephen Halliwell, *The Aesthetics of Mimesis*, Princeton and Oxford: Princeton University Press, 2002. 除了专论艺术模仿外，柏拉图还在《理想国》第三卷与《法礼篇》第三卷和第七卷等对话里，论及身体模仿（体育训练）、心理模仿（人物表演的性格特征与观众的心理反应）、自然模仿（源于自然与动物音响的语言与音乐的创构）和神性模仿（人利用神赐的礼物——理性，从内在德行上模仿作为完美范型的神，以期实现人之为人，像神的自我完善目的）。

① Plato, *Republic*, Book X 596 - 598d, trans. Paul Shorey, London & Mass, Cambridge: William Heinemann Ltd. & Harvard University Press, rep. 1996.

体实施的传承关系。谈及画家的象形之床与模仿型技艺，柏拉图毫不掩饰其鄙视与贬斥态度，认为画家骗人耳目，利用人性弱点，增加作品魅力。其所擅长的绘画与模仿型技艺，“在工作时是在制造远离真实的作品，是同人心中远离理智的部分相交往，从中不会结出任何健康而真实的果实。总之，这种模仿型技艺是低贱的技艺，与低贱的东西为伴只能生出低贱的孩子”。

仔细审视“床喻”，会有更多发现。譬如，柏拉图凭借“理式”的原创性和本真性，一方面是要揭示“实物”的衍生性与实存性，另一方面是要阐明“形象”的游戏性与欺骗性。按其所述，先验设定的“床自体”或“自然之床”，“由神制作”，可谓床之理式，具有原创性和本真性，是床之为床的唯一原型或“形式因”，属于观念上的抽象存在。这里所言的“存在”，意指“是其所是”或“床是如此”的“本质”。木匠依据床之理式打造出来的木床，具有衍生性和实存性，是“模仿真实”的结果，属于空间里的物质实存。这里所言的“实存”，意指可以触摸和实用的“实物”。至于画家依照木床描绘出来的画床，代表床之形象或外观，是“模仿影像”的产物，属于感知上的视觉形象，虽无实用性与真实性可言，却具有游戏性与欺骗性。通常，游戏性会引致娱乐与快感，欺骗性会迷惑儿童与愚者的眼睛，使其以假当真或不分真假，误入认识的歧途。相比之下，“床自体”是绝对真实的，木床不是完全真实的，画床则是纯粹现象的。这是柏拉图的思想逻辑，其中隐含“一个形而上学的悖论”。因为，当我们思索床的设计原理时，我们会认为提供原型的“床自体”或“床之理式”是真的。但当我们想要睡一个好觉时，我们会认为具有实用功能的木床是真的。尽管有人会替柏拉图辩解说：前者所言的“真”，是本质意义上的“真”；后者所言的“真”，是功能意义上的“真”；此两者在语义学上是迥然有别的，等等。

学界针对“床喻”的解析，大多因为论证角度不同而“繁衍”不断。归纳起来，主要有以下几点。其一，从认识论角度来看，理式至真论会使人从上述“床喻”中，推演出一种“真实性层级结构”。这个结构包括三个层级，即以自在之床所代表的理式，以木质之床所代表的实物，以象形之床代表的影像或形象。也就是说，形象的真实性认识价值最低，实物的真实性认识价值居中，而理式的真实性认识价值最高。质而论之，真实性的高低，有赖于真实性的大小；真实性的大小，取决于同完美实体或神造理式的近似程度。在柏拉图那里，真实性等级越高，认识价值越大。故此，若自上而下地进行价值判断，即从一等真实下到三等真实，便呈递减趋向；若自下而上地进行价值判断，即从三等真实上达一等真实，则呈递增态势；前后两种方式都凸显了“理式”的核心或主导地位。但从认识经验过程来看，情况则有变化。这一变化尽管不会彻底颠覆上述价值判断的最终结果，却会赋予画床一种特殊意义。因为，经验界不等于真实界，只是近似于真实界；经验界抑或表明“某种相似于真实但并非真实的东西”抑或表明“某种渴望成为与理式相像”却“相形见绌”的东西，结果只能艰难地显示出真实界所提供的某些形象。这些“形象”类似于事物的“表”，隐藏其后的实相等于事物的“里”。人的认识习惯，通常是一个由表及里的过程，也就是说，首先引人注目的是事物的外在形象（表），经由感性认识而达理性认识，人才会透过外在形象觉解内在真相或本质（里）。依据柏拉图的思路，人首先会观看闪烁在光亮中的美，然后才会审视显现在形象后的真。画床所起的作用，犹如“闪烁在光亮中的美”；“床自体”或“床之理式”所象征的东西，犹如“显现在现象后的真”。可见，在此认识过程中，画床的引导与启示作用是不容忽视的。

其二，从目的论角度来看，柏拉图采用“床喻”这一修辞手段，实际上就等于采用了一种通俗易懂的形象说法，这有助于把人们从床这一熟悉的生活日用品那里，引向支撑自己哲学思想结构的“理式论”。在此意义上，他试图用形而上的“一”，来统领形而下的“多”，以化繁为简的阐述，来完成众象归一的立论。此外，在写实之风盛行的雅典，柏拉图明里是在抨击绘画艺术的模仿本性，暗里是在抨击诗歌艺术的模仿本性，实则为了表明城邦组织建构的合理性或正确性。诚如他在《理想国》第十卷开篇里所说：“有许多理由使我确信，我们建构这座城邦的方式是完全正确的，特别是对诗歌问题所展开的思考。我们拒绝接受诗歌的模仿部分。对于三分的心灵来说，模仿型诗歌是我们最不愿意容许的东西。”①为什么呢？按照柏拉图的观点，人的心灵由理智、激情与欲望三部分组成，理智是高尚部分，激情与欲望是低下部分。模仿型诗歌擅长激发人的情感欲望和模仿天性，由此会滋养或壮大其心灵中的低下部分，结果会使听众背离求真爱智的哲学，转而追随煽情取乐的悲剧诗人或其他模仿型诗人，最终会对“他们的心灵产生破坏

---

① Plato, *Republic*, Book X 595b.

性影响，除非他们具有一种解毒剂，即对事物是其所是这一真相的认知”[①]。“这一真相”，不是别的，正是“理式”。对“理式”的认识，便是对抗“破坏性影响”的解毒剂或矫正方法。

其三，从艺术本体论角度来看，“床喻”虽然意在贬低模仿艺术的认识价值和抬高神造理念的原创意义，但反过来正好说明了诗画等模仿艺术何以生成的根源。在柏拉图心目中，艺术具有模仿本性，艺术生成是模仿理式与外物的结果。据“床喻”所示，“床之理式”是始基或范型。木匠直接模仿这一理式，打造出代表“实用艺术”的木床，该木床在本体意义上是理式的副本或影子；画家直接模仿木床，绘制出代表“娱乐或欣赏艺术”的画床，该画床在本体意义上是木床的副本或影子，同时也是理式的副本之副本或影子之影子。正因为如此，柏拉图认为木床作为直接模仿理式的结果，与代表真实的理式相隔一层；而画床作为直接模仿木床的影像，与代表真实的理式相隔两层。由此便可推导出如下几点：(1)理式的真实性最大，木床的真实性较少，画床的真实性最少。(2)理式作为范型的地位至高，木床所代表的实用艺术次之，画床所代表的娱乐或欣赏艺术再次之。(3)画家由于直接模仿了木床，间接模仿了理式，因此，画床与木床结为临摹或再现关系，而与理式结为象征关系。(4)画家所绘制出的画床，是木床的直观或视觉形象，因此，画家的任务就是创造这种具有直观性的艺术形象。

显然，柏拉图对“模仿”与“真实”的上述哲学思考，原则上应和于“真实性层级结构”的假设，据此可将理式视为一等真实，将实物视为二等真实，将形象视为三等真实。相应地，一等真实是原创因，二等与三等真实是派生物。这种基于认识论的价值判断逻辑，反映出“模仿”论的某些确切用意。在柏拉图看来，模仿实物是为了让形象与实物之间具有相似性。鉴于形象的审美价值，这种相似性会吸引我们的感官与视觉，借此发挥一种双重作用。一方面，相似性会唤起观众的好奇心，鼓励他们透过表象看到真实本身。这一点具有积极意义，因为相似性的认知价值就隐藏在其审美价值之中，凭借凝神观照外在形象，便有可能发现内在真理。另一方面，相似性在某种程度上是模糊不清且骗人耳目的，这是因为我们对一些事物的知识从来不是精确无误的，就拿观画来说，我们不会那么仔细推敲，也不会对其吹毛求疵，而

---

① Plato, *Republic*, Book X 595b.

是满足于接受这种充满暗示和幻象的艺术所表现的东西。[①] 显然,这一点具有消极意义,因为相似性会使我们远离真实,甚至会上当受骗,但我们却不以为然,反倒陶醉于这种充满游戏色彩、充满暗示和幻象的艺术之中。

如此看来,艺术凭借模仿制造形象,形象属于三等真实,在本质上与二等真实和一等真实相联系。这种联系首先表现为形象与实物近似的不同程度,其次表现为形象与理式近似的不同程度。有鉴于此,艺术模仿可以被视为一种具有象征意义的唤起形式,有助于揭示模仿形象、实用物品和原创理式三者之间的潜在关系。换言之,艺术模仿虽然存在于三等真实或感性经验之中,但在象征意义上既能唤起二等真实,也能唤起一等真实。常言道,"一叶知秋"。正如你看到一片落叶就能感受到秋天的到来一样,你完全可以通过凝神观照艺术模仿所得出的形象,进而认识二等真实和一等真实。尽管真实的三个层次在价值判断上位于不同等级,但它们终究处在相互联结、密不可分的关系网络之中。

值得一提的是,柏拉图对模仿艺术的形而上学评估,似乎隐含着他对艺术象征关系的心理学评估。通常,这种象征关系凭借感性形象,引发心理暗示或联想作用,由此体现或表露出不可见的真实或内在的理式。自下而上地看,从低到高的各等真实,均是以喻示或象征的方式,在其层级结构中相互联系着。换言之,如果所画之床是直接模仿木质之床的影像,那同时也是间接模仿床之理式的影像。反过来讲,床之理式如果在木质之床中留下直接的印迹,那同时也在象形之床中留下间接的印迹。更何况任何一位成熟的画家,在从事艺术创作时,大多不会恪守柏拉图所设立的这种逻辑顺序。相反,他会大胆地越过模仿人工制品的边界,尽情地描绘和表现四周历历在目的自然景物;会放开自己的想象力,采用艺术特有的方式,将抽象概念、精神实体或各种神灵转化为直观的感性形象。实际上,现存的古希腊花瓶和雕刻等艺术品,都如实地证明了这一点。

2. 哲理诗的整合效用

在《理想国》第十卷里,柏拉图专门论及哲学与诗歌之争,认为这

---

① Plato, *Republic*, Book X 598.

场纷争的重要性超过人们的想象，声称这场纷争是决定一个人善恶的关键。[①] 按照柏拉图的通常说法，诗歌基于模仿，诗人善于说谎；诗歌表现情感，诗人擅长想象；此两者均不像哲学和哲学家那样侧重理智和逻辑，非但不能给人以真知、真理或智慧，反而会给人以影像、假象或幻象。故此，他依然坚持原来的判断，相信当初将诗歌逐出理想的城邦具有充分理由。[②]

从其不少对话中可以看出，有关哲学与诗歌之争，几乎以或显或隐的方式伴随着柏拉图的一生，或者说，诗歌的阴影（或倩影）始终伴随着他的哲学思考。在探寻充足理由的过程中，柏拉图试图从哲学认识论与伦理学的立场出发，来为诗歌的价值和效用重新进行定位，来指陈人们在道德观念和审美趣味上的种种误区。如此一来，柏拉图经常陷入两难之境。他在谴责诗歌与诗人的同时，也直接和间接地为其辩护。因此，我们可以这样假定：柏拉图作为一个诗人哲学家，深知传统诗歌的历史地位和文化意义。但从道德理想主义和政治工具主义原则考虑，他认为有必要对传统诗歌进行必要的删除或修改，以期达到“去粗取精，为我所用”的政治与道德目的。为此，他本人似乎把诗歌分为三类。第一类是模仿诗，其主旨在于复制或再现自然界与人世间原有的事物与情景。这类诗歌由于本质上属于“技艺”性操作的结果，因此会随着技艺水平的波动起伏，在质量品位上显得良莠不齐，故而需要按照相关原则与实际要求进行取舍、改造和利用。第二类是神启诗，属于诗人迷狂、神灵附体时的杰作，其中的神来之笔近乎神明的启示或先知的箴言，委实是可遇而不可求。第三类是柏拉图最为推崇的哲理诗，这兴许是解决哲学与诗歌这一纷争的重要途径。这种诗并非是用格律写成的韵文，而是富有诗歌品质的哲学对话。

柏拉图的哲理诗，主要是由形象生动的喻说与充满哲理的神话整合而成。从其对话文本中可见，柏拉图在谴责那些不合自设标准的诗歌时，并没有将神话包括在内。[③]《理想国》第十卷后半部讲述的厄尔神话，可以说是柏拉图式哲理诗的典范。实际上，哲理诗是哲学的诗化或诗化的哲学。柏拉图十分看重将哲理与诗意予以会通的诗化哲

---

① Plato, *Republic*, Book X 608b.

② Plato, *Republic*, Book X 607b.

③ 吉尔伯特·默雷：《古希腊文学史》，孙席珍等译，上海译文出版社 2007 年版，第 233 页。

学，甚至相信仅凭这种诗化哲学，就足以拯救他心目中的理想城邦。柏拉图式的哲理诗，作为一种独特的杂糅文体，似乎让哲学与诗歌的纷争得以和合与消融，引致“合二而一”的交汇性对话形式。此结果在一定程度上就像罗森（Stanley Rosen）所言：这场纷争消失在创造性的话语中，结果诗不像诗，哲学不像哲学，而是哲学的诗。哲学没有诗，正像诗没有哲学一样，是不适宜的或无法衡量的。[①]

但要注意，如果哲学与诗歌内容与语境彼此应和，便可呈现为一种独特而有效的互补关系。实际上，此两者各有所长，对于柏拉图的诗学来说缺一不可。比较而言，哲学的优越之处在于可用智能来解释所要理解的东西。而诗在寻常的诗性感悟方面确实优于哲学。更何况古希腊诗歌（尤其是史诗、悲剧诗、喜剧诗与抒情诗）介于神话与历史、生活与哲学之间，形象而生动，具体而深刻，不仅富有奥秘特质与历史意识，而且富有生活情调与哲理价值。因此，在柏拉图那里，理式代替不了表象，哲学代替不了诗歌，反之亦然。这样，诗化哲学或哲学诗化，也就成了逻辑的必然。相应地，当我们阅读柏拉图的对话集时，我们非但没有必要去划定诗歌与哲学、诗人与哲学家之间的界限，反而要以诗意的情怀与哲理的眼光，在审美直观与理智直观的交融中，在创造性的想象与逻辑性的反思中，在作为诗人的柏拉图与作为哲人的柏拉图之间的思维张力中，凭借特定的文本语境去贴近相关的历史文化语境，进而在诗歌中探寻哲学，在哲学中体味诗歌，这兴许是解读柏拉图诗化哲学的有效途径。

3. 诗性智慧的路径

《理想国》第十卷里“厄尔神话”[②]，呈现出一幅最后审判的末世论图景。在四个甬道交错出入的天堂与地狱之间，象征常绿与新生的草场位于中心，分为正义与不义的两类灵魂穿梭其中，代表赫尔墨斯的神使往来引领，喻示宇宙世界道德法则的纺锤贯通天地，决定万物命运的神灵位列上方，由此构成天地神人的有序空间，其中天地相对、神人交织，显得“天网恢恢，疏而不漏”。总体而言，这一神话容易使人联

---

① 罗森：《诗与哲学之争》，张辉译，华夏出版社2004年版，第34页。

② Plato, *Republic*, Book X 617a－621b. 另参阅柏拉图：《理想国》，郭斌和、张竹明译，商务印书馆1995年版，第十卷617a－621b。

想到《斐多篇》(*Phaedo*)和《高尔吉亚篇》(*Gorgias*)中的另外两则神话,此三者在结构上的相似之处,正好体现在天、地、神、人和正义这五位一体的形象上,其中正义又是其他四个元素的关节点。相比之下,厄尔神话显得更为周圆而成熟,兼有前两者之长,一方面生动简明,天地神人和正义等五元素各得其位,清晰易辨;另一方面中正无偏,在引入"学习哲学"这一重要向度的同时,强调了责任与态度的必要性,凸显了正义与智慧的重要性。从厄尔神话的叙事手法来看,戏剧性的情节编排与穿插其中的哲理性的论说相映成趣,使得一般读者在欣赏故事和反思其寓意的过程中,通常会在感性审美的情致驱动下,把那些言之凿凿的说教,当作不可或缺的点评或顺势接纳的定理。这种同哲学推论相结合的艺术表现手法,经常在对话进入关键的时刻加以运用,从而将人导向审美的体验和玄奥的遐想,亦如康德在论及审美判断心理时所说的那样,使人的"想象力"和"知性"这两种"认识能力进入自由的游戏状态"。此类游戏状态,既是直觉的、美学的,也是理智的、哲学的,而且也是和谐的、愉悦的。

柏拉图采用这种手法,意在通过神话的隐喻或托寓功能,进而推动自己的哲学思考。这种思考具有显著的"诗性智慧"特征,在很大程度上基于对神话或诗的哲学式复写,由此创构出玄秘的意象和戏剧性的效果。正是借助这种诗性智慧,柏拉图驾轻就熟,从希腊文学与神话(包括口述文学传统中的道听途说)中选取自己所需的素材,然后依据哲学论说的需要,创造性地加以挪用,将灵动鲜活的诗性配料或审美元素注入自己的哲学话语之中。这也从另一个侧面表明,柏拉图珍视古希腊教育的传统遗产与历史背景,于是面对他臆想中的雅典读者,有意采纳了一条符合交谈伦理的效应原则,让自己的言说风格与修辞技艺适应于当时的公众阅读习惯与社会文化环境。当然,这一做法并非是单纯为了迎合公众趣味的权宜之计,而是其哲学思想中必不可少的组成部分。从神话故事在其哲学中所起的作用而言,这种富有诗性智慧的艺术表现方式已然成为柏拉图独有的哲学思维模式。该模式有益于营造一种引人入胜的氛围或场景,一方面促成有效的沟通,另一方面唤起重新的思考,因为类比性的描述加上逻辑性的推论,在语义学上会相互补充,由此构建的有机语境特性,有助于打破语言的局限,引发多义性的解释与外延性的感想。在这一点上,那种认为柏拉图哲学的价值在于能够摆脱以神话方式表达真理的说法,显然低估了柏拉图的哲学运思方式及其表达“真理”的方式，所得出的那种非此即彼之论，意在把哲学与神话两种表达方式截然分开，难免会有过于简化之嫌。这主要是因为评说者未能充分认识到如下事实：柏拉图的诗性智慧是其哲学思维活动的典型特性之一。在此基础上形成的表述手法，一方面依据适宜原则借助诗歌来实现灵魂教育的重要目标，另一方面采取哲学方式来复写或创构神话故事以便凸显其相关论点。

根据维柯的说法，神话在古代作为一种特殊的“真实叙事方式”(*vera narration*)，与寓言(*fabula*)一词的含义相关联。在人类历史的早期阶段，诸多寓言构成了“氏族部落的神圣法律”，奠定了一种永恒不变的表达方式。[①] 因此，历史上传承下来的神话或寓言，不仅包含约定俗成的意味与习俗作为不成文法的基质，而且具有观念形态的影响和建构道德规范的导向。其所再现的诸神活动、力量和意志等，通常会在人类的内心唤起惊奇与畏惧之情。早期，这种惊奇与畏惧之情，正是道德或伦理的原初起源，由此产生的崇拜和恐惧之感，会使人类出于自我保存或自我保护的目的而变得小心翼翼，谨言慎行。从厄尔神话中可以看出，这位英雄的游魂所经历的那些耸人听闻的事件和景象，似乎包含一种特殊的意向，意在激发人们的自我意识，劝导人们努力“认识自己”(gnothi sauton)，也就是说，要求人们认识自己的本质、德性、灵魂、心态、行为、命运以及局限等。一句话，它试图将人们导入正确的轨道，引向正义的生活。实际上它是在发挥神话固有的“令人敬畏的功效”，以“劝谕的方式使大多数人规范自己的行为”。

在厄尔神话里，柏拉图凭借其诗性智慧，以奇诡的想象，“笼天地于形内，挫万物于笔端”，勾画出一幅具有永恒秩序和富有诗情画意的宇宙图景，其中的构成元素，气势雄浑，光怪陆离，包括贯通天地的光柱，巨大的挂钩，旋转的纺锤，变动的球面，流光溢彩的碗形圆拱，歌声妙曼的海女歌妖，八音共鸣的和谐乐调，象征过去、现在与未来的命运三女神，等等。在这幅图景里，柏拉图以转喻的修辞方式，以八个碗形圆拱的大小及其里外组合的顺序，从外向内地将其与恒星、土星、木星、火星、水星、金星、太阳和月亮对应起来，由此构成有机互动与小中

① Giambatitista Vico, *The First New Science*, ed. and trans. Leon Pompa, Cambridge: Cambridge University Press, 2002, pp. 149 - 150.

见大的微缩直观型宇宙整体。与此同时，柏拉图还通过日月星辰的不同运行轨道和命运三女神的安排规定，将灵魂重新选择的新生模式或各自命运纳入其旋转的纺锤之中，从而使一切显得那么神圣、庄严、玄奥、壮美，充满不可逆转的绝对必然性。另外，在那八个碗形圆拱的边口处，八位亭亭玉立的海女歌妖，只需各发一音便可组成宇宙和谐的乐章。这个令人生无限遐想的华美场景，也反映出柏拉图善于移花接木、为我所用的创新能力。我们知道，在荷马那里，这些海女歌妖原属史诗中所描述的女仙，她们预知所要发生的一切，她们用优美的歌声诱惑那些海员走向死亡。而在毕达哥拉斯那里，这些海女歌妖扮演一种不同的角色。她们负责协调宇宙的乐音，使天体运动发出的音调彼此和谐。

总之，柏拉图对厄尔神话的创造性挪用，实际上是出于哲学论说的需要，或者说是以哲学方式对诗予以重写或重构，由此创构出其独特的哲理诗或诗性哲学。当然，我们甚至也会把这则厄尔神话视为精神与道德上的一种心理考验，以此验证人类因其德性与行为而面对因果报应或重新选择之时，其灵魂的或然性会是什么？其灵魂的可塑性会有多大？或者说，我们自己通过反省自查会从中得到什么样的道德启示？

若将上述三个问题合一的话，就最有可能指向灵魂救赎或灵魂教育。那么，灵魂是如何得以救赎的呢？或者说，厄尔神话所提供的救赎途径是什么呢？从初步的分析来看，灵魂救赎的可能途径主要有三：一是“天国之路”，二是“地下之路”，三是“哲学之路”。辩证地看，此三者并非彼此孤立，而是相互联系，需要通过逐一认识和比较，方能洞察各自的利弊。“天国之路”平坦通达，以天赐的锦衣玉食来补偿美德善行，借此激励人们诚心向善，修养德性，护佑亡灵，祈福来生。与此相反，“地下之路”崎岖坎坷，以地狱里严酷的惩罪罚恶为手段，惊魂慑魄，极尽警示之能，借此规劝人们改邪归正，抛却逃脱罪责与惩罚的侥幸心理。这两种途径，尽管是以正义与不义为衡量尺度，试图在人心、人世与宇宙里确立相应一致的道德法则，但在总体上是依据业报轮回的思想，将天堂与地狱奉为惩恶扬善的两极，借此规导人们确立“善有善报，恶有恶报”的道德理念，注重此世今生的道德修为，确保死后来世的因果报应，体悟“苦海无边，回头是岸”的自我救赎之道。但是，当正义与不义两类灵魂或从天上下来，或从地下冒出，都聚集在象征宇宙中心和常绿重生的草场时，他们都面临重新选择生活模式的平等际遇。此时，节制或审慎的德性显得尤为重要。那些享受过锦衣玉食、自天而降的来客，或许会忘乎所以，自以为是，匆忙中做出草率的选择，导致自己来世命运多舛；而那些遭受或目睹过残酷磨难的地下来客，或许会小心翼翼，谨言慎行，在认真权衡利弊时做出更为合理的选择，使自己的来世柳暗花明。就前者而言，天国恩赐虽然合乎情理，但有可能造成"好事太过，必为坏事"的负面结果。就后者而论，地狱惩戒尽管狞厉可怖，但有可能产生"因祸得福"的积极效应。

正是在上述这种天地相分、各有利弊的矛盾语境中，柏拉图转而标举爱智养德的"哲学之路"。为此，他郑重地告诫说："凡是在人间能忠实地追求智慧(hygios philosophoi)，拈阄时又不是拈得最后一号的话……这样的人不仅今生今世可以期望得到快乐，死后以及再回到人间来时走的也是一条平坦的天国之路，而不是一条崎岖的地下之路。"[①]所谓 hygios philosophoi，英译为"a man loved wisdom sanely"。也就是说，此人在活着时，务必真心诚意地研习哲学，务必合情合理地养育智慧。这实际上是通往天堂的"向上之路"(*tes ano hodou*)，是基于人生命运的必然性规定要求，而非基于拈阄抓号之类的偶然性附加条件，因为这种附加条件往往会把心存侥幸的选择者置于危险之境。要知道，在柏拉图的心目中，人们只有认真学习哲学，诚心追求智慧，聆听导师朋友的教诲，认识生活的真谛与德性的价值，才会获取真知，修养美德，持守善行，布施正义，不仅此生今世会幸福快乐，而且死后来世也会得到善报，最终使灵魂在安渡忘川、免受恶俗污染的同时，还能赢得"自己的爱和神的爱"，并在生前死后"诸事顺遂"。一般说来，"自己的爱"使人珍爱生活，修德向善，欣然而乐；"神的爱"使人保持虔敬之心，赢得神明佑护与恩赐，进入神人相和的至福境界。

如上所言，厄尔神话是一则哲理神话，柏拉图借此将哲学诗性化和感性化，并将神话哲学化或理智化，以便更为有效地推动和普及民众的哲学训练。厄尔神话实则为心灵教育神话，根据个人现世性的道德修为与因果报应，在最后审判和奖罚分明的末世论基础上，设定出两条路径，一是接受惩处和告诫作恶的向下之路，一是享受褒奖和敦促为善的向上之路，也就是柏拉图谆谆诱导的哲学之路，认真研习哲

---

① Plato, *Republic*, Book X 619e.

学，就能获得智慧，过上值得一过的人生。

值得一提的是，举凡神话，在柏拉图看来都是虚假的，却包含一定的真理。而他自创的哲理神话，就像腓尼基人的传奇那样，既是“高贵的谎言”，又是必要的真理。这种哲理神话在传承和利用古希腊人传统宗教意识的同时，可以营造一种神秘有趣而又合乎情理的游戏氛围。正是在这种宗教性和精神化的游戏中，柏拉图试图让人们在游戏中接近、学习、认识和思索哲学，由此成为真正意义上的爱智之士，最终实现哲学教育与智慧人生的最终目的。在《理想国》第十卷末节，柏拉图在强调悉心研习哲学的重要性之后，最后以“eu prottomen”这一短语收尾。[①] 通常，该短语英译为“fare well”，汉译为“诸事顺遂”，笔者倾向于译为“做得好，活得好”(do well and live well)。作为目的论意义上的结果，这说明“哲学之路”，也就是柏拉图所说的那条“向上之路”，是通过“追求正义和智慧”，养成审慎与明断的美德，上可连接“天国之路”，下可摆脱“地下之路”，凭借不懈的努力，既能争取前者之利，亦会排除后者之弊，从而恪守“中正无偏”的明智之道。

总体而论，柏拉图的诗论隐含内在的矛盾张力。一方面，他谴责诗人与诗歌，甚至颁布逐客令将一些诗人赶出“美好城邦”，因此背负着敌视艺术与贬低艺术家的恶名。另一方面，他谙悉诗歌的艺术魅力及其审美教化等多重价值，认为对其适当加以利用，便有助于推行公民正确教育的终极目的和培养“爱其所应爱、恶其所应恶”的审美意识。从历史文化语境和教育目的论角度看，柏拉图的诗论也可称之为一种基于道德理想主义和政治工具主义的诗学，我们可将其简称为道德诗学。这种诗学主要基于道德理想主义和政治实用主义的原则，可分为两翼，由心灵诗学(psycho-poetics)和身体诗学(somato-poetics)两个有机联系的维度构成。以诗乐(mousikē)教育为主要内容的心灵诗学，旨在培养健康的心灵、敏锐的美感、理性的精神、智善合一的德行，以便参与管理城邦的政治生活。而以体操(gymnastikē)训练为主要内容的身体诗学，旨在练就健美的身材、坚忍的意志、高超的武功、优秀的品质，以便适应保家卫国的军旅生活。从目的论上讲，心灵诗学以善心为本，身体诗学以强身为用，柏拉图正是想通过心灵诗学与身体诗学的互补性实践，来达到内外双修、文武全才的教育目的，造就

① Plato, *Republic*, BookX 621d.

身心和谐、美善兼备的理想人格。[①]

顺便提及，柏拉图道德诗学的精神实质，是《理想国》精神实质的重要维度之一。按照相关说法，这种精神实质不仅基于文本自身的内容，基于富有想象力的同情性理解，而且也基于对希腊精神的深入研究。如果阅读时浮光掠影，那将一无所获。[②] 如此断言，难免失之绝对，但所获甚微，却是定然的事实。

二、亚里士多德的诗学

亚里士多德的《诗学》(*Poetics*)，是基于哲学思索来探讨诗学或艺术原理的，因此不同于他自己的佚作《论诗人》(*On Poets*)与《荷马史诗问题》(*Homeric Problems*)。《诗学》的理论组成部分，主要包括诗歌的模仿原理，艺术技巧，创作过程，可然性，真理性，史诗、悲剧与喜剧体裁的独特性，悲剧结构的整一性，虚构的想象性，悲剧的净化作用与快感体验，等等。值得注意的是，在现存的《诗学》残卷里，无论在认识论上还是创作论上，亚里士多德均是从积极肯定而非消极否定的角度出发，一方面对柏拉图相关思想做出适当的反拨和回应，另一方面尝试与柏拉图提出的挑战达成某种和解。亚里士多德的所作所为，可以说是"遵循具有哲学严谨性的标准，也就是亚里士多德在其他思想领域里寻求的那些标准"，并且"在掌握衡量尺度的基础上对诗歌理论进行了概述"。[③] 迄今，相关研究结果甚丰，这里仅补充说明三点：艺术模仿自然，悲剧净化作用，净化说的渊源。

1. 艺术与自然新解

柏拉图的模仿理论，直接影响了亚里士多德。鉴于两人亦师亦友的特殊关系，亚里士多德对柏拉图的相关学说，采取了传承、反思、补充或矫正的态度，继而提出了承前启后的模仿诗学，确定了更为积极

---

① 王柯平：《〈法礼篇〉的道德诗学》，北京大学出版社2015年版，第三章第一节。

② 吉尔伯特·默雷：《古希腊文学史》，孙席珍等译，第232页。

③ Stephen Halliwell, "Aristotle's Poetics", in George A. Kennedy (ed.), *Classical Criticism*, p. 151.

的价值取向。相比之下，柏拉图的模仿理论主要建立在事关三等真实或理式的认识论基础之上，而亚里士多德的模仿诗学主要是建立在事关普遍性的合规律性基础上之，两者的差异显而易见。按照亚里士多德的逻辑，“艺术模仿自然”，诗歌作为一门艺术，必将模仿自然。因此，“诗人是模仿者”。乍一看来，这与柏拉图的理论起点似乎并无二致，但至少有三点需要予以澄清。

其一，就“艺术模仿自然”而论，这其中涉及三个概念：一是“艺术”，二是“模仿”，三是“自然”。通常，古希腊语里的“艺术”，亦指“技艺”或“技能”，具有广义与狭义、实用与娱乐之分。这里所言的“艺术”，是指狭义上的诗歌、音乐、绘画、舞蹈、雕刻、戏剧等娱乐或观赏艺术。这些艺术门类，固然是由“模仿”而来，无不具有模仿性。但是，模仿并非一切，更不是简单复制或拷贝。因为，艺术模仿的过程，既是通过技能来构造形象的过程，也是借由感官来知觉想象的过程，同时也是借助美感或形式感来选择恰当文辞、动人韵律和优美姿态的过程。具有品位和素养的古希腊人深知，对于现实或外物的平庸模仿，不仅令人生厌，而且不值一提。至于古希腊人所说的“自然”，其用意包含起源、生长、发展、内在质性与动态秩序等。在这里，人们一般是从外在自然的事物方面去理解，将自然的造化之物（譬如天、地、植物、动物、山峦、江海与人类等）视为艺术构造形象时所“模仿”的对象。其实，也可换一角度去理解“自然”，那就是不再将其视为自然的造化之物，而是将其视为自然的造化之力。这样一来，亚里士多德的这句名言，诚如哈里森（Jane Ellen Harrison）所说，不应被译为“艺术模仿自然”或“艺术复制或再造自然物象”，而应译为“艺术像大自然一样创造万物”或“艺术模仿造化万物的自然”。[①] 从《诗学》中不难看出，包括悲剧与喜剧在内的戏剧，是诗歌或诗乐艺术的代表形式，也是亚里士多德最为关注的艺术门类，其所模仿或再现的内容，主要是人类行为及其生活状况。其中涉及的舞蹈艺术，所模仿的也是剧中人物的性格、激情与行动。要知道，在亚里士多德眼里，甚至在众多古希腊人眼里，艺术总是与人类生活状况与人类本性的限度息息相关。在笔者看来，所谓“人类生活状况”，首先涉及人类的生存境遇、体验和情感等因素；所谓“人类本性的限度”，必然涉及人性的欲求、命运与时间等限度。

---

① 哈里森：《古代艺术与仪式》，刘宗迪译，三联书店 2008 年版，第 28 页。

人之为人，无论在自然限度的规约下，还是在人文教化的鼓动下，都不会甘愿成为被动的存在，故而对外物及其环境具有一种潜在的掌控、驾驭或为其所用的意向。故此，当艺术家将“自然”当作自己“模仿”的对象时，不会单一地聚焦于对象的外在色彩与形状，而会关注对象的内在生命与力量，甚至会透过其生生不息的造化之力来体认生命的起源与本质，开掘其中与人生相关的真实效用与象征意味。如此一来，艺术家的“模仿”过程，也就成为认识与判断的过程，再现与表现的过程，想象与创构的过程。更何况，物之为物的特性，一旦再现或表现在艺术作品之中，就会呈现出一种特殊的象征意义与审美价值，因为寻常之物会借助艺术的形式结构幻化出另一幅样态，开辟出另一个天地。譬如，菲迪亚斯的神像雕刻，中国传统画中的山水花鸟，梵高画中的农鞋，均是典型的范例。若按照“艺术即真理自行置入作品”这一命题或海德格尔的相关说法，物之为物的特性，关乎存在者的真理或物的普遍本质，正是通过艺术作品再现出来的。有鉴于此，艺术作品绝不是对那些时时现存手边的个别存在者(物体或对象)的再现，而是对其普遍本质的再现。笔者以为，这一论点对于柏拉图来讲，无疑是过度阐释的产物；但对于亚里士多德而言，则是其逻辑推演的可能结果。

再就“自然”而言，我们有必要拓宽传统理解中“自然”的向度，应当把“广袤深邃的自然现象”视为人类生活戏剧得以展开的“广大背景”。这一“背景”永恒长存，无论在过去，还是现在，都深深地影响了人类的想象，同时也有力地影响了人类的艺术。迄今，现代艺术依然对自然背景情有独钟，借用风景艺术来描绘我们的梦想，抒发我们的情感，寄托我们的精神，安顿我们的灵魂。但是，在现代风景艺术作品中，远古时期主管山林水泽的神祇早已消隐，神气氤氲的迷人景象皆付阙如，只剩下空荡荡的舞台，上面没有演员，只有各式各样的风景和头绪纷繁的暗示。不过，在凝神观照的审美体验中，在天地神人的沉思遐想中，在寻找家园的憧憬梦境中，在时下诗与远方或远古呼唤的回应中，我们有望真正领悟到永恒自然的生命精神与创造力量，借此更好地理解古希腊艺术中的力量特征及其创构原理，更好地体验植根在其中的激情乃至灵思。

其二，诗人理应模仿什么？亚里士多德认为，诗人就像一位画家，必须模仿下列三种对象中的任何一种：“一是过去或现在发生的事情；二是传说或设想出来的事情；三是理应如此或应当这样的事情”。一位“严肃而杰出的诗人”,他的关注焦点便是“理应如此的事情”。[①]

换言之,诗人的职责不在于描述已经发生或正在发生的事情,而在于描述可能或期望发生的事情,也就是根据可然律或必然律来描述可能发生的事情,不同的是,历史学家只记述已经发生的事情,无论双方是用韵文还是用散文进行写作,这便是两者的根本区别所在。因此,“诗歌比历史更富哲理性和严肃性,因为诗歌通常表现普遍的事情,而历史则只记载具体的事件”[②]。由此可见,亚里士多德意在扬诗抑史,其史学观稍有偏颇,对于像希罗多德与修昔底德这样的史学家而言,似乎有失公允。但这已超出本文讨论的范围,姑且存而不论。仅就希腊语的本义来讲,所谓“普遍的事情”,是指具有普遍性或一般性的事情;所谓“具体的事情”,则指具有特殊性或日常性的事情。按照亚里士多德的解释,“普遍的事情”就是“某一类人根据可然律或必然律可能会说或会做的事情”。“诗歌就是要表现这类事情,并给相关人物冠上姓名。”与此同时,亚里士多德还特意建议诗人要表现“那些不可能发生但貌似合理的事情,而非那些可能发生但看似不可信的事情”。因为,前一类事情更为可取,更有意义,更能彰显可然律与必然律的效应,更有可能接近那些理应如此的、合规律性的事情。

其三,诗歌这门艺术生成的根由何在?柏拉图将其归于模仿,亚里士多德所见略同。但不同的是,柏拉图更多是从伦理道德角度消极地审视诗乐的模仿特性,而亚里士多德更多是从审美心理角度积极地昭示诗乐的模仿特性。柏氏的相关论述主要见诸《理想国》第十卷,亚氏的相关论述主要见诸《诗学》第四章。鉴于前者在上文里已有专述,这里仅就后者予以评说。在亚里士多德看来,诗在整体上源自两个原因,它们都深藏于人的天性之中。首先,人从孩提时起就有模仿的本能。人与其他动物的一个区别就在于人最擅长模仿,并通过模仿学到了最初的知识。人从被模仿的事物中普遍地感受到快乐。其次,模仿是人的天性里的一种本能,是模仿调式和节奏的本能(格律文显然是有节奏的部分)。所以,在诗的草创时期,那些在上述方面具有天赋的

---

① Aristotle, *Poetics* 1460b, in S. H. Butcher, *Aristotle's Theory of Poetry and Fine Art*, London: Macmillan, 1911, pp. 96 - 97.

② Aristotle, *Poetics* 1451b, trans. Stephen Halliwell, Cambridge, Mass.: Harvard University Press, 1995. Also see S. H. Butcher, *Aristotle's Theory of Poetry and Fine Art*, pp. 34 - 35.

人，将其发展成特别的才能，最终在其纯朴的即兴口占基础上促成了诗的诞生。现在，诗依据作家的个性特征呈现出两大导向：一是较严肃者模仿高尚的行动和好人的行动，而较浅俗者模仿低劣小人的行动。前者起始于制作颂神诗和赞美诗，后者起始于制作谩骂式的讽刺诗。[①] 由此可见，亚里士多德将诗的起源与人的天性联系在一起。这种天性一方面表现为模仿外物及其形象的本能，另一方面表现为模仿调式与节奏的本能。人作为最擅长模仿的动物，正是通过模仿外物及其形象的本能而习得知识，继而在习得知识的过程中获得快乐，最终借助模仿或再现，能将原本令人不快的对象转化成令人喜闻乐见的作品。再者，人出于天性与本能的需要，也擅长模仿与自己的生命节律密切相关的音乐调式和节奏，并通过发展这种天赋，使其成为一种特殊才能，继而在即兴口占的基础上或随兴所至的吟唱中，创写出格律文或诗。而诗作为一门模仿艺术，在不同诗人的不同品格的影响下，抑或模仿庄严、高尚与好人的行动，抑或模仿肤浅、低劣与小人的行动，由此便形成风格迥异、价值有别的颂神诗、赞美诗与讽刺诗。

总体而论，亚里士多德的模仿诗学，主要是从正面和积极的方面言说。他所谓的“模仿”观念，尽管涉及似与不似的再现问题，但已然融入了创构、思索与辨识的要求。这一要求不仅涉及可然律与必然律，而且涉及普遍性与貌似合理性，而这一切均关系到合规律性的艺术价值取向。譬如像诗歌这门艺术，正是通过题材的取舍，表现普遍的事情，来揭示对象合规律性生成、发展与变化的内在原理或逻辑，这种“更富哲理性与严肃性”的内涵或意义，非但不会妨碍，反倒会帮助人们认识周围的事物与世界。在此层面上，亚里士多德显然超越了柏拉图在模仿诗学领域里的局限性。

那么，诗歌帮助人们认识事物的有效之处何在呢？为什么不用专门研究普遍性的哲学来直接取代诗歌呢？这两个问题最终会归结到同一个答案，即：诗歌能以艺术化的审美方式给人以快感，而注重思辨性与抽象化理论的哲学则不然。再者，诗歌中的神启与灵感之作，犹如神来之笔，会借用诗人之口，讲出不同凡响的神性预言，表达振聋发聩的真理启示，揭示某些隐藏在事物深处的奥秘。历史地看，从荷

---

① Aristotle, *Poetics* 1448b, in S. H. Butcher, *Aristotle's Theory of Poetry and Fine Art*, p. 17. 另参阅亚里士多德：《诗学》，陈中梅译，商务印书馆 1996 年版，第 4 章。

马到阿提卡的悲剧作家,希腊诗人所创作的诗乐、合唱、舞蹈与表演等艺术,其显著的共性之一就是给人以快感或愉悦。这种快感或愉悦所引发的审美与精神体验,有赖于格律形式、情感表现、文词魔法、幻觉魅力与神启灵感等多重要素。

2. 悲剧净化作用说

应当说,诗歌所引发的情感反应与艺术快感,正是诗歌的模仿功能之一。这种反应与快感,是源自诗歌根据“可然律或必然律”所模仿的那些“事情”,也就是那些“不可能发生但貌似合理的事情”,那些具有普遍性或合规律性的事情。在这里,“模仿”已然不是简单地复制或效仿,而是艺术地再现和表现,甚至是创造性地想象与构造。至于“事情”,则是“事”与“情”的融合,不仅包含“事件、事理、事由或事物”等内容,而且包含“情况、情景、情绪与情感”等因素。它们综合一起,构成了诗歌所需要的故事情节结构,在悲剧诗中更是如此。相应地,悲剧所激发的“怜悯与恐惧”等情感反应,通过这些情感的净化之后,将会使人享受到更为深刻的快感。这其中的关联,就在于亚里士多德的悲剧模仿观。悲剧所模仿的是行动与人生(以人物为代表),观众所感受到的快感就在于悲剧所模仿的行动与人生之中。这些行动与人生本来具有悲剧性或悲怆性,但经过悲剧式怜悯与恐惧所激发的情感净化,不仅使观众对人生悲剧及其意义获得洞透的感悟和深刻的体认,而且使观众如释重负,使原本消极的情感转化为积极的情感,使审美升华的快感转化为非同一般的快感。简言之,亚里士多德的模仿诗学,从更为积极的视域出发,深化了模仿的功能,扩展了诗歌的主题,凸显了艺术的合规律性及其哲理性。值得注意的是,在古希腊雅典城邦,艺术教育从儿童开始,十分强调寓教于乐的游戏或娱乐形式,这在一定程度上就决定了古希腊教育重视儿童特性与游戏功能的传统意识,这一点与中国儒家强调“游于艺”的传统教育思想确有诸多相似之处。

那么,亚里士多德又是如何看待悲剧引发的情感“怜悯与恐惧”呢?在《诗学》第 9 与 14 节里,亚里士多德指出:悲剧不仅模仿某一完整的行动,而且模仿令人恐惧和怜悯的事件。当这些事件令人感到震惊时,就更能产生那种令人恐惧与怜悯的效果。与此同时,这些事件由于遵从因果关系,故使上述效果得以强化或提高。因此,悲剧通过表现这些事件所引发的奇妙作用,大于这些事件自行发生或偶然发生所产生的效果。[①] 由此可见,悲剧中的"恐惧与怜悯"这两种感受,主要是由"事件的安排"或"事件产生的结局"引起的。这类"事件"之所以"令人恐惧"(phoberōn)或"令人怜悯"(eleeinōn),一方面是因为其性质"惨痛",涉及相互"戕杀"之类毁灭性的"苦难";另一方面是因为它发生在亲朋之间,而非发生在"宿敌之间、或既非亲朋又非宿敌之间的行动中"。[②] 在这方面,索福克勒斯的悲剧作品《俄狄浦斯王》与欧里庇德斯的悲剧作品《美狄亚》堪称范例。至于"悲剧特有的那种快感",我们从亚氏的上述言说中仅能确认一点,即:那种快感通过模仿而产生,是来自恐惧与怜悯得以净化后的快感。这里所谓的"模仿",显然是舞台"演出",是艺术的"再现加表现",肯定不是"直接现实",不是在现实生活中已经发生或即将发生的"事件"(令人"恐惧与怜悯"的"苦难""事件")或"行动"(亲朋之间相互戕杀的"惨痛""行动")。不过,这种"模仿"又如何能够给人以"快感"呢?

在《尼各马科伦理学》里,亚里士多德从伦理"德性"的角度,提出了"中道"或"适中"原则。这一原则正是古希腊人一再推崇和努力践履的"适度"原则。举凡"过度"与"不及"(过犹不及)的感受与行为,在亚氏看来都是有悖于德性的,都是不好的,甚至是危险的。而符合"适度"原则的感受与行为,也就是既不多也不少的感受与行为,则是"最高的善和极端的美"。所谓"最高的善",就是最好或最佳状态;所谓"极端的美",就是极其适度或恰当的状态。仅就"恐惧与怜悯"这两种感受而言,唯有通过"模仿"符合悲剧艺术要求的"事件"或"行动",使它们得以适宜的"疏泄"或"净化",从而既不多也不少,达到"适度"的状态,符合"中道"的要求,接受"理性的规定",就可转化为"最高的善和极端的美",这样也就随之成为可以获取的"悲剧特有的那种快感"了。事实上,按照通常的理解,这种快感可以说是"恐惧与怜悯"得到适度的"疏泄"或"净化"之后所产生的一种释放感或轻

① 亚里士多德:《诗学》,陈中梅译,第4、9、14章。另参阅 Jacob Bernays, "Aristotle on the Effect of Tragedy", In Jonathan Barnes, Malcolm Schofield & Richard Sorabji (eds.), *Articles on Aristotle: Psychology and Aesthetics*, London: Duckworth, 2003, pp. 154-165.

② Aristotle, *Poetics* 1453b, in S. H. Butcher, *Aristotle's Theory of Poetry and Fine Art*, pp. 48-51.

松感。

那么,"恐惧与怜悯"这两种情感到底是如何界定的呢?到底具有怎样的本质特性呢?它们彼此之间的关系又当如何看待呢?对此,亚里士多德在《修辞学》里曾这样描述:怜悯(eleos)与恐惧(phobos)均属于一种痛感(lypetis)。具体地说,恐惧是"一种痛苦感或紊乱失常感,源自迫在眉睫的恶行所给人的印象,这一恶行在本性上是毁灭性的或令人痛苦的"[①]。譬如说,一种预想不到的恶行出现在眼前,无论它是观众在现实生活中所感受或联想到的,还是观众在舞台上直接看到的,或者说是即将降临到悲剧人物头上的,都会使人受到某种惊吓。此时此刻,这种惊吓会涉及在场的观众与舞台上的演员,也会涉及不在场却处在联想或想象中的他人,由此产生的交互影响作用或情感相似现象,在一定意义上对人类来说具有某种普遍性。于是,作为个体存在的人物的经历,俨然成了作为总体存在的人类的经历;担心剧中人物饱受磨难的恐惧,也会成为担心人生残酷无情、人类命运变幻无常的恐惧。这便是悲剧情节与人物的严肃性、深刻性、普遍性之所在。

再者,"怜悯"也是一种"痛感",在本质上是一种面对某位不应得到毁灭或惩罚之人在遭遇令人痛苦的恶行时所产生的痛感,这种恶行正是那种怜悯者可能预料会发生在自己或朋友身上的恶行,而且还是那种看来随即就要发生的恶行。然而,由于相关对象与我们十分贴近,致使他们受难仿佛我们自己受难,结果便让怜悯在此时转化为恐惧。这就是说,我们在类似的情景下怜悯他人时,会为自己可能遇到类似情景而感到恐惧或担忧。相应地,感受不到恐惧的人,也感受不到怜悯。反之,极度恐惧之人,犹如自认为极度幸福的人以及彻底绝望的人一样,也都感受不到怜悯;但凡他们看到那些令人哀伤且具毁灭性或破坏性的迫近之事,极度恐惧之人因无法承受而吓得要死,自认为极度幸福之人与那些没有体尝过暴虐或灾难之人会因从未遭难而不为所动,而彻底绝望之人则会因饱受创痛而麻木不仁,他们分别都在很大程度上丧失了感受怜悯的能力和品性。另外,人们怜悯自己认识的人是有条件的,其条件就是这些人不能跟自己的关系太近,因

---

① Aristotle, *Rhetoric*, ii, 5. 1382a21. 参阅亚里士多德:《修辞术》,颜一译,中国人民大学出版社 1994 年版。

为在那种情况下他们会觉得自己在遭受不幸一样。据说，当自己的儿子被带去处死时，阿马西斯并没有哭，而当他看到自己的朋友相认行乞时，却忍不住落了泪。因为，前一种情况是令人恐惧的，后一种情况是令人怜悯的。令人恐惧之事不同于令人怜悯之事，它会赶走怜悯之请，会引发与怜悯相反的情感。不过，令人恐惧之事的迫近，也会唤起怜悯之情……总之，凡是在自己身上发生的令人恐惧之事，若发生在其他人身上就会令人怜悯。

由此可见，“怜悯与恐惧”在严格意义上虽有不同，却是两种“相互关联的感受”。若从心理学角度看，恐惧是一种情感，怜悯也是一种情感，后者从前者之中获得自身的意义。若从本质上讲，怜悯的基础是一种自尊的本能，源自类似的苦难会发生在我们自己身上的那种感受，这其中包含一种潜在的恐惧。这就是说，如果我们处在被怜悯对象的位置上，就会出于自我保护的本能，为自己感到担心或恐惧。不过，或然恐惧也许永远不会成为已然恐惧，这便使怜悯的力量不会因此遭到削弱。那种以秘而不宣的方式推己及人而引起的怜悯之情，显然有别于现代人所说的那种无私地同情他人遭难的恻隐之心。这主要是因为前者表现出想象性的移情作用，而后者却体现出“慈悲为怀”或“博爱”的宗教精神。当然，在现实生活中，怜悯或同情的程度不同，其自身性质自然有别。譬如，有采取行动、救助他人的，有用怜悯，有仅限于感受而未采取行动的无用怜悯，也有居高临下、装模作样的虚假怜悯，等等。这些均与古希腊时期所说的悲剧性“怜悯”相去甚远。

这里，仅就悲剧而言，它以典型的方式和高度集中的力量，表现出诗艺的精神功能和审美效应。其情节、人物与音乐所体现的崇高精神与揭示的人类命运，均具有某种普遍价值或普遍意义。其引发的“怜悯与恐惧”，借助悲剧特有的表现方式也成为普遍化的情感。这两种情感所夹杂的不纯净因素，经过悲剧高潮的净化或洗涤之后，继而转化为高贵的情感满足。在此意义上，“悲剧净化”也可以说是一个去除杂质的精炼过程，它会洗刷或清理掉潜藏在“怜悯与恐惧”之中的痛感。这种痛感只有在遇到真实的悲剧情景时，才会被激发出来并随之被疏泄出去。总之，悲剧净化不仅涉及情感消除的理念，而且涉及净化被疏泄情感的理念。[①]

参照相关的阐释与论证，我们从词源与语义上可将“净化”(katharsis)一词的基本含义简要地归总如下：其一是医学或医疗上的导泻(medical katharsis)，即用泻药使身体中的多余或有害部分排泄出来；其二是宗教上的驱邪(religious lustration)，即用宗教仪式来达到驱邪或赎罪的目的；其三是情感上的疏泄(emotional purgation)，即用同质性的情感来疏泄相应的情感；其四是道德上的净化(moral purification)，即用顺势疗法来净化过度的或有害的情感与欲望。

在亚里士多德的悲剧净化说里，所谓“净化”是一隐喻，表示悲剧意义上的情感宣泄与净化过程。该过程主要涉及三个向度：一是凭借悲剧激起的怜悯与恐惧，顺势促发观众内在的情感宣泄；二是凭借这种情感宣泄，使人获得心理解脱或审美满足；三是通过悲剧所表现的崇高理想与伦理德性及其精神效应，使人获得道德净化或道德意义上的心灵净化。此三者主要通过悲剧情节、人物与音乐的综合形式予以实现。

需要指出的是，上述三个向度彼此关联密切，须臾不离，因为“审美”的本义关乎情感与知觉两个方面，可以说是借助知觉与感悟能力的情感体验。在逻辑关系上，审美满足由于自身的双重特性——情感性与精神性，一方面上承情感宣泄，由此获得审美的快感，另一方面下启道德净化，由此获得精神的升华。在演出与观众都符合相关条件的理想情况下，悲剧通过情节、人物与音乐的综合性感染力量，先是引发观众的怜悯与恐惧等情感，继而使其在宣泄这些情感之后或在宣泄的过程中，从心理上得到相应的解脱或释怀。这其中涉及“医学或医疗导泻”这一隐喻中所潜含的顺势疗法，即用以情化情的方法，借助“怜悯与恐惧”使可怕担忧的焦虑得以平复，使烦乱不安的心态得以平静，使怒不可遏的情绪得以缓解，从而体验到一种轻松而无害的快感，获

① 相关阐释参阅 S. H. Butcher, *Aristotle's Theory of Poetry and Fine Art*, London: Macmillan, 1911; G. F. Else, *Aristotle's Poetics*: *The Argument*, Cambridge, Mass.: Harvard University Press, 1957; D. W. Lucas, *Aristotle*: *Poetics*, Oxford: Clarendon, Press, 1968, rep. 1980; Stephen Halliwell, *Aristotle's Poetics*, Chapel Hill: University of North Carolina Press, 1986; Jonathan Barnes, Malcolm Schofield & Richard Sorabji (eds.), *Articles on Aristotle*: *Psychology and Aesthetics*, London: Duckworth, 2003, pp. 154 - 165.

得我们所说的那种审美满足，同时还有可能在悲剧（英雄与道德）精神的感召下，洗清思想与欲求中的杂质，获得道德上的净化或升华。这一点也着实呼应了亚里士多德对悲剧的基本定义，即"悲剧是对一种高尚、完整、庄重行动的模仿"①，此类模仿不仅会产生情感与审美价值，也会产生教育与道德价值。

3. 净化说的渊源与流变

在西方诗学与美学史上，悲剧净化说一直被视为亚里士多德的独特创见。但从笔者最近的研究结果来看，此说的思想渊源及其所受影响主要来自柏拉图。众所周知，柏拉图与亚里士多德是师生关系。亚里士多德于公元前367年从马其顿移居雅典，17岁进入柏拉图的学园开始学习和研究，作为柏拉图的弟子和同事长达20年之久，参与了柏拉图哲学研究日程中的大部分活动，他的教学活动经常是对柏拉图学说的修正而非否定。这两位哲学家共有的哲学思想，要比他们分开的相关思索更为重要。

历史地看，悲剧净化说经历了一个继往开来的理论推进过程。这一过程在总体上至少涉及三种彼此关联的形态：首先是毕达哥拉斯式的净化说（the Pythagorean katharsis）。依据亚里士多德的学生的相关引述，毕达哥拉斯曾经表示："医疗用于身体导泻，音乐用于心灵净化。"这一说法见于亚里士多赛诺斯（Aristoxenus）的残篇，代表亚里士多德使用"净化"一词的一个"重要先例"，但这更像是通过音乐所产生的一种"宗教（或巫术）式宣泄或净化作用"，显然与《政治学》里的相关论述颇为接近。接下来就是柏拉图式的净化说（the Platonic katharsis）。主要有三种代表性的表达方式：其一是"dia kathairontes……polin"，意指"彻底清洗或彻底净化这座城邦"，所针对的是诗乐与文艺在城邦里产生的消极影响或氛围。② 其二是"kathere ten polin"，意指"净化或清洗这座城邦"，所针对的是城邦里存在的政敌与敌对意见。③ 其三是"katharmousn poleos"，意指"城邦

① Aristotle, *Poetics* 1449b23 - 25, in S. H. Butcher, *Aristotle's Theory of Poetry and Fine Art*, pp. 22 - 23.

② Plato, *Republic* 399e.

③ Plato, *Republic* 576c.

净化或清洗”，所针对的是城邦社会或公民群体。[①] 概言之，柏拉图的城邦净化说主要涉及三方面的内容：一是净化城邦的诗乐或诗歌，即用审查制度来选用文艺作品，保障施行正确的道德化教育；二是净化城邦的政坛与民意(politikois)，即用专制方式和政治权术清洗政坛对手，铲除异己，以便实现大权独揽、唯我独尊的政治企图；三是净化城邦的公民(polietes)，即用立法程序或规章制度的名义设定标准，试图以优胜劣汰的方式挑选和保留优秀的公民，清除品格有问题的公民。此三者的最终目的尽管是为了建构“美好城邦”(kallipolis)，但其直接目的与具体作用各有侧重，故须借助文艺审查、政治清洗与挑选公民等不同方式予以实现。此外“城邦净化”作为一种隐喻，是柏拉图偏好使用的一种修辞技法，其特有的理论意义在一定程度上为亚里士多德的悲剧净化说埋下了伏笔。[②]

最后则是亚里士多德式的净化说(the Aristotelian katharsis)，主要基于艺术或审美心理学的立场，阐述悲剧通过情节、人物与音乐的综合魅力与感染作用引发观众的怜悯与恐惧等情感，随之以类似顺势疗法的方式疏泄这些情感，进而达到以审美满足与道德升华为理想效应的悲剧净化目的。相比之下，毕达哥拉斯式的净化说，论述简略，资料缺乏，仅能视为开创性的理论先导，不同程度地隐含或反映在后来的净化理论之中。柏拉图式的净化说主要是在《理想国》与《法礼篇》里提出的，其主题与目的在于讨论理想城邦与法治城邦的教育和管理艺术，这样必然使其净化学说作为一种辅助性的补充手段，完全被纳入道德理想主义与政治工具论的视野之中。亚里士多德式的净化说是在《诗学》与《政治学》里提出的，虽由于《诗学》部分文本的佚失，无法看到其全部论述，但立足于专业的艺术角度，紧扣悲剧艺术的模仿或创造规律与观众审美心理变化的主题，以积极客观的分析态度和理论洞察，得出了更为科学和深刻的结论，在不声不响中驳斥了失之偏颇的旧说，确立了趋于合理的新说，印证了这一承前启后的理论深化过程。[③]

总之，柏拉图的城邦净化说，是基于建构“美好城邦”的政治或社

---

① Plato, *Laws* 735b－736b.

② 王柯平：《柏拉图的城邦净化说》，《世界哲学》2012 年第 2 期。

③ 王柯平：《从城邦净化说到悲剧净化说》，王柯平：《古希腊诗学遗韵》，文汇出版社 2012 年版，第 191—213 页。

会理想，因此，无论是推举文艺审查制度，还是批判僭主排除异己，或是设立选择公民之法，均是从道德理想主义与政治工具论的角度出发，为的是维护"美好城邦"这幅乌托邦图景的纯粹性与观赏性。相比之下，亚里士多德的悲剧净化说，则是以反驳业师柏拉图抨击诗歌功能为前提，而且与柏拉图的悲剧移情说背道而行，从艺术与审美的角度解释了悲剧的积极功能。卢卡斯(F. L. Lucas)就曾断言：虽然亚里士多德没有提及柏拉图的名字，但他的悲剧净化说却是以柏拉图的相关学说为前提，是在为自己有别于业师的观点进行辩护。① 豪利威尔也曾指出：我们可以温和的方式确认这一前提——亚里士多德式的净化说在一定程度上回应了柏拉图反对悲剧心理效用的立场。② 如果此说正确，那么净化一说不只是为了展现悲剧情感体验的意图，而且也是为了表示对这一体验结果的看法。

《诗学》是一部残卷，尤其关乎喜剧的论述，作为《诗学》第 2 卷不幸佚失。对此，现代有些古典学者建议参照《喜剧论纲》(*Tractatus Coislinianus*)予以补充，但因此书无法解释喜剧净化作用、喜剧性结构以及如何引发笑料等喜剧手段，故此遭到另一些古典学者的否定，他们认为《喜剧论纲》是一部后人模仿亚里士多德文风的伪作，理论可靠性与参考性有限。③ 有关情感净化与情感动力的论述，则需要借鉴亚里士多德的《政治学》(*Politics*)第 8 卷。有关情感论与想象力问题，则需要参考其《修辞学》(*Rhetoric*)。

亚里士多德所谈的"想象"(*phantasia*)，是在感觉和形象的基础上论述的，既涉及情感(*pathē*)，也关乎理智(*logisticke*)。通常，想象所引发的种种形象，有的令人快乐，有的使人痛苦，其内在的可评价性构成了认知的评估活动。这种"想象说"，历史悠久，绵延至中世纪后期和文艺复兴早期，对于须臾不离形象和想象的艺术产生了深远影响。④ 在亚里士多德的心理学里，"想象"作为一种感官或感觉能力，一

---

① F. L. Lucas, *Tragedy: Serious Drama in Relation to Aristotle's Poetics*, London: The Hogarth Press, 1957, pp. 53 - 57.

② Stephen Halliwell, *Aristotle's Poetics*, London: Duckworth, pp. 184 - 185.

③ Stephen Halliwell, "Aristotle's Poetics", in George A. Kennedy (ed.), *Classical Criticism*, pp. 182 - 183.

④ Malcolm Schofield, "Aristotle on the Imagination", in Barnes et al (ed. s), *Articles on Aristotle*: 4. *Psychology & Aesthetics*, London: Duckworth, 1979, rep. 2003.

方面从记忆里唤起储存的形象，另一方面与视觉具有天然的联系。视觉是一种重要感官，没有视觉作用，想象则无能为力，这就如同没有光就无法看见外在对象一样。记忆好似一座容量巨大的水库，想象用以唤起形象来辅助主体做出抉择。譬如在道德行为和审美判断方面，想象的作用，不只是回顾那些已然经历或体验过的相似情境，而且是从现存的经验里构建出潜在的解决问题的途径。亚里士多德将这种想象界定为“理智性想象”(phantasia logistike)，认为它具有联系和组合经验性知觉的能力，并将这种能力称之为“融合实践”，断言其在性质上具有建构性。这种想象力唯有人类具备，在求知欲望的驱动下，这种能力可以在联系和组合来自记忆的相关形象过程中，对其各种结果进行筛选。与此同时，想象力具有自身的主动性，不仅可以在当下感知的对象中，也可以在已经感知过的记忆中，创造出一系列具有多种感性特征的相关形象。总体而言，亚里士多德的美学思想主要包含在《诗学》里，其中对一些具体问题的看法，如他认为悲剧的长度以一日为限等，虽然已经失去意义，但他所提出的基本美学理论，一直为后世各美学学派所重视。

三、贺拉斯论诗艺

古罗马奥古斯都时期堪称拉丁语文学发展的“黄金时期”。在此期间涌现出三大诗人，贺拉斯(Horace, 65 - 8 BC)位列其一，另两位是维吉尔(Virgil)和奥维德(Ovid)。同一时期有成就的两位主要批评家，贺拉斯也位列其一，另一位是狄奥尼修斯(Dionysius of Halicarnassus)。

贺拉斯既是诗人，也是批评家；不仅为他自己的诗歌实践辩护，而且倡导其他人恪守同样的高标准；不仅推崇诗歌的娴熟艺术性，而且强调诗歌的道德责任感；虽然回避抽象而系统的论证，但极少忽视理论的严肃性。贺拉斯本人在雅典接受多年教育，精通古希腊语，擅长用希腊语写作。他除了敬慕古希腊文学经典之外，也对古希腊哲学传统情有独钟。作为诗人，他的代表作有《歌集》与《讽刺诗集》；作为批评家，他的代表作是《诗艺》(*Ars Poetica*)。[①] 有趣的是，《诗艺》是用书信体诗写就，可谓以诗文论诗艺的范本。

贺拉斯的《诗艺》全文共计476行，通常的引文注解，均采用诗行数码而非页码。值得一提的是，此文原为书信，是应皮索父子请求而撰，按顺序排列为第三封，收入贺拉斯的《书札》(*Epistles*)集。鉴于此信回应的是皮索父子提出的诗歌与戏剧问题，其内容涉及诗歌与戏剧的艺术理论，后来专门取名为《诗艺》。另外，贺拉斯虽然常用希腊语写作，但他的《诗艺》却以拉丁文版传布于世，其知名版本与《书札》合并为一。[②] 总体看来，《诗艺》所论，可分为三大部分：诗歌本质特征、戏剧结构要求、诗人修养与责任。

1. 诗歌本质特征

关于诗歌本质特征，贺拉斯主要关心的是整一性、技巧性与有用性。就整一性而言，一首诗务必前后连贯一致(1—8)，务必呈现出必要的整一性(9—13)。整一性是源自史诗的创作法则，如果忽视或背离这一法则，在诗中插入离题的成分，那就如同在一幅描绘海上风暴的画上置入一株柏树(14—21)，或者就像制作一件由半个装饰花瓶与半个带柄陶罐杂拼而成的瓶罐(22)。贺拉斯假设存在融合整一性与多样性的意愿，但他呼吁规避来自无关联部分的非整一性，呼吁把握独立细节的必要性。这里意味着完整的描述伴随着来自主题交织与布局交织的技巧多样性。对于无拘无束但要掌握平衡的诗人而言，贺拉斯的建议是："如你所愿，尽情为之，只要单纯和整一即可(23)。"

自不待言，整一性的对立面是非整一性。贺拉斯用绘画类比的方式，形象地将非整一性描述成一头荒诞巨怪。这种非整一性，无疑是损毁诗歌艺术的败笔。从因果关系看，导致诗歌非整一性的原因，主要是顾此失彼的结构编排。这种编排通常见木不见林，只关注特定细节与特定部分的优点，却忽视部分与整体之间的契合关系。故此，完满的诗歌篇章，务必协调好部分与整体的有机联系(24—37)。

---

① 有关贺拉斯的诗歌与诗艺引介，参阅王焕生：《古罗马文学史》，人民文学出版社2006年版，第三编第二章"贺拉斯"，第222—240页。另参阅Doreen G. Innes, "Horace", in "Augustan Critics", cf. George A. Kennedy (ed.), *Classical Criticism*, pp. 254 - 267.

② Cf. *The Epistles and Ars Poetica of Horace: With Short English Notes for the Use of School*, Oxford: James Parker and Co., 1877.

诗歌的技巧性,实则是指主题选择与谋篇布局的技巧多样性。具体说来,这其中包括主题、布局、措辞、格律、风格、人物塑造与布局编排等要素。主题选择要量力而行,不可超过自己驾驭素材与编排的能力(28—41)。布局应当力求完美无缺,要从核心目的出发,删除所有无用成分(42—45)。格律要将依据诗歌体裁而定。史诗应采用六音步格律,哀歌应采用表现哀怨或爱意的格律,讽刺诗应采用抑扬格律,抒情诗应采用抒情格律(72—85)。风格多样多姿,或恢弘,或畅达,或典雅,或质朴,或平实,各擅其长,色彩纷呈,但务必保持各自的特色(86—92)。诗歌所选择和描述的人物,或续旧或新设,关键在于鼎新独创、自成一家,成为连贯而典型的个人财富(125—135)。布局编排务必始于平和,绪论扼要,入乎主题之内,删除冗赘部分,规避不宜叙事,人物行为与年龄匹配应和(148—178)。诗歌措辞或遣词用句,务必适宜恰当,言简意赅,富有新意。贺拉斯断言:"人的作品将会死去,语词的精彩与魅力更不会经久不衰(68—69)。"这意味着语词会老化或陨灭,但诗歌措辞要设法化腐朽为神奇(46—72)。

诗歌措辞关乎文字艺术魔力,因此最难达到至善境界。虽说只要选择与我们力量匹配的内容,措辞与流畅的布局就会随之而至(38—41),但实践绝非像言说这样轻巧。贺拉斯对此措辞进行了选择性说明,所提出的第一要求就是措辞务必微妙纤细,需要卡里马科斯式的润饰与简洁。按其所言,"只要有一个所知语词通过聪明整合获得新意,那你就是所言精妙"(45—48)。这里可以比较一下多纳图斯(Donatus)针对维吉尔的批评,她抨击维吉尔为了装模作样而翻新花样,其所作所为不是源自过度宏丽或乏味无聊的措辞,而是源自创新使用日常的语词,因此就显得不露声色。在诗歌创作过程中,措辞必然涉及新造语词(48—59),这类词语最好较少取自"希腊词源"。贺拉斯认为,诗歌唯有需要时方可使用这类词语。与此同时,贺拉斯借助诗歌的整一性原理,拒绝接受诗歌措辞可以享受无拘无束的自由观。贺拉斯大力倡导老一辈罗马诗人竭力将拉丁语丰富化:"从过去到现在及将来,人们总有自由给每个语词打上新的印记(58—59)。"

在贺拉斯心目中,诗歌的有用性与诗人的有用性,是一枚硬币的两面。在《诗艺》里,诗人的有用性占据诗歌的中心(118—138)。诗人是一贫穷士兵,却不受贪婪的约束,也不受社会有用性的制约。贺拉斯教导年轻人,提醒人们诗歌在学校课程中占有重要地位。他曾在教导少年的相关通信中指出：诗人塑造少年柔软和颤抖的嗓音，引导少年勿听污言秽语，继而鼓励少年凭借友爱准则构建自己的品格；诗人是改正鲁莽、羡慕和发怒等弊病的人；诗人讲述杰出美好的成就，利用熟知的样例启发成长的岁月，安抚无能为力或患有疾病的人们。贺拉斯自信满满地宣称：诗人的境界赢得合唱颂诗和祈祷祝福，诗人“通过歌唱使上天的诸神息怒，通过歌唱使死者的诸神欢悦”(138)。

2. 戏剧艺术效果

贺拉斯所言的戏剧，是古罗马的诗歌体裁之一。这种戏剧形式，是古希腊戏剧(如悲剧与喜剧)的翻译、变种、延伸和再创作(如讽刺剧)。在贺拉斯看来，戏剧艺术效果，主要涉及舞台效果、结构要求、合唱歌队与辅助手段等要素。为此，可怕的事情不可展示在舞台上。如果剧情自身需要，但须让其发生在舞台布景背后。对于奇妙和恶心的事件，也要慎重和恰当地予以处理(179—188)。结构要求一部剧作的长度限定为五场，台上出现的对话人物不得超过三位，唯有必要时才可将神祇引入剧情(189—192)。合唱歌队是戏剧中的重要组成部分，有助于行动与剧情的发展(193—195)。无论在任何情况下，合唱歌队务必站在正义与公正的一边(186—201)。辅助手段原本较为简朴，涉及笛子之类乐器，契合观众习惯礼仪，但如今奢侈华丽的装饰与服装不断增加，合唱的歌词如同神谕一样令人费解(208—219)，这些消极作用应当引起关注，应当适可而止。随后，贺拉斯谈及萨提尔剧的特点与要求(220—250)，抑扬格诗律的正确用法，特此建议认真习仿古希腊诗人的传统做法(251—274)，另外还论及古希腊戏剧的历史流变(275—288)。

在专论戏剧与史诗时，贺拉斯从未处理体裁问题，他循序渐进地讨论悲剧和喜剧，利用两者的差异证明措辞应当匹配情感水平和人物性格。这是标准的修辞学要点。在戏剧与诗歌的情感效应方面，贺拉斯坚信：“对诗歌而言，优美娴熟尚嫌不足，要让诗歌富有吸引力，要能如其所愿地激起听众的情感，……若你想要我哭泣流泪，你务必首先使自己感到悲伤；唯有如此，我才会分享你的灾难引致的痛苦(99f.)。”与亚里士多德的《诗学》相比，贺拉斯自由地徜徉于悲剧与喜剧之间；在先行提出差别建议之后，贺拉斯阐释了来自悲剧的情感层次。他认为喜剧可能上达悲剧的愤怒之情，悲剧因为悲伤而降至更为平淡的风格。这意味着一种关乎悲剧与喜剧之间重叠关系的兴趣，由此标示出贺拉斯对于萨提尔剧的分析。论及人物性格，贺拉斯首先转向喜剧，但随之讨论史诗、悲剧人物性格，借此表明如何因循传统或持续创新(119f.)。

贺拉斯倡导虚构新的人物性格，认为创造性模仿更为可取：他所说的挪用传统素材的艰难任务，就是要规避一哄而上的路径与单纯的文字模仿。在他看来，作为我们的榜样，荷马善始善终，像独眼巨人一样，引入令人惊叹的奇思怪想；采用单刀直入的方法，抓住读者的注意力，删掉任何不能"闪耀"诗性光辉的累赘，可谓"说谎富有技巧，真假混合一起，中段上承开篇，结尾契合中段"(151—152)。贺拉斯支持卡里马科斯的立场，推崇崎岖的路径，却将荷马确立为模仿样板；在文章结尾处，贺拉斯虽然采用了亚里士多德的整一性学说，却将这一学说同赞美荷马的虚构方式联系起来。整体杂糅结果也会具有原创性，贺拉斯在此加上独特的喜剧评说，挫败宏壮开篇的锐气："崇山峻岭将会劳作与养育，诞生出荒唐可笑的鼠类(139)。"

贺拉斯本人十分看重戏剧特有的简洁规约(179—201)，认为舞台行动要比直接引语更为生动，但要规避舞台上不合情理的行动，诸如美狄亚杀死自己的孩子之类；一部戏剧要有五场结构，这方面的相关实践已然见诸米南达的剧作和罗马的喜剧；结尾处描写神的调解，应取决于情节的需要，否则不要贸然引入；不许三位以上的人物同时登台对谈，那样会导致相互纷扰或冲淡剧情的副作用；要让歌队合唱成为情节的组成部分，让其提供良好的建议，抚平愤怒者的情绪，拥护正义的行为，赞扬正确的事物，祈求诸神的保佑。这里的道德作用不是亚里士多德式的，而是结合了诗人社会有用性的教育与合唱功能。道德也将塑造音乐的处理方式(202—219)：过往单纯与淳朴的笛子，适合乡野的听众，但由于繁荣导致腐化，音乐沦落成放纵淫荡的招牌。在这里，贺拉斯有可能把丰富的希腊音乐传统，当作社会腐化的标记或起因。①

3. 诗人修养与责任

贺拉斯始终认为，优秀的诗作，需要不断修改和润色，否则难登大

① Cf. Plato, *Laws* 700a - lb, trans. R. G. Bury, Cambridge Mass. et al: Harvard University Press, rep. 1994.

雅之堂，但罗马诗人大多不喜欢如此。于是，他极力建议诗人应当拥有合乎自己身份的文化艺术修养和承担相应的社会道德责任。按照他的说法，一位真正的诗人首先需要伦理和政治知识，依此来选择和组织恰当的素材与正确的主题(309—316)；其次需要认真研究自然，从中汲取和选用火热的词语(317—322)；再次是接受良好的教育，由此获得足够的学识(323—332)。另外，鉴于诗歌的目标是"寓教于乐"(333—334)，诗人要将简明扼要和彰显真理视为诗歌的要务或目标，这需要慎重从容，而不可粗枝大叶。唯有实现寓教于乐这一双重目的的诗歌，才称得上是完美的杰作(335—346)。另外，诗人写作，不要为稻粱谋，要维护诗人的尊严，要在诗作完成后将其交付给一位评判人或批评家，在听取意见后不断推敲和修改，在发表之前要先搁置一段时间(386—390)。

在专论诗人的部分里(295f.)，贺拉斯特意指出，德谟克利特只是认可迷狂的诗人。从所有先例来看，明确的要点就是既需技巧，也要天分。凭借辛辣的讽刺挖苦，贺拉斯发现迷狂的代价太大，自会抛弃诗歌。于是，他宣称："我愿作一块磨刀石，能够磨砺锋刃，即使无法削割，……我自己不著一字，但要传授诗人的功能与职责，此乃诗人力量的泉源，借此喂养和塑造诗人；什么恰当，什么不当，卓越与错误，在此并行不悖"(304—308)，技巧与天才结伴而行，密不可分(408—411)。的确，贺拉斯论点交错，涉及主题性、伦理性、政治性、目的性、有用性、甜美性和卓越性(347—476)，因而导致模糊不清。最后，贺拉斯得出结论，自鸣得意地断言：你若忽视我的忠告，刚愎自用，智慧之士就会离你而去，男孩们就会将你当作一个傻瓜群起而攻之。你若不小心失足落入井里，人们就会认为你是有意为之，就会诅咒你冒犯神灵，不可救药(453—472)。

需要说明的是，诗人需要知识(*sapere*)，内含多重意味。譬如，(1)诗人应当熟知哲学(309—310)，学会承担为国、为家、为朋友应尽的社会义务，学会恪守元老、法官与战争指挥官的职责，这样就会使风格随之而至。(2)诗人应当熟知恰当的人物性格刻画，提供现实主义的道德范例。人物性格刻画与道德携手并进，"技艺高超的模仿者，将会细读生活的样板与风范，给予它们现实主义的表现(318—319)"。(3)诗人应当熟知适当的体裁与风格(86—87)，这样就会对于格律、措辞等技巧多样性运用自如。通常，贺拉斯毫不掩饰地将体裁、风格与内容连成一体(40—41)。(4)诗人应当熟知诗歌与诗人的双重目的。诗歌应当既有用又宜人,既教诲人又愉悦人。按照他自己的说法,“诗人的目的抑或是有用,抑或是宜人,抑或是将愉悦与有用两者结合起来”(333—334)。不过,“每一张赞成票,都会投给将有用与宜人结合起来的诗人(qui miscuit utile dulci),因为诗人既让读者欣然而乐,同时又教导读者德行善举”;诗人的诗篇就是这部发行出售、流布海外、久负盛名的著作(343—346)。可见,贺拉斯对诗人承担神圣角色的庄严赞美(391f.),正是因为诗人担负着建立和教化社会的责任。

4. “诗如画”说

在论及诗人所需的修养时,贺拉斯将诗与画予以类比,提出“诗如画”(ut pictura poesis)一说。这一说法暗示,有些绘画近观令人愉悦,有些绘画远观令人愉悦,有些绘画模糊不清令人愉悦,有些绘画置于光下令人愉悦——无惧批评家的尖锐评判,有些绘画仅能令人愉悦一次,有些绘画经得住观看十次(361—365)。贺拉斯虽未做出价值判断,但显然青睐那些能够经得起反复和精细研究的作品。[①] 如此说来,“诗如画”,主要是就诗画意境的相似性而言。诗歌要有绘画的艺术效果,就应当提升自身的艺术性,在措辞上不断锤炼,在文本上不断修改,经得起推敲,经得起品鉴,经得起批评,经得起时间考验。诗与画的类比,在希腊哲学与诗学中颇为常见。柏拉图在《理想国》第十卷论模仿诗时,就以绘画(画床)这一视觉形式对其予以图解,甚至用“错视画”来讽喻模仿诗的虚假性。亚里士多德在《诗学》第六章里论悲剧的人物“性格”时,也以公元前5世纪两位著名画家宙克西斯(Zeuxis)与波吕格诺托斯(Polygnotos)的画作为例进行比较,认为前者擅长写实仿真,后者善于刻画性格。相比之下,贺拉斯“诗如画”说的直接影响,可能来自西蒙尼德斯(Simonides 556? —468 BC)。归在后者名下的传世名言“诗是有声画,画是无声诗”,不仅道出了诗与画在意境方面的相似性,而且昭示了诗与画在效应方面的内在联系,由此形成有史以来评价诗情画意的一条主导性准则。

历史地看,贺拉斯的诗艺理论对于法国古典主义影响甚大,这在

---

① Brink, *ad loc.*, against R. W. Lee, '*Ut pictura poesis*: The humanistic theory of painting', *The Art Bulletin*, 22(1940), p. 199.

布瓦洛《诗的艺术》中显而易见。时至今日，有关“寓教于乐”与“诗如画”等观点，仍然具有重要的参考价值。另外，贺拉斯以诗文论诗艺的写作方式，也对后世诗歌批评产生了重要影响，这方面的典型案例，当推蒲柏(A. Pope)的诗文《论批评》(*An Essay on Criticism*)。再者，人们对贺拉斯自身技艺的欣赏，一直有增无减；贺拉斯所尝试的方式，不仅是用一首诗来论诗艺，而且这首诗本身就体现出那些诗艺。

四、“朗吉努斯”论崇高

《论崇高》(*Peri Hupsous*)一文，是用古希腊语写讫，英文译名为 *On the Sublime*，通常归在“朗吉努斯”(Longinus)名下。对于此文的作者身份，古典学界长期存疑，因此给这位作者的名字打上引号。[①] 此文的最新译者哈利维尔(Stephen Halliwell)通过研究发现，《论崇高》是一篇批评论文，作者是一位批评家，而非一位哲学家或修辞学家。他专此列出 9 个理由及其相关证据，证明此书无法归在公元 3 世纪希腊哲学家和修辞学家 Cassius Longinus 的名下。尽管此人从 16 世纪中期到 19 世纪早期一直被视为该文的作者，但现在只能称其为“伪朗吉努斯”(pseudo-Longinus)。从文风、用语、论点和思维方式等方面审视，此文出版的年代最早在公元 1 世纪初，最迟在公元 2 世纪初。此文作者崇拜柏拉图的哲学思想，谙悉亚历山大里亚学派的学术研究，个人的经典导向意识甚强；此文所关注的主要对象，事关文学修辞美的特殊杂糅观念，其中反复使用的“批评”术语，旨在表明根本上趋于价值判断的论证模式。[②]

---

① Donald A. Russell, “Longinus on Sublimity”, in “Greek Criticism of the Empire”, cf. George A. Kennedy (ed.), *Classical Criticism*, pp. 306 - 310. Also see Andrew Lang, “Introduction: Treatise *On the Sublime*”, in Longinus, *On the Sublime*, trans. H. L. Havel, London: Macmillan, 1890, pp. xiii - xxxi.

② Stephen Halliwell, “Introduction”, in “Longinus”, *Sul Sublime/On the Sublime*, Rome: Mondadori, forthcoming, pp. 1 - 12. 此新译本被列入意大利“Fondazione Lorenzo Valla 丛书”(the Fondazione Lorenzo Valla series)。本文作者去年从 Stephen Halliwell 教授的来信中得知，他已完成重译 *On the Sublime* 的工作。为了引介最新研究成果，笔者写信向他本人说明用意，随之通过电子邮箱收到他发来的电子版《导论》定稿。目睹为先，受益良多，在此谨向 Halliwell 教授深表谢忱。

在欧洲批评长河中,《论崇高》的影响力,除了稍逊亚里士多德的《诗学》之外,几乎盖过所有其他批评论作。此文所论,可分为六部分:(1)崇高的定义与论证:艺术法则是否涵盖崇高?(2)与崇高对立的风格弊端及其原因:矫揉造作,夸夸其谈,虚假情操,僵硬自负;(3)真正的崇高及其独特性;(4)构成崇高的五大缘由:思想的恢弘,动情的力量,言语的修辞,典雅的表达,结构尊严与提升;(5)摧毁崇高之风格的内在弊端:滥用节奏,断裂蹩脚的从句,失当的冗赘啰嗦,误用熟悉语词和反高潮手法;(6)为何缺乏伟大作家的主因:当时专制的政府管理方式,风度礼仪持续腐化,卑鄙微末的生活观念普遍流行。①

乍一看来,这部论作似乎井然有序。然而,这只是某种幻象。我们所遇到的所有难题,并非都源于该作佚失三分之一的厄运,而是该作手稿中有数处出现缺页。这些难题也是整篇论文的性质和规划所致。作者在绪论里声称,此书旨在回应或补充凯基利乌斯(Caecilius)对"崇高"的说明,即一种不能令人满意的说明。限于篇幅,这里仅就相关内容概述几点。

1. 崇高与美

根据此文对于主题的界定,崇高就是卓越,其至为重要的一点,就是赋予伟大作家以不朽的声誉;这是一种令人惊异与震撼的特质,而非以寻常与温和方式进行说服的特质;该特质可见诸单个短语之中,因其无需全部语境来展示自身。由此可见,在语词形式的多样性中,"伟大"(megethos)在广义上被用作"崇高"(hupsos)的等价词。其次,卓越的技艺可能有悖于人们的这一看法:诸如此类的崇高事物,只是自然所为,而非自然与艺术的结合结果。进一步的界说是通过描述虚假的崇高,凸显诸种空洞与乏味的言辞,这列言辞是对恢弘进行误导或无能为力的结果。真正的崇高经得起时间的考验,经得起睿智读者的反复琢磨。这类读者具有可想而知的背景、年龄或教养(7.3-4)。

从《论崇高》开篇伊始,作者知道自己的任务是帮助将来的演说家"思其大"(think big),而不只是采用宏丽的语词与宏大的谋篇。作者

① Longinus, *On the Sublime*, trans. H. L. Havell, London: Macmillan, 1890, pp. ix-xi.

所列出的五个崇高“来源”中，前两个被赋予至为重要的意义，这关乎思想的恢弘与情感的强烈(pathos)。据文中所说，崇高将人们提升到神思或神灵的伟大高度。从语境中看，这意味着伟大作家如同半神半人，其所获得的心智与灵视，能够在思想中凝照和超越整个宇宙，能够创制包罗万象的文学哲学。另外，像神一样的崇高原理与超凡入圣的地位，能使崇高或伟大的作家在其不同的文学艺术体裁中，拥有获得恢弘或伟大思想的无限能力，拥有无限广大深邃的心智与潜能。也就是说，崇高或伟大的作家，可以凭借自身的表现力量、强度和专注度，让其所要传达的思想与情感具有多重意义与意味，由此吸引人们在反复细读和静观中受益良多。当然，除了这两种要素之外，文学艺术与其他三个崇高“来源”的关系同样密切，这涉及修辞、措辞与组合方式。在此文作者看来，凯基利乌斯的主要败笔，就在于他自已忽视了情感；情感虽然有别于崇高，却是成就崇高的一个独特而有效的要素。迄今，学者已然对此做出诸多解释，其中专论崇高之中的情感作用，[①]委实值得给予足够的重视和认真的反思。

比较说来，崇高与情感的关系，在重要性与关联度上，均类似于崇高与美的关系。根据哈利维尔的总结，崇高与美的关系涉及如下几点看法。首先，暗示这种关系的是如下指涉：“美的语词是对(崇高)思想的特殊昭示(30.1)。”这一格言式的说法，虽未将崇高直接等同于美，却有助于表明这两个概念之间并不存在彼此紧张或互不兼容的关系。在实际语境中，“美”几乎与“伟大”或“恢弘”前后并列，更何况该文将“崇高”用作某种集群概念，所涉及的特质与美德包括恢弘与伟大，而恢弘又类似美、力量与重量等特质。由此便可推定崇高与美相关。再者，文中的“崇高”与“伟大”两词近乎同义，但有的时候，“伟大”一词抑或用来表示更广的范畴(“崇高”作为一种居于其中)，抑或以类似方式应用于“美”一词的所指。

从文中使用的“美”一词来看，其语境与所指主要可分为三类：第一类情境是用来表示“美的特质”或诱人的特征(34.4)，其意接近于美德或卓越。第二类情境是用于“风格之美”(5.1)、“美的话语特征”(32.7)或“美的写作”(33.5)等短语，与其连带使用的是意指文学优点

---

① 最近研究成果，参阅 Jacques Bompaire, ‘Le pathos dans le Traité du Sublime’, *REG*, 86(1973), pp. 323 - 343。

的“崇高”与“愉悦”等术语。在这里，风格之美多种多样，但显然可以独立于“崇高”而存在。第三类情境是将“美”与其他术语，一起用来描述关乎“崇高”的思想及其特征，譬如“美与恢弘的要素”(17.2)，“力度、说服力与美”(20.1)，“美的语词是对(崇高)思想的特殊昭示”(30.1)，直接涉及“崇高”对象的描述，譬如“例外的、伟大的和美的”自然性相(35.3)，“美的和真的诸崇高性”(7.4)。基于以上证据，可以合理推断：在作者的批评词汇中，美的使用范围虽然大于崇高，但崇高自身可以被视为一种至为重要的美。[①]

2. 创造性灵感

在古希腊文化传统中，“神启性灵感”一说在《论崇高》写作时期已然成为老生常谈。因此，该文作者另辟蹊径，使用不同语汇来谈论灵感。所涉及的章节计有 10 余个，但主要出现在该文第 13—14 章里。在这方面，“创造性灵感”的理念不仅关乎心理学机制，而且涉及个体作家与崇高作家准则之间的关系。

在《论崇高》第 13 章里，作者在论述过往伟大作家如何以模仿或仿真实现崇高的途径时，他以类比的方式，借用日神阿波罗女祭师(the Pythia)的案例，提出“灵感”的“气动催化”过程。按其所言，许多作家受到某种神灵的附体或启示，就像女祭师一样，地缝里吹出一个神性气泡，女祭师从中获得超自然的力量，立刻在“灵感”(epipnoian)的驱动下发布诸则神谕。同样，源自老一辈作家的伟大天赋，让其神圣之口里的言词，流入到他们的模仿者头脑之中，使后者由此获得“灵感”(epipneomenoi)，继而共享前者的伟大。这看来就是一种传感效应。伟大作家的创作才华，通过认真习仿便可传导给其他作家。这里的必要条件或重要中介，就是在习仿或模仿过程中所获的“灵感”。换言之，每位新生作家与伟大前辈作家的创作准则，潜含一种自我意识关系，内化于其中的就是“灵感”。《论崇高》的作者借此大胆地传递出某种创造性灵感的驱动力。在这里，我们在理解“模仿”这个特殊术语时，理应同时想到“模仿”即再现加表现或“模仿”即艺术创构的内在意涵，否则，我们就会落入过于简单的俗套，将其视为复制或拷贝的机械

① Stephen Halliwell, "Introduction", in Pseudo-Longinus, *Sul Sublime/On the Sublime*, Rome: Mondadori, forthcoming, 2021, pp. 17 - 19.

性技巧了。

在《论崇高》第 14 章里，“灵感”的心理机制得到充分表述。其所勾画出的作家，志存高远，厚古而不薄今。他们在心理想象活动中，设定自己的位置与目标，趋向过往最伟大的经典范型，渴望创作出引人入胜的传世杰作。他们一边对荷马、柏拉图、德摩斯梯尼比与修昔底德等伟大作家心向往之，一边升华自己的思想，确立理想的标准，在想象中与前辈作家进行互动且展开竞争，以期从中获得灵感，挥洒神来之笔，写出超越自己生命时限与生活时代的诗句或作品。①

这样一来，即便那些伟大的前辈作家生活在遥远的过去，可在步其后尘的作家心里或脑际，他们都像“心理意义上的同时代人”一样，在艺术创作中彼此对话或比肩量力，由此结成跨越历史时空的“神交”，共同促进文学艺术的繁荣昌盛，为未来创构和留存更多的精品佳作。这显然是一种充满理想主义和浪漫主义色彩的精神与艺术追求。但要看到，《论崇高》执意将崇高本身奉为唯一伟大和至高的艺术特质，认定唯有达到这一境界的伟大作家才能经得起时间的考验而得以传世。由此可见，涉及艺术创造的灵感形式，绝非一件单凭模仿就能如愿的易事。

3. 修辞艺术与道德善化

对于修辞学问题(18)、重复法(20)、倒装法(22)与其他修辞手法，《论崇高》先后进行了巧妙而有趣的举例说明；对于隐喻(32)和综合(39)，进行了某种详细的论述，而对于其他事情却一笔带过。在论及离题问题时(33—36)，作者侃侃而谈，就像在陈述自己的文学信条。凯基利乌斯偏爱吕西亚斯胜过柏拉图，而《论崇高》的作者则相反，他所热衷的目的之一是要重新恢复柏拉图文学艺术家的地位(9)。另外，他最为赞赏的伟大作家是荷马、品达与索福克勒斯等诗人，其他作家无法与他们比肩。这如同赞赏和仰慕的是波涛宏巨的江河，而不是细水清澈的溪流一样。在涉及离题问题的相关段落里，有两个要点需要指出：其一，这里丝毫没有离题，而是清晰地呈现出作者的核心立场。这委实是本书的性质所在，推理部分对其要旨至关重要，超过对

① Stephen Halliwell, "Introduction", in Pseudo-Longinus, *Sul Sublime/On the Sublime*, pp. 19 - 22.

五个崇高来源设想的陈述。其二,对于亚历山大里亚学派代表人物卡里马科斯的理想宣言,罗马诗人对此展开许多说教,依此追求完美的小型杰作。“朗吉努斯”选用的隐喻恰到好处,在此对比了亚述流域与清澈涓流,前者将污泥浊水汇入大海,后者源自神圣清泉,蜜蜂从这里将泉水带给狄奥,使其成为一种文学类比。

在讨论阐释性问题的一章里(44),作者开启了他自己与一位“哲学家”之间的争论。这一部分虽然出乎预料,但与这部著作的主题密切相关,因其更精确地界定了道德善化的意义;倘若那个时代要与过往的“崇高”创制相媲美,那么这种道德善化就必不可少。这位“哲学家”坚持认为,同时代的作者具有实现崇高境界的天分,但其不足之处起因于缺乏自由。任何形式的“奴隶制”,无论多么公正,其禁锢心灵的蛮横做法,亦如囚笼会禁锢侏儒的成长一样。朗吉努斯的驳斥方式,是把这一现象归因于我们的道德听命于贪婪与奢侈。这里当然会涉及此文写作时的糟糕的社会和政治语境。

毋庸讳言,《论崇高》存在文本结构、作者身份和出版年代等问题。但是,所有这些问题都不会严重减少此书的重要性和影响力,也不会减少此书独特辩才经常给人带来的快感和启示。此书许多部分不仅仔细讨论诸种样例,而且从荷马史诗谈到“风度喜剧”,展现出更加广阔的主题与更具个性的视角。在此过程中,此书将《奥德赛》视为《伊利亚特》的后记,推定《伊利亚特》是荷马年富力盛时的诗作,认为《奥德赛》是荷马垂垂老矣时的诗作,前者既富戏剧性,又激动人心;后者叙事平和沉稳,反映出老年生活特征。于是,在《奥德赛》里,荷马堪比落日:形体如故,但无力量,不再像过去那样在《伊利亚特》故事里承受强大张力,也不像以往那样一贯保持高水平而无任何败笔。接连不断的喷涌激情现已消失,随之消失的还有多才多艺的特性,写实主义的文风,取自生活的丰富形象。相比之下,我们看到伟大特质像潮水般退去,仿佛汪洋大海回撤到自身,在自个的海床上静静流动。荷马失落在令人惊奇和难以置信的领域里。[1] 这一主旨虽显离题,但特别清楚。在这里,作者的精神与道德的恢弘,才是成功的决定因素,才是

---

① *On Sublimity* 9. 11 - 14, 引自 Russell and Winterbottom, *Ancient Literary Criticism: The Principal Texts in New Translations*, Oxford: Oxford University Press, 1972, pp. 470 - 471.

最高的写作境界；而失之均衡与技巧不足，有时却会被人遗忘。令人着迷的是，当《论崇高》的作者饶有兴趣地表达恢弘激情之际，又看到他如何利用萨福的那些精微的抒情技巧(10.1－3)。可以确定的是，该作者拥有伟大文学的理想，期望这种文学绵延不绝，相信仍有可能创制出经得起时间考验的艺术作品，这些作品会像伟大的经典那样永久流传。在古代或拜占庭时期，《论崇高》似乎没有多少读者，文艺复兴时期才是其流布于世的最佳时期，17 世纪晚期与整个 18 世纪更是如此。作为一个划时代的标志，此书通过布瓦洛的译本(1674)光耀于文学与美学批评的历史长河。

结语

上述四部文本，实属西方古典批评的至要遗产和理论圭臬，也是欧洲批评史上影响力最大的四部经典著作。各自的意义、效用、影响与地位，犹如四根支柱，有力支撑着古典批评这座千年老店。在形象与象征意义上，它们彼此关联，缺一不可，堪比管子笔下的“四维”。据其所言，“一维绝则倾，二维绝则危，三维绝则覆，四维绝则灭。倾可正也，危可安也，覆可起也，灭不可复错也”。[①] 因此，研究西方古典批评，离不开对此“四维”的深切理解和把握。当然，除了这“四维“或”四根支柱“之外，这座“千年老店”的整体结构与持续修缮，也离不开其他不可或缺的椽檩梁材或重要论作。这其中就包括德米特里厄斯的《论风格》(Peri Hermeneias/*On Style* by Demetrius)、西塞罗的《论取材》(*De inventione*)、《论演说家》(*De oratore*)和《献给赫仁尼乌斯的修辞学》(*Rhetorica ad Herennius*)、狄奥尼修斯的《论文学创作》(*On Literary Composition* by Dionysius of Halicarnassus)、塔西佗的《关于演说家的对话》(*Dialogus de oratoribus* by Tacitus)、昆体良的《演说术原理》(*Institutio oratoriae* by Quintilian)与赫拉克利图斯的《荷马托寓问题》(*Allegoriae Homericae* by Heraclitus)等。所有这些文本，在古典批评的不同历史时期发挥着不同的作用，唯有将其连缀起来，才能构成古典批评这

① 黎翔凤：《管子校注》，中华书局 2004 年版，第 11 页。

座千年老店的全景图像及其多维形态。

（作者单位：中国社会科学院哲学研究所）
学术编辑：张　冰

可见的作品与不可见的观者

——接受美学介入西方艺术史研究的历史、方法及其问题

朱　橙

内容提要　西方艺术史学界至少从19世纪就开始从视觉艺术的接受主体(观者)的角度展开关于艺术作品的阐释。但由于各种原因，接受美学始终未能在视觉艺术研究领域内得到应有的重视和广泛的应用。直到20世纪80年代，随着新艺术史和视觉文化研究的兴起，接受美学作为一种艺术史研究方法的意义和价值才逐渐被重新发现。本文在梳理狄德罗、黑格尔、李格尔、贡布里希、沃尔海姆、弗雷德等人有关接受美学的观点及研究的基础之上，尝试厘清接受美学介入艺术史研究的一些基本问题和前提条件，总结出了"内置"和"外在"两种最主要的观看方式和研究模式，以此为基础延伸到有关艺术意图的讨论，并指出这种艺术阐释的模式同样存在风格化的危机。

关键词　接受美学　绘画中的观者　绘画的观者　艺术意图　风格化

在相当长的一段时间内，西方学界以形式主义和图像学为主流的艺术史书写及研究传统，在一定程度上遮蔽除了图像形式及其符号内涵之外的阐释通道。直到20世纪60年代，随着欧洲大陆以雅克·德里达和罗兰·巴特等人的后结构主义为代表的后现代主义思想在全世界范围内广泛传播，随之而兴起的是对传统艺术史研究格局的反思、批判与重构，由此而产生的一个直接结果便是20世纪80年代兴起的新艺术史和视觉文化研究。由于在本质上与后结构主义有着相似的解构属性，基于俄国形式主义和当代解释学等特定哲学思潮和文论语境而诞生的接受美学，成了这股后现代主义思潮的极其重要的构成部分，并对文学等领域产生了巨大影响。这种从作品接受主体的反应和接受角度切入作品研究的美学理论，已被公认为是文学研究领域

的一种极其有效的工具。当然,这种理论所产生的影响也渗透蔓延到了视觉艺术领域。虽然接受美学并不是一种直接诞生于西方视觉艺术研究领域的理论和方法,但在作为一个后现代概念被正式提出之前,它早就存在于视觉艺术研究领域了。遗憾的是,虽然接受美学介入西方视觉艺术研究的历史并不短于以形式主义和图像学为主导的视觉艺术研究史,一些著名的艺术史家在这个方面也做了不少卓有成效的工作。但由于种种原因,接受美学始终未能在视觉艺术研究领域内得到应有的重视和广泛的应用,并建立起前后一贯的传统。鉴于国内学界对于作为一种艺术史研究方法的接受美学的讨论和研究少之又少,本文旨在围绕这个论题展开,简要梳理接受美学介入西方艺术史研究的历史,提炼和总结特征与方法,分析其中存在的问题,以期抛砖引玉。

一、接受美学介入西方艺术史研究的历史

最早从视觉艺术的接受主体(观者)展开讨论的研究者可以追溯到 18 世纪的法国启蒙思想家狄德罗和 19 世纪初的德国古典哲学家黑格尔。狄德罗在他的戏剧和艺术评论中提出了一种戏剧性观念,即戏剧和绘画的表现性内容必须具有一种能让观者相信的真实性,为了确保这种真实性,剧中或画中的人物不能意识到观者的存在,否则他们就会显得极为"不自然"。[①] 显然,狄德罗的视线没有完全停留在作品或艺术家身上,而是明确指向了观者在艺术阐释中的在场。其后,黑格尔在《美学》中观点鲜明地指出,至高无上的古典主义的规范体现于艺术作品的独立自足性以及它诉诸观者这两个方面。"艺术作品尽管自成一种谐调的完整的世界,它作为现实的独立对象,却不是为它自己而是为我们而存在,为观看和欣赏它的公众而存在。"[②]在黑格尔看来,这种为公众而存在的艺术随着艺术从物质向精神的发展可以分

---

① 狄德罗在《关于绘画的思考》(*Pensées détachées sur la peinture*)中写道:"画布闭合了所有的空间,没有人能超出其外。"Denis Diderot, *Oeuvres esthétiques*, Paris: Garnier Frères, 1959, p. 792.

② 黑格尔:《美学》第 1 卷,朱光潜译,商务印书馆 1982 年版,第 335 页。

为三个阶段：早期“朴素风格”的作品独立于自身及其观者；古典时期“理想风格”的作品向“我们”极大地敞开了自身，以至于我们意识到自己的在场，这不是作品产生的引诱或欺骗，而像一个富足时刻的礼物；在“悦人风格”时期，就其本身而言，“对外在世界的影响”变成了目的和问题，艺术不再是为了自身，而是为了与外在世界的联系。作为艺术作品接受的主体，观者的存在与艺术作品之间具有密切的关系，因而它理应是艺术作品阐释的重要构成。虽然狄德罗和黑格尔都不是正统的艺术史家，其就艺术的见识和见解也存在偏颇和局限之处，但站在后历史的视角来看，他们提出的有关艺术接受美学的创见却为西方艺术史的阐释打开了一条有别于艺术作品及其创作者的第三条通道。

循着黑格尔开辟的路线，奥地利艺术史家阿洛伊斯·李格尔在其晚期力作《荷兰团体肖像画》中首次站在艺术史的立场上对观者的论题进行了深入研究。他另辟蹊径地创造了以构图形式予以体现的“平等关系”（荷兰团体肖像画中的人物大多呈垂直平面排列的布局，与此相对的是意大利绘画那种金字塔式布局体现的符合统一情节需要的“主从关系”）、“外部一致性”（绘画内部空间与外部空间的统一，与此相对的是体现绘画内部统一的“内部一致性”）等图画观念以及源自心理学的“注意”（画中人物的注意造成画中人物之间的统一，画中人物向外的凝视引发观者的注意，造成画内与画外的统一），以此来分析“在本质上是由一系列个人肖像所组成的”荷兰团体肖像画的构图一致性并不存在于表现对象本身，而存在于所刻画的人物与观者的意识之中。[①] 比如他对伦勃朗名作《夜巡》（图1）的描述：“在此画中，与观者的联系不再像原先所描绘的人物那样，带着纯粹注意的表情注视着前方。在这里，人物的注意是以特殊的方式表现的。长官伸手指向画外观者的方向，明明白白表明了，在接下去的时刻，整个连队将忠实地服从长官的命令，走向观画者。”[②]

长期以来，《荷兰团体肖像画》被视为李格尔的另类著述，因为此

---

① 参见 Alois Riegl, *The Group Portraiture of Holland*, trans. by Evelyn M. Kainand David Britt, Los Angeles: the Getty Research Institute for the History of Art and the Humanities, 1999.

② 转引自陈平：《李格尔与艺术科学》，中国美术学院出版社2002年版，第171—172页。

图 1　伦勃朗,《夜巡》,布面油画,363cm×437cm, 1642 年

书探讨的观者主题似乎与他主要研究的风格及其背后的艺术意志问题相去甚远。然而,从宏观的视角来看,荷兰团体肖像画因为使用体现平等关系的垂直平面排列式布局和注重画中人物与观者的对话,从而体现了 17 世纪荷兰社会注重平等、民主、自由和交流的精神意志,这无疑又是李格尔始终强调的艺术意志问题的延续。不仅如此,就观者的主题而言,《荷兰团体肖像画》实际上是对《罗马晚期工艺美术》正式提出但并未展开的核心论题的有效补充与回应。李格尔曾在写作后者时将观者与艺术作品的关系定义为艺术史的中心问题:"美学是部分对整体的关系,是各部分之间的关系,它并不考虑对观者的关系。对观者的关系构成了艺术史。其总体原则构成了历史美学。"①

在艺术史研究中正式提出观者视角的李格尔为艺术史研究方法增加了新的维度。如果不是英年早逝,这位被贡布里希誉为"我们学

① M. R. Olin, "Forms of Respect: Alois Riegl's Concept of Attentiveness", in: *Art Bulletin*, Vol. 71, No. 2, p. 286.

科中最富于独创性的思想家”也许会继续就观者这个艺术史的中心问题展开更深入更系统的研究。然而事实却是，不仅李格尔自己没能继续展开讨论，他所设想的这个艺术史的中心问题至今也远远没有达到预料的研究高度。由于他所提出的观者这个论题，在当时侧重形式分析的学术体系之下，显得过于边缘和不确定，直接导致《荷兰团体肖像画》这个被认为是接受美学介入西方艺术史研究的早期基本文献在很长一段时间内遭到了西方学界的严重忽视，直到 20 世纪 80 年代才借着反思和重构传统艺术史研究的“春风”被西方学术界“重新发现”。

李格尔遗著的被遗忘并不等于观者这个论题在艺术史阐释中就销声匿迹了。也许在李格尔所在的 19 世纪末 20 世纪初，观者这个阐释的维度因为距离艺术作品及其创作者过于遥远而显得有些“不着边际”，但是，随着 20 世纪上半叶精神分析和格式塔心理学理论的提出及其与艺术史阐释的结合，这种从观者的角度向艺术史提问的新的研究方式逐渐变得明朗而具体了，毕竟李格尔对观者这个论题的分析所依据的就是一种以心理学为基础的构图理论。也即是说，在很大程度上，接受美学介入西方艺术史研究的理论基础是精神分析和心理学，至少在恩斯特·贡布里希看来如此。在《艺术与错觉：图画再现的心理学研究》的“观者的本分”章节，贡布里希从观者和艺术家的“取”“予”关系，提出了一种艺术家与观者之间相互作用的心理学绘画理论，从接受心理学的角度研究了观者在完成艺术作品的过程中的作用。贡布里希认为，在理解艺术家描绘的物象方面，我们亦即观者的本分，“画家作出暗示的技能必须有公众领会暗示的技能相配合”①，也即是说，观者要时刻运用自己的想象力进行投射。比如就印象主义绘画而言，“观者必须在没有任何结构辅助的情况下调动他对于可见世界的记忆，并且把它投射到面前的画布上由点点画画构成的镶嵌图案之中……不妨说，物象并没有在画布上留下稳固的锚地，只是在我们心中‘唤起’而已”②。

贡布里希对于观者问题的讨论更多是从心理学的角度做出的一种偏向视觉理论的研究，尤其侧重于探寻视觉再现及其接受是如何发

① 恩斯特·贡布里希：《艺术与错觉：图画再现的心理学研究》，林夕、李本正、范景中译，浙江摄影出版社 1987 年版，第 231 页。

② 同上，第 238 页。

生的内在心理机制问题，实际上他在以“预成图式”和“修正”等概念解释艺术家的创作时就对这种内在的心理机制有着类似的涉及。相似的研究可见于《绘画作为一种艺术》，理查德·沃尔海姆在这本分析美学的代表作中提出了一种“看进”的视知觉理论，即艺术家可以以特定的再现方式把意图投射于可感知的绘画，而观者可以通过对后者的视觉感知，看出再现的内容。“只有观者通过在图画表面中看到一物体或一事件而辨识出它时，观者的反应才与图画的再现性内容有关。因此，再现性艺术家比如至少让自己这么做：以特定方式标记画布，从而确保观者不仅是辨识出图画所意在再现的内容，他还要能看到，在图画中看到那些内容。”[①]实际上，沃尔海姆对于观者问题的阐释，尤其是他提出，艺术家既是艺术作品的创作者，又是艺术作品的观看者，而在创作的过程中是依赖于他作为观看者的状态获得了视知觉的能力的理念，则是对贡布里希的视觉再现理论的推进。

然而，需要指出的是，虽然李格尔对观者论题的分析在某种程度上依赖于一种以心理学为基础的构图理论，但他的艺术思想却与直接从心理学理论出发的贡布里希和沃尔海姆有着极大的不同。即李格尔首先是从图像出发，观者不过是他根据图像的形式构成“推导”而出的，而贡布里希和沃尔海姆所说的通过想象的投射参与作品真正完成的观者则是主动站在艺术作品前去观看，这是心理学的特点所决定的。虽然贡布里希和沃尔海姆从观者之看角度出发的研究更多是对视觉再现和视觉经验等问题的理论思考，但他们的观点却对后来的艺术史研究及阐释产生了深刻的影响，最为典型者就是迈克尔·弗雷德。在对19世纪法国现实主义画家古斯塔夫·库尔贝的个案研究中，弗雷德通过对库尔贝的作品尤其是他的早年自画像的分析，指出库尔贝是一个非常独特的画家，独特之处在于“库尔贝的艺术明确谈到了这一点，他既是画家，又是观者，也即是说，他是一个画家-观者，这是一种强化的直觉，表明了他在身体上与面前的绘画的分离”[②]。正是因为意识到了作为画家和观者的双重身份，库尔贝才创作出了那些具有“具身”属性的独特绘画。虽然弗雷德在写作中并没有明确提及，

---

① 理查德·沃尔海姆：《观看者之所见》，殷曼楟译，《外国美学》第26辑，第151页。

② Michael Fried, *Courbet's Realism*, Chicago: University of Chicago Press, 1990, p. 80.

但“画家-观者”的理念无疑来自于理查德·沃尔海姆。[①]

弗雷德的艺术史研究产生于20世纪60年代“接受美学”概念的正式提出及其作为后结构主义这股庞大思潮的重要构成而对艺术史研究产生重要影响的大环境。实际上，他对库尔贝的研究仅仅是其思考观者论题的其中一个阶段。从1980年到1996年，弗雷德站在接受美学的立场写作并出版了他的艺术史三部曲《专注性与剧场性：狄德罗时代的绘画与观者》《库尔贝的现实主义》和《马奈的现代主义或19世纪60年代绘画的面孔》，这些著作探讨的核心在于18、19世纪的法国画家是如何处理“绘画制作出来是为了被观看”这个命题的。[②] 纵观弗雷德的艺术史三部曲，从洛可可到马奈的法国前现代主义绘画史内含了一条抵制剧场性或者不承认“绘画是被用来观看”的逻辑，画家或者通过表现画中人物的专注性状态（如夏尔丹、米勒等），或者通过“画中人基于行动的内在逻辑而产生的动作和表情”[③]等戏剧场面形式（如格勒兹、达维特等）来达成这样的目的。直到马奈，众多表现画中人物直视画外观者的作品表明，绘画的原初惯例已经不得不被承认了。借此，弗雷德延续了李格尔的传统，构建了艺术史研究的另外一种可能。值得指出的是，虽然弗雷德从观者的角度对于专注性绘画和剧场性绘画的区分与李格尔的“内在一致性”和“外在一致性”构图理论有着相同的实质和关切，但通过下文分析，我们将会发现，他们彼此之间的思想出发点及论证还是存在较大的差异。

20世纪80年代之后，当新艺术史和视觉文化研究因为在后结构主义等后现代主义思想的支撑下获得学科的合法性而呈现出一派火热的发展态势时，从艺术作品的接受主体角度展开的西方艺术史研究也逐渐取得了更多的成果，比如继承了李格尔研究模式的列奥·斯坦

---

① 实际上，20世纪60年代初，迈克尔·弗雷德就曾前往英国师从理查德·沃尔海姆学习哲学。

② 参见 Michael Fried, *Absorption and Theatricality: Painting and Beholder in the Age of Diderot*, Berkeley: University of California Press, 1980; Michael Fried, *Courbet's Realism*, Chicago and London: University of Chicago Press, 1990; Michael Fried, *Manet's Modernism, or, the Face of Painting in the 1960s*, Chicago and London: University of Chicago Press, 1996.

③ Michael Fried, "Towards a Supreme Fiction: Genre and Beholder in the Art and Criticism of Diderot and His Contemporaries", in: *New Literary History*, Vol. 6, No. 3, 1975, pp. 543 - 585.

伯格从“内在一致性”和“外在一致性”的构图视角出发针对毕加索代表作《阿维尼翁的少女》和委拉斯贵支代表作《宫娥》的研究[①]；比如约翰·谢尔曼从文艺复兴艺术家“有意”将观者纳入作品叙事空间的角度对文艺复兴艺术的研究[②]；比如沃尔夫冈·坎普根据作品最后放置的地点以及这种构思如何回应它的外部条件和要求，对路易·达维特的《网球厅宣誓》做出的新的解读[③]，等等。然而，即便是有越来越多的研究成果出现，这个被李格尔视为艺术史研究之中心的论题由于各种原因始终未能得到足够的重视，因而仍然有待未来学界的系统而深入的展开。

二、作为一种艺术史研究方法的接受美学

1. 不可见的观者

接受美学介入艺术史研究的切入点和落脚点是艺术作品的接受对象，即观者，它是对观者与作品之间关系的研究。与作为实体可见的艺术作品不同，观者在绝大部分情况下是不可见的。所以，对艺术史的阐释而言，艺术作品与观者之间是一种“可见与不可见”[④]的关系。虽然观者不可见，但它却时时刻刻存在于艺术家的思维之中，继而影

---

① 参见 Leo Steinberg, “Velázquez' ‘Las Meninas’”, in: *October*, Vol. 19, 1981, pp. 45-54; Leo Steinberg, “The Philosophical Brothel”, in: *October*, Vol. 44, 1988, pp. 7-74.

② 参见 John Shearman, *Only Connect ……: Art and Spectator in the Italian Renaissance*, Princeton: Princeton University Press, 1992.

③ 参见 Wolfgang Kemp, “The Theater of Revolution: a New Interpretation of Jacques-Louis David's *Tennis Court Oath*”, in: Norman Bryson, Michael Ann Holly & Keith Moxey (eds.), *Visual Culture: Image and Interpretation*, Middletown, CT: Wesleyan University Press, 1994. 中文版参见诺曼·布列逊、迈克尔·安·霍丽、基思·莫克西：《视觉文化：图像与阐释》，易英等译，湖南美术出版社 2015 年版，第 183—204 页。

④ 作为法国现象学家梅洛-庞蒂的同名著作，“可见的与不可见的”揭示了一种辩证关系，即主体与客体、现象与本质、表象与内涵以及能指与所指等这些在传统上对立的领域，实际上是一种彼此交织和可逆的关系。梅洛-庞蒂的哲学概念与思想对于本文的基本思路产生了如下启示：传统上在作品与其观者之间建构的那种主客体的对立只是一种分离的假象，实际上它们是相互影响、相互关联、相互交织的。当然，现象学对于本文的启示并非只是“可见的与不可见的”这个概念，而是深入到了论点背后的理论支撑，毕竟除了心理学之外，与接受美学关联最紧密的就是现象学了。

响着艺术作品的创作，这是接受美学能够介入艺术史研究的前提条件。换言之，在接受美学的信奉者看来，每件艺术作品都是为某个人而创作的，每件作品也都隐含了一个理想的观者。正是在此基础之上，我们才能理解迈克尔·弗雷德提出的“绘画制作出来就是为了被观看”这个绘画艺术的原初惯例的有效性。实际上，弗雷德所说的这个惯例是一个不辨自明的命题或者一个理所当然的事实，因为绘画在理论上始终逃避不了观者的眼睛，无论是来自他人的委托创作，还是画家自我的消遣，绘画始终提示了一个隐含的理想观者，这个观者可以是委托画家创作的人，也可以是画家自已，甚至可以是一个虚无缥缈的对象。因此，承认不可见的观者的存在，承认艺术作品永远在寻找它的隐含的理想观者是接受美学介入西方艺术史研究的基本原则。

在理论上，接受美学介入艺术史研究是一个无须加以论证的事实，因为艺术作品从诞生的那一刻起就不缺少它的观者，也无法彻底摆脱观者，就像沃尔夫冈·伊瑟尔所说的阅读的文本自身就意味着一个“隐含的读者”的存在一样[①]，作为文本的艺术作品自身也意味着一个“隐含的观者”的存在。即便观者由于“不可见”而似乎距离作品及其创作者过于遥远，但作品与观者的关系确实是艺术所在场域的极其重要的构成，这也是为何李格尔将之视为艺术史的中心问题的原因。但以上仅仅是理论的假设，在实际操作中，由于观者与生俱来的不可见属性使其不能主动地在场，导致这个论题在艺术史阐释中受到了相当的限制。也即是说，不可见的观者永远不能主动在场，与作品发生关系，他的在场并与作品发生关系是有条件的，即只有当艺术家在作品与观者之间建立某种或隐或显的联系时，原本不可见的观者才能浮现出来，成为艺术史阐释的构成对象。这就是接受美学介入艺术史研究不得不面对的现实：观者只是理论上存在于每一件作品的阐释之中，它的出场与否还要具体看艺术家的设置。

因此，接受美学首先向艺术史提出了如下问题：艺术作品是否设置了一种与观者的复杂关系？艺术作品是否有一个隐含的理想的观者？如果有的话，那么这个观者是如何被建构起来的？有助于建构这

① Wolfgang Iser, *The Act of Reading: A Theory of Aesthetic Response*, Baltimore: John Hopkins University Press, 1978, p. 34.

个隐含的观者的图式是什么?[①] 也即是说,从观者的角度研究艺术史首先要识别作品与观者建立联系的符号和方式。那么,艺术家是如何在作品与观者之间建立联系的?换言之,艺术家是如何通过特定的图像手段来定位观者的?一般而言,这种联系的确立有赖于艺术家通过构图的方式实现。比如李格尔在分析荷兰团体肖像画时就指出,这种绘画类型因为"在本质上由一系列个人肖像构成",从而体现了一种平等关系的构图原理,因此区别于以主要人物为中心构建统一情节的典型的意大利式绘画,后者因为在内部建立起了具有高度统一性的画面,使得绘画具有了独立自足的属性,因而并不关心观者的存在。也即是说,观者的存在对于这种绘画逻辑的合理性而言是不必要的。反观荷兰团体肖像画,由于各个人物在画面上的分散和"过于平等",使得将这些人物关联起来从而实现画面统一的那个纽带就成了必须和必要之物,这也就导致作品阐释的路径从画内的时空延伸到了观者的时空,因为正是不可见的观者充当了那个联系的纽带。比如迪尔克·雅各布斯创作的《民兵连队》(图 2),画中呈两行平行排列的人物彼此之间除了统一的服饰和黑色背景之外并没有什么关联,反而是他们看向画外观者的眼睛和将他们的长官指给画外观者的手势,使得不可见的观者的存在成了将画中人物联系起来从而建构此画构图合理性的必要条件。这些民兵连队成员在看谁?他们在向谁打手势?实际上,在李格尔看来,这类绘画再现的画面只不过是一个包括了想象的观者空间在内的完整场景的一个片段而已。绘画由于表现对象的限定和

图 2 迪尔克·雅各布斯,《民兵连队》,布面油画,122cm×340cm,1529 年

① 参见安·达勒瓦:《艺术史方法与理论》,李震译,江苏美术出版社 2009 年版,第 146 页。

媒介的局限只能表现一个片段，但艺术史的阐释可以充分发挥想象力，对其进行必要的补充，以图还原整个场景，就像《杜尔普教授的解剖课》(图 3)所表现的其实只是一个授课场景中的一个片段，除了杜普尔正在向画面中的其他人示范解剖之外，实际上在画面之外还有许多观摩听课的人，正是他们不可见的存在使得画中的人物构成了一个统一的整体。

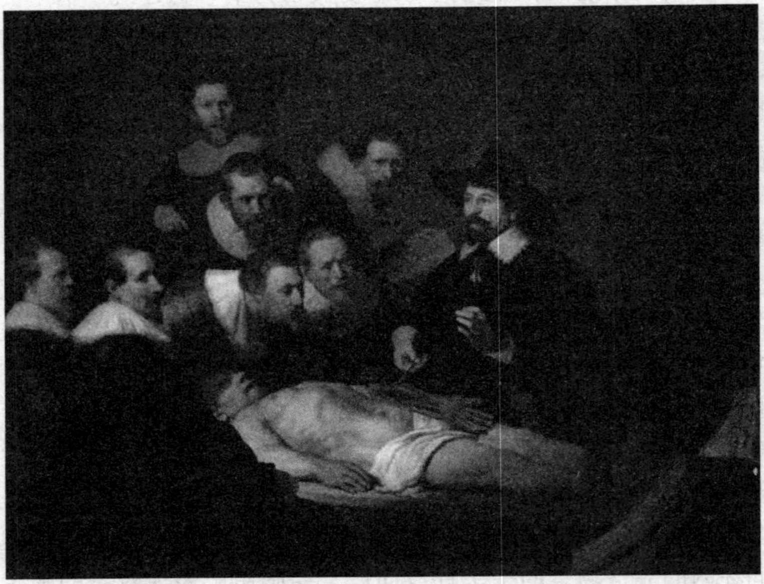

图 3　伦勃朗，《杜尔普教授的解剖课》，布面油画，169.5cm×216.5cm，1632 年

绘画由于平面媒介的局限无法表现整个场景，但有时会通过一些特殊的工具或手段对整个场景进行隐秘地展现，以此提示人们这是画家在创作时面对的客观现实。最典型的就是《阿尔诺芬尼夫妇像》(图 4)，在此画中，扬·凡·艾克表现了一幅典型的 16 世纪尼德兰富裕的中产阶级家庭的室内场景，除了潘诺夫斯基指出画中诸物作为象征符号具有特别的指涉性功能之外[①]，整个画面本来显得平淡无奇，但位于画面背景处的那面挂在墙上的镜子却透露了更多的信息。在镜子反射的图像中，除了背对着我们的阿尔诺芬尼夫妇，还出现了几个人，他

① 潘诺夫斯基：《凡·艾克的阿尔诺芬尼肖像》，《美术译丛》1989 年第 1 期，第 71—85 页。

们位于房间的入口处，据说他们是来参加这对夫妇婚礼的人，不知是要进来向他们表示祝贺，还是正在见证他们的婚礼，又或是要向他们告别，但可以肯定，阿尔诺芬尼夫妇与这些没有被主体画面表现出来的人构成了一种实质性的互联关系，他们共同构成了画面完整叙事的需要：这些前来参加婚礼的人既是画内故事情节的参与者，在某种程度上又是主体画面的位于画外的观者。

图 4－1　扬・凡・艾克，《阿尔诺芬尼夫妇像》，布面油画，82.2cm×60cm，1434 年

图 4－2　扬・凡・艾克，《阿尔诺芬尼夫妇像》局部

画家必须以特定的方式标记画布，以此在画面描绘的主体与不可见的观者之间建立一种心理的联系，通过这种方式让不可见的观者隐性地出场，比如《阿尔诺芬尼夫妇像》中的镜子就是一种标记画布的方式。从接受美学的角度来看，在西方古典艺术尤其是文艺复兴时期的绘画中，还有另外一种常用的标记画布以便定位观者的方式，即在画中描绘窗帘或帷帐。一般而言，画中的窗帘或帷帐根据所处的位置又可分为两种类型：一种是窗帘或帷帐作为绘画的前景，譬如15世纪弗兰德斯画家雨果·凡·德·格斯(Hugo van der Goes)创作的《牧羊人来拜》(图5)，圣母、圣约翰和耶稣基督位于画面中心，一群牧羊人从右侧进到了房间，而左侧的天使向他们宣布了基督诞生的消息。在画面的前景部分，格斯画了一个向两侧半拉开的窗帘，在这里，窗帘充当了幕布的功能，它将整个画面变成了一个戏剧性的空间，基督诞生及牧羊人来拜的场景变成了一出戏剧，而向两侧拉开的窗帘或幕布似乎有意向画外的观者展示这个神圣的时刻，以达到图像教化的目的。因此，这种窗帘的图式预设了观者的存在，它所寻找的隐含的理想观者就是基督教的虔诚信奉者。另外一种是窗帘或帷帐作为绘画的背景，譬如费德里科·巴罗奇(Federico Barocci)为弗朗西斯科·玛丽亚·德拉·罗维拉公爵位于洛雷托圣殿大教堂中的小礼拜堂而创作的《天使报喜》(图6)，画面的前景表现的是天使向玛利亚告知她将受圣灵感孕而即将生下耶稣，背景是一幕红色的窗帘及其半遮住的窗户，透过窗户可以看到远处公爵的城堡。窗帘在此处发挥了至关重要的作用，它的存在是用于遮蔽观者所在的世俗世界，却没能达到既定的目的，因而将圣经故事中的神圣世界与观者所在的世俗世界既分离又关联在了一起，窗帘的存在“使观者意识到它并没有被排除在神圣的场景之外，而是参与其中”①。

艺术家通过标记画布提示观者存在的方式和手段还有很多，本文限于篇幅不一一列举。但如果接受美学介入艺术史研究仅仅只是涉及这种图式及其心理学关联等内容的话，那么这种论题及研究模式难免会有单一之嫌，早期的接受美学——艺术史实践在一定程度上确实

① Bram de Klerck, “Inside and out: Curtains and the Privileged Beholder in Italian Renaissance Painting”, in: *Horti Hesperidum. Studi di Storia del Collezionismo e della Storiografia Artistica*, 2015, iss. 3, p. 14.

图 5　雨果·凡·德·格斯,《牧羊人来拜》,布面油画,97cm×245cm,约 1480 年

图 6　费德里科·巴罗奇,《天使报喜》,布面油画,248cm×170cm,1582—1584 年

具有这样的特点,但随着 20 世纪 80 年代以来新艺术史和视觉文化研究的兴起,作为一种艺术史研究方法的接受美学被赋予了更丰富的研究维度,最主要的表现趋势就是接受美学越来越重视将艺术作品与观者的关系还原到它的原始环境和理解语境之中。正如沃尔夫冈·坎普所说,“作为一种历史的考察方法,接受美学有义务重构原初的接受情境。通过这种方式,它可以扭转共谋将这种方法从一般艺术欣赏的

历史中排除出去并将艺术作品孤立起来的过程"[①]。坎普以他的论文《革命的剧场：雅克-路易·达维特〈网球厅宣誓〉的一种新解读》为我们提供了这种实践的历史阐释的模式，他对《网球厅宣誓》(图 7)的论述，不仅说明了作品产生的历史情境，还描述了作品在其原始位置上怎样发生作用。通过分析建立在焦点透视基础之上的绘画规则的方式，以对应作品在建筑中指定置放的位置为目的，坎普把作品视为那些进入立法议会的人(就像舞台下的观众)不断确定革命合法性的手段。[②] 坎普的新解读在于他认为，作为国会委员会的成员，达维特从一开始就知道《网球厅宣誓》最后将被放在哪里，实际上，他正是根据此画最后放置的地点以及谁才是此画隐含的理想观者来构思创作的。坎普等人的研究表明，接受美学对于艺术史研究的介入远远不只是一种关于图式构成的接受心理学的认知范畴，而是一种可以走向跨学科融合的阐释实践。

图 7　路易·达维特，《网球厅宣誓》，草图，400cm×600cm，1790—1794 年

① Wolfgang Kemp, "The Work of Art and Its Beholder: the Methodology of the Aesthetic of Reception", in: Mark A. Cheetham, Michael Ann Holly & Keith Moxey (eds.), *The Subject of Art History: Historical Objects in Contemporary Perspectives*, Cambridge: Cambridge University Press, 1998, p. 185.

② 参见诺曼·布列逊、迈克尔·安·霍丽、基思·莫克西等：《视觉文化：图像与阐释》，易英等译，第 VII 页。

2. 内置与外在：区分两种观者与两种模式

无论是李格尔，还是贡布里希，抑或是弗雷德，在他们的表述中，从来没有对“观者”这个术语进行明确的界定，事实上，几乎所有以接受美学作为方法论进行研究的艺术史家都是如此，似乎这是一个理所当然而无须加以说明的概念。然而，通过细读文本，我们会发现，这种“理当如此”的运用可能隐藏着一个巨大的问题，即在艺术的语境中，观者并非是一个固定的概念，也并非处在一个固定的位置，而是表现出了一定的多面性和复杂性。也即是说，我们不能以常规的方式来理解观者就是正在观看某人、某物或某事的人，这种固化的思维容易在观者和艺术作品之间建立一种观看与被看的关系，认为观者就是观看艺术作品的人，切实存在于作品之前，除此之外，别无其他。然而，在艺术史的阐释中，真实的情况并非如此，除了艺术作品的观者之外，还有一种存在于艺术作品之中的观者，如果从绘画的角度来说，则有“绘画的观者”和“绘画中的观者”两种类型，不同类型的观者所处的位置也有所不同。

实际上，李格尔在研究荷兰团体肖像画时就隐晦地涉及了两种类型的观者。在对哈尔斯的《圣乔治民团军官宴会图》的描述中，李格尔提出：“正在参加宴会的军官……与观者具有各种各样积极和消极的关系。也即是说，这里所说的观者是这些军官刚刚看到的正在到来的客人，而他们对于绘画的观者来说是不可见的。”[①]这段话明确提及和区分了两种观者：一种观者是画中的军官“刚刚看到的正在到来的客人”，即“绘画中的观者”，另外一种观者是观看这幅绘画的人，即“绘画的观者”。显然，在《荷兰团体肖像画》中，为李格尔所分析的观者更多的是这种“绘画中的观者”。无论是《民兵连队》，还是《阿姆斯特丹布商行会的理事们》，李格尔所说的观者都是为了画面构图的逻辑完整性的需要而存在且与画中人物同时代的人，比如《阿姆斯特丹布商行会的理事们》的观者就是当时对服装布料有着浓厚的兴趣，或者与布料商行会有着商业往来的人。在某种程度上，李格尔所分析的观者本是绘画应该再现的内容之一，只不过没被再现出来而已。如果绘画能够表现一个完整的独立自足的空间，那么，除了画中的人物之外，与画

① Alois Riegl, *The Group Portraiture of Holland*, trans. by Evelyn M. Kainand David Britt, p. 322.

中人物发生关系的那个或那些不可见的观者也能被表现出来，如此，李格尔的"绘画中的观者"也就不复存在了。当然，这是不可能存在的现象，也正是因为这种不可能，才使得绘画中的不可见的观者成为艺术史研究的一个角度。

在艺术史中，以李格尔为代表的这种图画观念的出现代表了朝着这样一种艺术发展的重要一步，即观者对艺术的主观性参与和介入："通过使所画的对象成为观看主体自我意识的组成部分，荷兰的艺术家首先意识到了观看主体可以在精神上操控画中的所有对象。"[①]诚然，李格尔是以"绘画中的观者"作为其研究的对象，但他显然也认识到了"绘画的观者"的存在，并敏锐地指出两者之间是有交集存在的，即"绘画中的观者"和"绘画的观者"的意义所指虽然不一致，但他们的位置实际上是重叠在一起的。画家虽然无法将绘画中的观者表现出来，但在想象的空间里，这些人物占据了观看绘画的观者的位置，也即是说，绘画中的观者与绘画之外的观者在位置上发生了重叠。比如根据李格尔的分析，伦勃朗的《阿姆斯特丹布商行会的理事们》中的观者，位于画家没有画出来、只能依靠我们的想象力予以补充的空间之内，而不是走进博物馆站在画前观看的观者，但实际上，两者的位置是高度重合的。这是一个巧合吗？李格尔似乎并不这么认为，但他对这个重合位置的意义似乎并不是非常确定，这也是李格尔未能明确解答的一个问题。而在大半个世纪之后，理查德·沃尔海姆的分析为这种重合位置的意义提供了一种令人信服的解释，即画家也许是想让当时甚至未来的站在绘画之前的观者能将自己想象性地代入到绘画中的观者的角色，从而与画中的人发生切实的互动关系。

在《作为一种艺术的绘画》中，沃尔海姆以两种重要的方式界定了我们对于绘画的这种再现或表征方式的理解。首先，原则上，任何时候的绘画都可以"拥有一种超出它们再现范围的再现性内容。也即是说，可以存在某种在画中不能看见的人或物，因此，绘画不用再现那个事物，但它是和绘画再现的对象关联在一起的，因此，它是绘画的再现性内容的组成部分"[②]。其次，不可见的观者的隐含位置，不仅仅是位

① Alois Riegl, *The Group Portraiture of Holland*, trans. by Evelyn M. Kainand David Britt, p. 366.

② Richard Wollheim, *Painting as an Art*, Princeton: Princeton University Press, 1987, p. 101.

于画面之前，而且或多或少与绘画的观者所处的位置一样，这个隐含的位置具有独特的意义。将一个不可见的内在观者并入绘画的再现性内容，这样做的目的是为我们——外在的观者——提供一种理解艺术作品内容的独特方式。“采用内在的观者作为主要人物，外在的观者开始根据那个人的视角来想象绘画再现的人物或事件；也即是说，他从画面内部想象画中的观者在他前面的所见、所思和所做出的反应和行为；接着，在这种情形下，他看画的方式发生了改变。与内在的观者产生了共鸣，正是通过这种共鸣，他才能进入图像的内容。”①成功将内在观者包含进来的绘画提供了有关那个人物的身份或个性的足够信息，而看画的人或外在的观者可以从这个角度来理解。

作品之外的观者（阐释作品的艺术史家也属于这个范畴）经由作品之中的观者的视角来理解作品之中的再现对象，构成了接受美学介入艺术史研究的一种模式。无论是李格尔，还是沃尔海姆，甚或约翰·谢尔曼，皆是如此。② 但除此之外，还有另外一种以迈克尔·弗雷德等人为代表的独特模式。如果说李格尔是通过特定的图像手段预设画中的观者进而联系到画外观者，从而构建了一条窥探艺术家创作意图的阐释路径的话，那么弗雷德则直接反过来，他将这条路径予以颠倒，首先从艺术家的创作意图出发，然后根据绘画的构成图式来推断它们是如何回应艺术家的意图的。换言之，画家从一开始就明白“绘画创作出来是为了被观看”，弗雷德称其为绘画创作的原初惯例，正是因为画家知道这个事实，所以他们的创作实际上是对这个惯例——观者在画前存在——的回应和处理。面对观者，以夏尔丹为代表的专注性绘画（图 8）和以早期格勒兹为代表的戏剧性绘画都试图通过绘制一个独立自足的画面，从而营造一种观者不在画前存在的虚构，而洛可可绘画和后期格勒兹的过度戏剧性绘画则是对观者存在的明确呼应。③ 弗雷德的这种假设充满了极大的争议，似乎显得“不着边际”，但列奥·斯坦伯格的研究却在某种程度上论证了他的假设。从

---

① Richard Wollheim, *Painting as an Art*, p. 129.

② 在观者的论题上，李格尔与沃尔海姆的观点虽然有所相似，但差异更甚，最主要表现在李格尔所说的观者是图像所预设的观者，即图像通过特定的方式建立与观者的联系，而沃尔海姆的观者是一种普遍存在的观者，即任何绘画都有一个看不见的画内的观者。

③ 参见 Michael Fried, *Absorption and Theatricality: Painting and Beholder in the Age of Diderot*, pp. 71 - 160.

20世纪50年代开始，斯坦伯格从绘画与其所处场地的特殊性的角度出发，发表了一系列关于艺术作品与观者之关系的研究，他指出，为艺术史的早期阐释者所忽视的是他们几乎不考虑作品的地点，而这恰恰是一些作品阐释的有效性的关键，比如切拉西礼拜堂中的两幅卡拉瓦乔的作品(图9)之所以令人迷惑不解乃至被认为是末流之作，原因在于卡拉瓦乔考虑到了它们的放置地点，并专门为此作了复杂的筹划，只有当观者进入礼拜堂并斜着观看它们时，才能最终理解为何这些作品具有巴洛克特征。[①] 也即是说，在斯坦伯格看来，卡拉瓦乔在创作时首先考虑的是他的作品将如何被观看，因而他提前预设了观者的在场，并以此指导图像的创作。简言之，如果说李格尔的研究路径是从图像到观者的话，那么弗雷德和斯坦伯格的研究路径就是从观者到图像(图10)，这两种路径也构成了接受美学介入艺术史研究最主要的两种模式。

图8　夏尔丹，《奥古斯特·加布里埃尔·戈德法罗伊肖像》，布面油画，26cm×29cm，1741年

① 参见 Leo Steinberg，"Observations in the Cerasi Chapel"，in：*Art Bulletin*，Vol. 41，No. 2，1959，pp. 183-190. 除此之外，类似的研究成果还有 Leo Steinberg，"Guercino's Saint Petronilla"，in：H. Miller (ed.)，*Studies in Italian Art and Architecture*，Cambridge，Massachusetts：the MIT Press，1980，pp. 207-234；Leo Steinberg，"Pontormo's Alessandro de' Medici，or，I Only Have Eyes For You"，in：*Art in America*，Vol. 63，No. 1，1975，pp. 62-65.

图 9－1　切拉西礼拜堂左墙斜视图，墙上挂的即是卡拉瓦乔的《钉在十字架上的圣彼得》

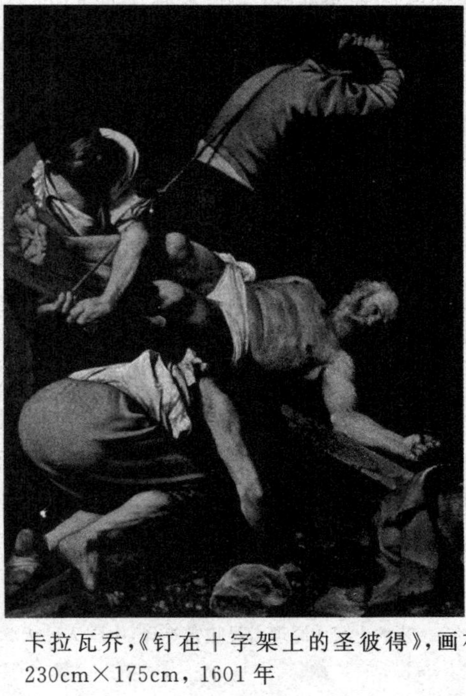

图 9－2　卡拉瓦乔，《钉在十字架上的圣彼得》，画布油画，230cm×175cm，1601 年

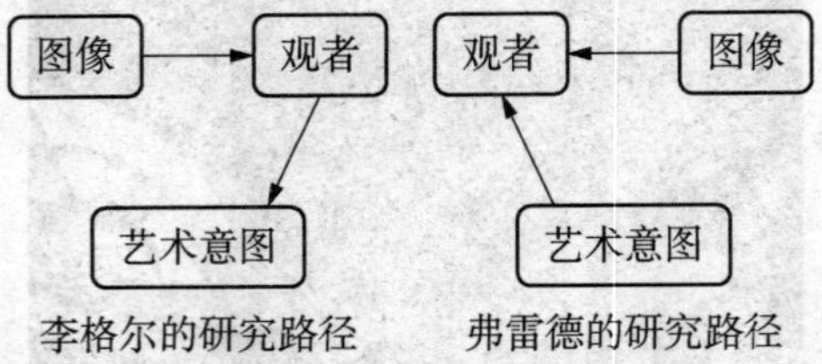

图 10　以李格尔和弗雷德为代表的两种不同的研究路径

结语：艺术意图与艺术史阐释的风格化

大卫·卡里尔在《绘画在何处？艺术史写作中观者的位置》中指出，贡布里希、斯坦伯格、弗雷德和福柯等人从观者的角度来研究艺术史是源于他们的生活经历而导致的个人偏好，因而是一种极其不客观的艺术史阐释模式。"我的目的不是来罗列这些人的'精神心理传记'，而是要指出他们对观者的观点可能与他们的生活有联系。我要寻求的不是想解释或回避他们的作品来源于他们的生活这种观点，而是要指出艺术写作是怎样经常被包含进他们的个人偏好当中去的。我并不想因为他们的主观阐述而批评他们。相反，他们的'主观性'正是他们的文本值得分析的原因之一。但是如果所有运用的方法都存在难以避免的个人维度问题，那么在艺术史的阐释中怎样才能保持客观性呢？"①卡里尔以接受美学介入艺术史研究为例提出了一个让所有艺术史家都无法回避的普遍性问题，即艺术史阐释的客观性。那么，是否如卡里尔所说，从接受美学出发的艺术史研究因为强烈的主观性而使其阐释的效力大打折扣呢？

虽然一切历史都是当代史，不可避免地嵌入了今人的视野和意识形态，但在很大程度上，从事历史研究的学者都在尽可能地尝试还原历史发生的原初情境。艺术史研究也是如此，无论是图像学的模式，还是艺术社会史的模式，甚或是艺术心理学的模式，都在尝试重新建构艺术作品被创作出来的那个时刻的总体境况，或者更明确地说是

---

① 大卫·卡里尔：《艺术史写作原理》，吴啸雷等译，中国人民大学出版社 2004 年版，第 207 页。

“艺术意图”，这就是艺术史家不遗余力追逐的艺术阐释的客观性。但是，由于时间的消磨，关于图画和艺术家的原典资料极度匮乏，导致了解“艺术意图”成为一个难以完成的任务。由于研究方法的不同，艺术史家在阐释作品的时候往往会从不同的角度接近“艺术意图”。在笔者看来，接受美学介入艺术史研究在很大程度上是从非创作主体的角度对创作主体的“艺术意图”的一种窥探，无论是李格尔通过特定的图像手段预设画中的观者进而联系到画外观者，从而进入艺术家创作意图的世界，还是弗雷德和斯坦伯格从艺术家的创作意图出发，然后根据绘画的构成图式来推断它们如何回应艺术家的意图，在本质上都属于这样的尝试。这种方法不同于图像学家和意图论者的那种对“创作者意图”的重新体验，而是更偏向于图画隐含的视觉意图，这种意图并非完全是指创作者的心理，而是更关注图画本身与如何观看图画。也即是说，它不是历史的叙事，而是推论性的说明。

从接受美学出发的艺术史研究虽然没能像形式分析和图像学那样成为主流的方法论，但它确实生产和提供了一种新颖的阐释模式。然而，“阐释是新颖的这一事实”[①]却不能成为我们否定它的充分理由，因为任何新的东西的产生必然伴随了对于过去旧的东西的质疑和修正，哪怕旧的东西因为暂时没有争议而显得“权威”，但我们却不能在权威和客观性之间画等号，转而给非权威的观点贴上非客观性的标签。诚然，接受美学介入西方艺术史研究，尤其是20世纪下半叶以来的斯坦伯格和弗雷德的相关研究成果遭到了巨大的非议和争论，但盲目的否定显然不合适，其阐释的有效性仍然有待时间和历史的检验。

然而，相比较于艺术史阐释的客观性问题，艺术史阐释的风格化也许更应该引起我们的关注，虽然这在卡里尔看来是事物的一体两面。也即是说，一旦艺术史家形成了阐释的风格，他就倾向于将这种可供辨认的风格运用于其他对象的解释。“或许潘诺夫斯基和斯坦伯格如此经常地发现这些类似点，是因为他们的阐释风格使然。无论他们阐释什么艺术作品，问题是他们将如何去评述它，因此他们与艺术家相像。无论塞尚要描绘什么，他都以不同于高更的风格去描绘……潘诺夫斯基的每件作品可能成为潘诺夫斯基式的，斯坦伯格所评述的

① 大卫·卡里尔：《欧文·帕诺夫斯基、莱奥·施泰因贝格、戴维·卡里尔：美术史阐释中的客观性问题》，《世界美术》1991年第1期。

全部作品可能成为斯坦伯格式的，是潘诺夫斯基与斯坦伯格的各自风格，而不是有关艺术作品的事实决定了他们如何去阐释。”①卡里尔的批评一针见血，这在艺术史阐释的接受美学模式中同样明显，斯坦伯格对卡拉瓦乔、米开朗基罗、圭尔奇诺、蓬托尔莫等人作品的阐释以及弗雷德对于卡拉瓦乔、夏尔丹、格勒兹、达维特、籍里柯、米勒、马奈等人作品的阐释都有流于风格化的危险。也许我们需要担忧的并不是一种方法的正确或客观与否，而是将这种方法予以风格化运用的危险。

（作者单位：中央美术学院艺术设计研究院）

学术编辑：李永胜

① 大卫·卡里尔：《欧文·帕诺夫斯基、莱奥·施泰因贝格、戴维·卡里尔：美术史阐释中的客观性问题》，《世界美术》1991年第1期。

语汇伦理、自我创造与再描述
——论罗蒂伦理思想美学维度的独特性

郝二涛

内容提要 罗蒂伦理思想的美学维度在三个层面呈现出独特性。在思维方式层面，它是以语汇为中心的注重语境与实用的排斥身体的伦理思维。在话语层面，它强调话语在自我私人领域的创造性与独特性。在方法层面，它使用的是再描述的方法，目的是彰显自我的独特性。这三个特性相互联系，呈现出罗蒂伦理思想美学维度的理论贡献，为深入研究罗蒂美学范畴奠定了基础。

关键词 语汇伦理 自我创造 再描述 罗蒂

理查德·罗蒂哲学思想的影响具有极强的穿透力。在地理空间层面，他的哲学思想波早已冲击到世界诸多地区；在学科空间领域，他的哲学思想的养分也已渗入人文学科多个分支的血肉之中。近40年来，关于罗蒂哲学思想的研究成果可谓斑斓多姿、汗牛充栋。但是，罗蒂哲学思想有什么独特性？这个问题却尚未完全理清。最通行的观点是，从罗蒂哲学思想的文化渊源入手，将其哲学思想的独特性概括为新实用主义。这固然有一定道理，但不能代表罗蒂哲学思想的全部特性，也不能准确概括罗蒂美学思想的独特性。

面对罗蒂美学思想的独特性问题，有的学者立足于西方美学史中伦理审美化的趋向，将罗蒂美学思想的独特性概括为私人领域伦理审美化[①]；有的学者立足于实用主义美学的演变历程，将罗蒂美学思想的

① 参见赵彦芳：《作为伦理学的美学：从康德到福柯》，中国社会科学院研究生院博士论文，2003年，第66—69页。彭锋：《引进与变异：西方美学在中国》，首都师范大学出版社2006年版，第192—195页。

独特性概括为新实用主义美学[①]，也有的学者立足于后现代主义语境，将罗蒂美学思想的独特性概括为兼有解构与重构的后哲学美学[②]，还有的从文艺学视角入手，将其特性概括为审美伦理[③]等。这些观点之间存在较大差异。其表层原因是研究者立足点的差异，其深层原因是，没有理清罗蒂的哲学思想、美学思想的差异，没有对罗蒂美学思想进行准确定位。罗蒂的哲学思想包含罗蒂的美学思想，罗蒂的美学思想是对其哲学思想的美学诠释，也是对罗蒂哲学思想在美学视野中的独特性之提炼。要准确提炼罗蒂美学思想的独特性，最大限度地令其他关注罗蒂美学思想独特性的学者信服，我们必须首先准确定位罗蒂美学思想。

以上关于罗蒂美学思想的定位都有一定片面性，其主要原因是，研究者相对忽视罗蒂的福音教信仰、公正信仰及自我观念。[④] 这些信仰与观念集中体现为罗蒂关于个体如何成为一个兼顾个人兴趣与正义斗士形象的思想。[⑤] 鉴于罗蒂同意把自我视为历史的创造性的参与者[⑥]，将自己的信仰与观念视为一种个人偏好[⑦]，采用文学叙事语言的描述方式来表述他的信仰和观念[⑧]，并借用戴维森隐喻概念将这种描

---

① 参见毛崇杰：《实用主义美学的重新崛起》，《艺术百家》2009 年第 1 期；姚文放，理查德 · 舒斯特曼、高砚平：《实用主义、身体美学与中国文化的对话——访舒斯特曼教授》，《外国美学》2017 年第 1 期；黄家光：《经验与语言——以罗蒂和舒斯特曼为中心对实用主义美学的一个考察》，《思想与文化》2018 年第 2 期；汤拥华：《身体、美学与新实用主义的经验论——以罗蒂、舒斯特曼之争为中心》，《文艺争鸣》2019 年第 4 期等。

② 参见张清民：《罗蒂后哲学美学思想的两个维度》，《河北学刊》2010 年第 1 期。

③ 参见理查德 · 舒斯特曼：《实用主义美学》，彭锋译，商务印书馆 2016 年版，第 317 页。

④ 参见郝二涛：《近四十年罗蒂伦理思想的美学维度学术史研究》，《武陵学刊》2020 年第 2 期。

⑤ 参见理查德 · 罗蒂：《托洛茨基和野兰花——理查德 · 罗蒂自传》，黄勇《后形而上学希望——新实用主义社会、政治和法律哲学》，张国清译，上海译文出版社 2003 年版，第 392—393 页。

⑥ 参见张国清：《无根基时代的精神状况——罗蒂哲学思想研究》，上海三联书店 1999 年版，第 231 页。

⑦ Jeffrey W. Robbins, "Richard Rorty: A Philosophical Guide to Talking About Religion", in: Richard Rorty (ed.), *An Ethics For Today: Finding Common Ground Between Philosophy and Religion*, New York: Columbia University Press, 2010. X.

⑧ 参见基思 · 詹金斯：《论"历史是什么?"——从卡尔和埃尔顿到罗蒂和怀特》，汪政宽译，商务印书馆 2007 年版，第 123—124 页。

述的有效性限定在私人领域，因此，他实际上是试图用一种审美框架将他构想的个体的两个层面的形象调和起来[①]，并以现代主义小说中的隐性残酷现象为例集中阐述之。鉴于此，笔者将罗蒂成长经历、宗教信仰和学术追求结合起来，在西方美学史、美学学科、美学理论的现实需求的三重视野中将罗蒂的美学思想定位为罗蒂伦理思想的美学维度。[②] 这一选择旨在突出他的美学思想的伦理内核与审美框架，呈现罗蒂美学思想的独特构思逻辑。这种构思逻辑渗透在罗蒂伦理思想美学维度之思维方式、话语与所用的方法中，且迄今尚未有学者充分论及罗蒂美学思想在思维方式、话语与所用的方法层面的独特性，因此，笔者试图从以下三点分析之。

一、注重语境与实用的语汇伦理思维方式

罗蒂伦理思想的美学维度所用的思维方式首先是在他系统考察与批判柏拉图以来的形而上学哲学（镜式哲学）的过程中逐步形成并凸显出来的。由于罗蒂将柏拉图-康德形而上学哲学视为镜式哲学，对其持批判甚至反叛的态度，因此，笔者将罗蒂伦理思想美学维度所用的思维方式概括为无镜哲学的思维方式。由于这种思维方式与尼采以来许多哲学家、美学家的思维方式有相似之处，但彼此之间又不完全相同，因此，罗蒂伦理思想美学维度所用的思维方式的独特性需要在比较的视野中才能呈现出来。罗蒂的相关运思逻辑基本按照语境、语言、内容顺序展开。笔者拟根据罗蒂伦理思想的美学维度的运思逻辑之展开次序，选择对罗蒂的相关思维方式的形成影响较大或相似度较高的学者为参照，从以下三点比较、分析、总结罗蒂伦理思想美学维度所用的思维方式之独特性。

第一，注重原始语境。罗蒂根据形而上学的构成、结构、运行逻辑与宗旨将柏拉图以来的形而上学哲学的特点概括为基础主义、表象主

---

① 参见理查德·罗蒂：《托洛茨基和野兰花——理查德·罗蒂自传》，黄勇：《后形而上学希望——新实用主义社会、政治和法律哲学》，张国清译，第 395 页。

② 参见郝二涛、韩立平：《论理查德·罗蒂伦理思想美学定位三层面》，《武陵学刊》2021 年第 1 期。

义与本质主义。站在形而上学哲学之外，罗蒂借助“语言哲学”这把利器对其思维特点的根源进行了分析，发现基础、表象与本质各自都有参照的对象：基础参照的是上层事物，表象参照的是实在，本质参照的是现象。它们两两之间是彼此分离、对立的，其最初形态是古希腊人在理论与实践、历史与现实等之间的“假设性”对立与分离，其目的是为了理论思考的便利。然而，事实是，理论与实践、历史与现实等对立的概念之间就像人的胳膊与身体、肉体与血液一样紧密相关，从未分离。由此，罗蒂揭示了前面提及的概念之间的对立与分离之“人为性”。这意味着，这些相互分离、相互对立的概念是人为选择的结果。选择就意味着有所保留、有所舍弃，保留的是有秩序的、与我们的面目与构思吻合的部分，舍弃的是无序的、和我们的面目与构思不吻合的部分。只有恢复被舍弃的这部分，我们才能恢复上述对立或相互分离的概念的真面目。

罗蒂以自创的“对跖人”故事将上述抽象的内在逻辑形象地呈现出来。这个故事中的“对跖人”之间以及他们之间的对话完全没有了前面提到的那些概念的整齐划一，而是显得自然、随性、丰富而充满偶然性，让我们在阅读故事中忘却了诸多概念之间的分离与对立。在这个过程中，罗蒂实际上区分了概念在“理论”与“现实”中的不同境遇，让我们透过这些概念背后隐藏与承载的人与人之间的等级、标准和权力，在“现实”境遇中认清概念的真面目是充满了各种偶然因素的语汇。罗蒂通过讲述“对跖人”故事，让我们回到了二元对立概念产生的原始语境。在这种语境中，我们意识到二元对立概念的假设性。这种思维方式与诸多学者所持的思维方式有区别。这种区别只有在将罗蒂注重原始语境的思维与其他学者的对比中才能更清晰地显现出来。下面，笔者仅选择对罗蒂注重原始语境的思维方式影响较大或相似度较高的几位学者的思维方式进行对比。

比如，与维特根斯坦治疗主义思维方式立足于突破经验、思想与意识的康德话语之语境不同，罗蒂反形而上学哲学的思维方式首先返回形而上学哲学思维方式产生的原初语境——古希腊人为了思考的便利而假设历史与现实的分离、理论与实践的分离，进而在系统考察康德话语的基础上，立足于语言学转向，从历史主义视角把维特根斯坦视为摒弃形而上学哲学的一个工具，因为“按照这种历史主义的观点，维特根斯坦的重要性在于，他帮助我们摒除了我们的笛卡尔-洛克心智框架"[①]。与杜威的反本质主义思维方式仅仅回归真理符合说和真理融贯论产生的哲学语境相比[②]，罗蒂则将本质主义思维方式追溯到苏格拉底之前的古希腊人思考的原初语境，并阐明自己的反本质主义观念产生的最初的社会政治语境。比如，罗蒂的反基础主义、反表象主义与反本质主义的思维方式就产生于冷战晚期美国和其他资本主义国家与苏联社会主义之间的矛盾、市场经济与社会伦理的矛盾、个体与社会的矛盾语境中。[③] 与海德格尔的存在主义思维方式努力追溯到柏拉图诗歌与哲学之争的语境不同，罗蒂反本体论思维方式将语境追溯到苏格拉底之前古希腊人理论思考的最初假设，努力提升文学尤其是小说中的偶然性叙述的意义，试图弥补本体论思维方式对偶然现象的遮蔽之缺陷。[④] 尽管这种假设在很大程度上出于罗蒂的想象，但他努力回归本体论思维方式的原初语境的做法值得肯定，也值得我们学习。与纳尔逊·古德曼反二元对立的思维方式所处的艺术与科学对立的语境不同[⑤]，罗蒂的反形而上学思维方式所依赖的语境并非仅仅是由恩斯特·卡西尔所关心的论题——世界的多重性、"所与"(given)的貌似有理、理智的创造力、符号的多样化和构造功能——引发的诸多问题及对这些问题的思考所形成的语境[⑥]，也包括由镜式哲学引发的对人的独特性的遮蔽问题所形成的语境。与斯坦利·费什的反本质主义理论思维立足读者接受语境相比[⑦]，罗蒂的反本质主义

---

① 理查德·罗蒂：《维特根斯坦和语言学转向》，《文化政治哲学》，张国清译，北京大学出版社 2011 年版，第 183 页。

② 杜威：《真理与效果》，祝丽萍译，苏珊·哈克主编：《意义、真理与行动——实用主义经典文选》，东方出版社 2007 年版，第 346 页。

③ 理查德·舒斯特曼：《实用主义美学》，彭锋译，第 341 页。

④ Richard Rorty, "Heidegger, Contigency, and Pragmatism", in: James Tartagalia (ed.), *Essays on Heidegger and others: Philosophical Papers Volume* 2, Camebridge: Camebridge University Press, 1991, pp. 27 - 49.

⑤ 参见安静：《个体符号构造的多元世界——纳尔逊·古德曼艺术哲学研究》，中央民族大学出版社 2011 年版，"导论"第 6—7 页。高建平教授在为该书写的序言《古德曼美学研究：一份迟到的敬意》中将古德曼的思维方式称为过程思维方式。这两位学者的概括都对笔者认识古德曼的思维方式有启发性，特此致谢！笔者根据古德曼著作中呈现的总体反二元对立思维的倾向，将古德曼的思维方式概括为反二元对立的思维方式，仅供参考。

⑥ 参见纳尔逊·古德曼：《语词、作品与世界》，尚新建译，苏珊·哈克主编：《意义、真理与行动——实用主义经典文选》，第 557—577 页。

⑦ 参见斯坦利·费什：《读者反应批评：理论与实践》，文楚安译，中国社会科学出版社 1998 年版，第 100 页。

思维首先回归本质主义思维产生的古希腊哲学与社会政治语境，分析本质主义思维的哲学根源，进而剖析本质主义思维的具体表现与缺陷。与巴赫金的亦此亦彼的思维方式所处的苏美冷战与思想高度意识形态化的政治社会语境相比，罗蒂的偶然性思维方式则在展开对柏拉图-康德形而上学哲学本质主义思维方式的批判之前，努力回归本质主义思维方式所处的形而上学哲学语境，在本质主义思维方式形成的语境中分析形而上学哲学思维方式的特点与不足。

第二，语言-实用性。在回归原初语境之后，罗蒂发现，形而上学概念将语汇与太多语言之外的事物绑定，比如等级、权力等，纯粹将语言视为传达人们思想的工具。直到维特根斯坦，哲学学者才开始系统关注语言在哲学中的逻辑性以及功能，并发现了语言的游戏性。这类似于罗蒂对形而上学哲学概念本来面目的认识。甚至，罗蒂所使用的方法也与维特根斯坦的分析哲学方法有些类似。① 但是，维特根斯坦对语言的逻辑哲学意蕴的分析比较注重语言自身的特性。相比之下，罗蒂不仅分析了形而上学哲学概念的特性与局限，而且针对这种局限，通过专门分析语汇的属性，比较哲学语汇与文学语汇、政治语汇之间的异同，清理语汇与自我之间的内外关系，最终将这种局限概括为忽视语言的偶然性。罗蒂因此侧重语言的偶然性。② 他的语言偶然性观念通过“语言学转向”与皮尔士、杜威的实用主义紧密联系在一起，③但也因为与杜威、海德格尔的“实用主义”观念④紧密联系在一起而注重语言的实用性。与杜威强调“经验”的互动性、完整性、实效性不同，⑤罗蒂强调语汇的偶然性、创造性与可更新性。与杜威承认“经验”的历史化的本质与偶然的必然性相比，罗蒂虽然承认偶然性的历史

① 参见普特南：《重建哲学》，杨玉成译，上海译文出版社 2008 年版，第 66 页。

② 参见理查德·罗蒂：《偶然、反讽与团结》，徐文瑞译，商务印书馆 2003 年版，第 34—35 页。

③ 参见理查德·罗蒂：《作为反权威主义的实用主义》，苏珊·哈克主编：《意义、真理与行动——实用主义经典文选》，刘叶涛译，第 650—651 页。

④ 将海德格尔的实用主义观念与杜威的实用主义观念对比，是就实用主义的本意而言的。这里所说的实用主义主要指皮尔士所说的用来解释符号意义的一种方法，与“有用”没有关系，也不以“有用”为哲学的唯一追求；实用主义反形而上学，但也有形而上学，且更具特色与时代感；参见陈亚军：《何为“实用主义”——对诸多误解的澄清》，《南国学术》2021 年第 3 期。

⑤ 参见理查德·舒斯特曼：《实用主义美学》，彭锋译，第 43—45 页。

化，却不承认其必然性，而是将偶然性彻底化、极端化。① 与杜威强调“经验”的个体、社会功能相比，罗蒂比较强调语汇在个体实现精神领域自由中发挥的功能。与杜威强调“经验”在完善自我的社会化完善功能相比，罗蒂比较注重语汇自身的创造与更新对自我私人领域完善的作用。与海德格尔注重语言对实体的公开作用不同，罗蒂注重的是语言存在的普遍性与语汇的偶然性。比如，罗蒂面对“人类存在”概念，不像海德格尔一样批判“人类存在”概念的主体性，而是批判“人类存在”概念中隐含的对人与物差异的过度强调及“人类存在”概念的另一层面——幻象，并将语汇描述作为了解自己和了解其他事物的唯一方式。②

这与罗蒂独特的实用主义哲学观念有关。因为，分析哲学与实用主义都和英国经验主义哲学观念有渊源关系，在反形而上学、真理观等层面大体类似，且二者融合的趋向早已在皮尔士的哲学研究中孕育。③ 除杜威外，美国主要的实用主义哲学家有卡尔纳普、迈克尔斯和斯坦利·费什。他们的实用主义哲学观念注重作者在解释和解释效果中发挥的主体作用。相比之下，罗蒂的实用主义哲学观念不注重作者在解释和解释效果中发挥的主体作用，反而强调非作者的阅读效果，因为非作者的“阅读可以改变广大读者的价值观，从而把自己改造成更好的人”④。罗蒂实际上表达的是这样的意思：对象或现实与文本意义重合。如果作者的观点与作者对对象或现实的描述完全重合，那么，作者关于对象或现实的观点实际上不存在。既然作者的观点不存在，作者的观点与对象或现实之符合也就无从谈起。这从一个侧面证明了真理符合论之谬误，同时也凸显了杜威、卡尔纳普和迈克尔斯的实用主义哲学观念与罗蒂实用主义哲学观念之间的差异。这种差异中蕴含着时间因子。杜威、卡尔纳普等学者的实用主义哲学观念相

---

① 理查德·舒斯特曼：《哲学实践：实用主义和哲学生活》，彭锋等译，北京大学出版社 2002 年版，第 86 页。

② Charles B. Guignon，“On Saving Heidegger From Rorty”，in：James Tartagalia (ed.)，*Richard Rorty：Critical Assesments of Leading Philosophers* (*Volume III*)，New York and London：Routledge，2009，pp. 243 - 244.

③ 参见理查德·罗蒂：《后形而上学希望》，黄勇、张国清编译，上海译文出版社 2003 年版，第 27 页。

④ 参见理查德·罗蒂：《哲学、文学和政治》，黄宗英等译，上海译文出版社 2009 年版，第 95 页。

当于站在作者肩膀上向后看，注重已知的观念，罗蒂的实用主义哲学观念则相当于站在自我的立场上向前看，注重未知的观念。未知的观念充满了神秘性、变化性与偶然性。在这种语境中，个体没有现成的参照标准或参考答案，他/她关于事物或现象的描述都要靠自己一步步摸索。这意味着，我们要选择的语汇、描述的方法、可能产生的意义等都有多种可能性，间接指明了偶然观念及其描述方法。[①]

以上表明，罗蒂的伦理思想的美学维度既注重语言，又注重语言的功能与效果，展现了罗蒂的语言-实用性思维方式。

第三，非身体性。罗蒂虽然关注的主要是伦理思想，却与伦理密切相关的身体没有关联。这是由他和舒斯特曼之间的批评与反批评诱发的一个问题。舒斯特曼肯定了罗蒂在由分析哲学进入实用主义之中的贡献，但也批评了罗蒂拒斥经验进而将身体排除在非语言领域之外、将自我限定在话语领域之中的做法。[②] 舒斯特曼将身体美学概括为“对我们如何经验并使用活生生的身体——感性鉴赏和创造性的自我风格化的处所——的批评性研究和改良主义的教化，因而与构造或改善身体关怀的知识、话语、实践和身体规训相联系”[③]。身体美学由分析的身体美学、实用的身体美学与实践的身体美学三个部分构成，“分析的身体美学探讨的是身体知觉、实践及其在知识和现实结构中的功能的多种形式”。“实用的身体美学，是关注身体改善方法及其比较性批评的更具规范的分支。”“除了分析的和实用的分支之外，实践的身体美学还包括严格的、反思的、身体的实践，旨在身体的自我改善（无论是表象性、经验性或实践性）。”[④]不少学者从理论贡献出发，将舒斯特曼的身体美学理论视为对鲍姆嘉通—康德审美无利害理论的突破与对鲍姆嘉通—康德美学学科版图的一种拓展。

但是，罗蒂从传统审美理论视角审视身体美学，认为身体美学与作为学科的美学无关，只是挂着“美学”之名来表达舒斯特曼对身体意识、身体训练与自我身体完善之间关系的认识与实践经验，进而怀疑身体美学存在的必要性。同时，罗蒂也从自身谈论事物的经验及对话

---

① 参见理查德·舒斯特曼：《实用主义美学》，彭锋译，第140—141页。

② 参见理查德·舒斯特曼：《情感与行动：实用主义之道》，高砚平译，商务印书馆2018年版，第60页。

③ 同上，第65页。

④ 同上，第66—67页。

语、非话语性经验之间断裂关系的认识出发，对舒斯特曼的“身体美学”局限于话语性身体经验的理论化进行了批评，坚持认为：“谈论事物是我们能做的事情之一”，“感官快乐的经验性时刻却是另外一回事”，“话语与非话语性经验无法在辩证的关系中立足，也无法进入彼此的道路或在一个课题或理论中综合”。①

显然，舒斯特曼想弥补罗蒂以话语为中心的美学思想之不足，提出了身体美学，但是，罗蒂对这种做法显然不认可。两人之间关于身体美学的批评与反批评，放在当时的历史语境中，各有侧重，各有合理性，也各有考虑不周全的地方。我们关注的是，罗蒂伦理思想的美学维度之身体缺席所彰显出的非身体性的思维方式。在这点上，舒斯特曼与罗蒂的论述殊途同归，尽管一个是从批评角度论述，另一个是从反批评角度论述的。

二、指向自我完善之语汇

罗蒂伦理思想美学维度的话语是在区分公共语言与私人语言的前提下进行的。② 关于罗蒂为什么区分公共语言与私人语言，舒斯特曼认为，罗蒂区分公共语言与私人语言是因为他想要承认私人语言依赖公共语言，要赋予私人语言与个人用法以特权，进而使私人语言与公共语言都可以顺利使用。③ 其实不然，除了前面提到的罗蒂所处的后现代语境与当代国际政治语境、关于如何在审美框架中解决自身面临的自由地追求自身感兴趣的事物与反抗社会不公正现象之间的矛盾外，罗蒂区分公共语言与私人语言也源于他对语言在哲学中地位的陡升和哲学家对公共政治事务的影响力下降的关注。罗蒂的做法是对当代哲学在政治文化中的尴尬处境（哲学与当代政治实践分离）的清醒认识之后的一种理性选择，也是对质疑这种选择的理论家的回应。因为，在罗蒂心中，公民的语言、公共责任

---

① Matthew Festenstein, Simon Thompson, (eds.), *Richard Rorty: Critical Dialogues*, Cambridge: Polity Press, 2001, p.156.

② 参见理查德·罗蒂：《偶然、反讽与团结》，徐文瑞译，第 142 页。

③ 参见理查德·舒斯特曼：《实用主义美学》，彭锋译，第 144 页。

的语言和参与国家事务的语言已经在原初的、自我创造的语言之外，只有诗人或制造者的某些人想要发明的语言才是原初的、自我创造的语言。这种语言的目的是创造自我。尽管存在着一种对权力结合私人话语与公共话语的诗意努力之抵抗，但是，罗蒂不承认二者可以结合，只承认二者可以相互作用。[①] 这种回应既有对私人语言与公共语言的兼容性的考虑，也有对二者被个体认同之考虑。这种特点深刻地体现在罗蒂创造的话语中，但并没有显现出来。要将它原原本本地呈现出来，我们需要对罗蒂伦理思想的美学话语进行梳理与分析、比较与总结。

罗蒂伦理思想的美学话语是在对柏拉图以来的形而上学哲学话语批判与修正的基础上创造出来的，比如真理、审美、反讽、自由、残酷、自我完善等。这些术语的顺序是根据它们各自在罗蒂哲学思想体系中出现的位置及其重要程度划分的。限于篇幅，限于这些概念与笔者所论述的内容的相关性，我们并不打算一一分析，而是选取真理、自我完善、审美三个前面涉及较少，又比较能集中体现罗蒂伦理思想的美学维度之话语独特性的术语来分析。

作为形而上学哲学的一个核心术语，真理首先引起了罗蒂的关注。通过对真理背后的认识论、表象论的结构与局限的细致考察，罗蒂发现，真理背后隐藏着基础、实在、本质，它们是不容许个体拥有与质疑的。连个体都没有办法拥有的基础、实在与本质真的存在吗？它们为什么会存在？当回到原初语境的时候，我们发现，罗蒂的这些观念只是个体进行理论思考时为了思考的便利玩的一个小把戏，其目的是将个体与个体之间的等级关系、阶级特权固定下来。充当这种固定工具的是语言，语言被赋予了一种超越于日常语言的特权，无形中剥夺了个体的创造，摒弃了自我。罗蒂将这种语言称为“终极语汇”，将这种语言特权称为“给定的神话”。舒斯特曼认为，罗蒂所说的“终极语汇”主要指个体选择与被视为决定他者的自我描述和伦理同一性的语汇。[②] 这种观点确实比较接近罗蒂的“终极语汇”的原意，正如罗蒂所说：终极语汇“不是个别哲学家的终极语汇，而是任何意义下都是终极的语汇——这个语汇不只是特殊历史的产物，而是最后定论（the

---

① 参见理查德·罗蒂：《哲学、文学和政治》，黄宗英等译，第100—115页。

② 理查德·舒斯特曼：《实用主义美学》，彭锋译，第328页。

last word)，是探索与历史的最终汇流，从此以往，探索与历史都是多余的"。[①]"给定的神话"源于因果关系与逻辑推论，面向已经给予的、可在知觉上绝对确证的观念。[②]判断这种观念是否为真的标准是，观念是否与实在、事实符合。这种符合是以观念与事实的分离为逻辑前提的，人为假设的观念与事实的分离并不是真实存在的观念与事实的分离，真实存在的只有语言。语言由一个个语汇组成，语汇之间没有高低之分，都是平等的。它们什么时候被人们使用、由谁使用、如何使用，都没有事先给定，也没有被赋予很多。真理只是一个语汇，可以被任何人、以任何可能的方式使用。按照罗蒂对反讽主义的看法[③]，我们可知，罗蒂关于真理的看法也与反讽主义者的看法类似。比如，真理的判断标准不再是真理是否与现实符合，而是表述真理的语汇是否新颖、特异。真理指向的不再是普遍认可的、绝对正确的观念，而是自我的完善。

"自我完善"是罗蒂伦理思想美学维度的另一个核心术语，既是罗蒂对自我所处的领域进行内外区分的一个结果，也是罗蒂"自我"成长目标的重要组成部分之一。受弗洛伊德的"本我""自我"与"超我"的无意识理论影响，罗蒂努力发掘自我中被真理遮蔽的本相，竭力突破形而上学哲学的"自我发现"观念的束缚，将努力方向由获取亘古不变的"真理"转向努力达到自身的完善。与舒斯特曼的身体美学倡导的"自我完善"不同，罗蒂的"自我完善"注重的不是身体层面的训练，而是精神层面的创造，不是通过身体的实践来完成，而是通过自我创造来完成，因为自我创造是自我发现之外最有希望的道德反省与完善的方式。正如舒斯特曼所说："对罗蒂来说，这种弗洛伊德的解中心、增殖和随机化的自我，'为审美生活作为伦理生活打开了新的可能性'。因为如果没有真的自我去发现与符合，那么，'道德反省和完善'的最有希望的模式，就变成了'自我创造'和'自我扩展'，而不是'自我认识'和'净化'。"[④]自我创造创造的是不同于他人的、也不同于自己使用过的语汇的语汇。这间接呈现了自我和语汇之偶然与语汇更新观念。自我与他者之间有差别，但不对立，有一些共同的属性，但没有一个共

① 参见理查德·罗蒂：《偶然、反讽与团结》，徐文瑞译，第 138 页。

② 参见理查德·舒斯特曼：《情感与行动：实用主义之道》，高砚平译，第 60 页。

③ 参见理查德·罗蒂：《偶然、反讽与团结》，徐文瑞译，第 137—139 页。

④ 理查德·舒斯特曼：《实用主义美学》，彭锋译，第 322 页。

同的本质。然而，罗蒂的眼中不仅仅只有自我的私人性的一面，还有自我的社会性的一面，自我的私人性与社会性之完善才是真正的自我完善。

与杜威强调自我与他者的社会化互动的自我完善不同，罗蒂的自我完善强调的是作为语汇的自我与他者之间的分离，作为语汇的自我之优先性、特异性与新颖性。舒斯特曼将罗蒂的自我完善的形式之一——自我创造视为罗蒂审美生活的一部分，这是非常深刻的。但是，舒斯特曼因此将自我创造视为罗蒂对新异经验的追求，明显偏离了罗蒂的本意。罗蒂的自我创造不涉及经验，只涉及语言，不仅涉及自我的内在精神层面，也涉及自我的社会层面。因为罗蒂选择的自我创造的典型是讽刺家与"强诗人"。在这一点上，罗蒂也与福柯关于自我创造的话语观念不同，抽空了话语承载的身体实践的内容，彻底将语汇从人们赋予的各种束缚中解脱了出来。这种观点因为其私人性、对自我独特性的强调而遭到不少学者的质疑。笔者认为，这些质疑恰恰从反面强调了罗蒂自我完善观念的独特性。

除此之外，罗蒂的"审美"观念也具有与众不同之处。夏夫兹博里、康德的审美是一个与利害、生理欲望无关的，具有主观普遍性和深刻的哲学、神学与政治背景的概念。对认识论、经验论和神学知识的追求具有一定的个人属性。资本主义意识形态滋养的浪漫主义思潮使审美必然带有个人创造的性质。相比之下，罗蒂的"审美"观念虽然也强调个人创造性，但摒弃了一切附加的哲学、神学、政治观念，仅仅保留了语言层面的意义，且不否认"审美"与"利害""生理欲望"等语汇的平等关系。也就是说，罗蒂的"审美"只是一个词汇，极力张扬的是"审美"作为一个词汇的偶然性、个体性与时效性，即使罗蒂本人在下一次使用"审美"一词的时候也要重新创造。与维特根斯坦的"美学与伦理学是一回事"的观点不同，罗蒂强调的自我完善虽然涉及伦理学领域，却是以语汇为中介的自我创造。这种创造是以语汇的新异与更新为目标的创造，带有强烈的个人性与审美性，且可以与语汇的集体创造并存。正如舒斯特曼所说："尽管集体生产一定会给个人想象力的飞翔施加限制，但是，几个头脑的合作可能凭借增加的想象资源来补偿创造，这也是真的。无论如何，我们必须记住，即使是个人想象，它也总是以某种与一个更大的共同体的合作方式，根据继承的传统规约和受众的预期效应而进行的。”[①]与杜威“一个经验”的审美观念不同，罗蒂的审美观念并未介入社会现实，而是活跃在个体精神范围，有一种强烈的个体内向性特点。[②] 与海德格尔强调人的本真存在状态的审美观相比，罗蒂的审美观念强调个体不同于他者的存在属性。与舒斯特曼将审美视为身体的训练、实践的感受不同，罗蒂将审美视为伦理生活的理想，这种理想将伦理限定在私人领域，指向个体自我人生目标的实现。

三、彰显自我独特性之“再描述”方法

罗蒂伦理思想的美学维度采用的主要方法是“再描述”。同为美国实用主义哲学家，罗蒂与杜威的“再描述”观念都始于各自对哲学的重构，都有实用主义哲学中的自我规训意识。这彰显了罗蒂的“再描述”与杜威的“再描述”观念之间的联系。由于“方法是为解决相互竞争的论断之间的争论而就某些程序达成一致”[③]，因此，我们有必要区分罗蒂“再描述”与杜威的“再描述”之间的不同之处。二者的不同之处在于，罗蒂的“再描述”旨在彰显个体自身的独特性。作为对罗蒂哲学观念影响最大的、与罗蒂哲学观念相似度最高的美国哲学家，分析杜威的“再描述”观念是确定罗蒂的“再描述”观念独特性的关键。二者的差异主要体现在以下三个方面。

第一，价值伦理性。罗蒂与杜威的“再描述”的研究对象不同，罗蒂的“再描述”的研究对象是“哲学”，杜威的“再描述”的研究对象是“经验”。杜威所说的“经验”并非亚里士多德所说的屈从于过去的“经验”，而是潜藏于生活之中的“经验”。这种“经验”不是等待“哲学”去认识的生活现象之“真实”，而是个体在生活中创造的“真实”。这种“真实”是基于生活原始状况的描述。与杜威所说的“真实”不同，罗蒂所说的“真实”是基于人的价值实现状况的描述。与杜威的“真实”基于“生活”之先验性存在与偶然性因素构成不同，罗

① 理查德·舒斯特曼：《实用主义美学》，彭锋译，第 252 页。

② 参见理查德·罗蒂：《偶然、反讽与团结》，徐文瑞译，第 202—204 页，第 207 页。

③ 理查德·罗蒂：《文化政治哲学》，张国清译，北京大学出版社 2011 年版，第 161 页。

蒂所说的"真实"是对遵从学科内在逻辑的、致力于探究自我的本质的"基础主义哲学"的"客观真实"和绝对"自我"之"真实的人"的批判，是在肯定人的价值实现状况基础上的"真实"。[①] 这种"真实"遵循的逻辑并非杜威所说的培根的"实验-科学"逻辑，而是人的存在区域的不同特性的逻辑。

上述逻辑建立在哈贝马斯的"宗教话语非形而上学化"观点与詹姆斯的功利主义主体观点的基础上。[②] 按照这种逻辑，在杰斐逊和启蒙运动就政治与宗教信仰问题上的和解之影响下，[③]罗蒂将人所面临的领域分为私人性领域与社会性领域，将人的特性分为私人性与社会性，将人的价值分为私人价值与社会价值，尝试从个体与社会层面实现人的价值。由此，罗蒂将哲学学科描述为实现私人价值与社会价值矛盾运动的过程。与杜威的"再描述"彰显的生活真实性不同，罗蒂的"再描述"彰显的是价值伦理性。

第二，无本质的伦理性。与杜威的"再描述"基于对思维功能的非决定性不同，罗蒂的"再描述"基于对语汇描述功能的非决定性。杜威将思维功能的局限归纳为不能决定事情的结果，也不能保证事情的结果符合我们的心理预期，将思维的功能定位为根据词汇的"语法"引导我们去做某件事情，比如，当我们思考一件事物的效果的时候，"真实地""正确地"比"真理"对我们更具有引导作用，是更有用的语汇"成功"的衍生品。在这种意义上，"真理"由"唯一""绝对正确"的观念转变成了"引导"我们达到自身理想的"语汇"。与杜威"再描述"将"哲学"的任务定位为引导我们发现生活的"真理（真实）"不同，罗蒂"再描述"将"哲学"的任务定位为凸显人的"自由"。[④] 因为"真实"更多是观念与思维层面的理想的、最终的形式，是对"自我"与"他者"之间的对立和"自我"中心观念的人为设定的结果，会造成我们以牺牲他者为代价追求"自我"的唯一与绝对的"真实"。而"自由"是自我在语汇层面的自主创造与在社会层面的和谐共处，可在自我完善的前提下将"他

---

① 参见理查德·罗蒂：《偶然、反讽与团结》，徐文瑞译，第51—53页。

② G. Elijah Dann. "Philosophy, Religion and Religious Belief After Rorty", in: Richard Rorty(ed.), *An Ethics For Today: Finding Common Ground Between Philosophy and Religion*, New York: Columbia University Press, 2010, p. 41.

③ Ibid., p. 41.

④ 参见理查德·罗蒂：《偶然、反讽与团结》，徐文瑞译，第58页。

者"变为"自我"之一。"自我"不再将"他人"视为"地狱"，而是将"他人"视为一个与"自我"平等的语汇，因为自我与他者之间的冲突不再是理性与情感的冲突，而是两种自我、赋意义予生活的方式之冲突。[①]这些语汇不再具有绝对不变的本质。与杜威"再描述"观念的实用-伦理性不同，罗蒂"再描述"观念更偏向无本质伦理性。

第三，文学-社会性。杜威将经验视为生物的、完整的、面向大众的经验，凸显启蒙运动中被压抑的自然的力量，将经验视为一个完整的、动态的过程。这实际上恢复了经验生成的广泛性、过程性、复杂性与大众性，隐含的是对机械的、过去的经验的批判和对现实生活的、有目的的经验的回归。与杜威从对柏拉图的人的、静态的、过去的经验的批判和在自然主义语境中对现实生活经验的原始状态的还原不同，罗蒂主要从人类面临的两大领域——公共领域与私人领域的对立之批判出发，将这两种领域还原为自我中的两个相互联系的领域。与杜威将经验由无目的的、机械的经验还原为有目的的、增殖的经验不同，罗蒂将自我面临的公共与私人对立的两大领域还原为平等的、相互区分的领域。这两大领域之间没有等级和矛盾，也不再对立。因为，罗蒂是一个有些宗教气息的世俗人士，主张将教会与政府、个人良心与公共政策区分开来。[②] 它表达了对自由重要性的最终承诺和对良心自由的最终承诺。[③]

我们对"自我"的认识由绝对的、唯一正确的认识转变为多种可能性的认识。这实际上恢复了个体对自我进行认识的自由权力，将人与人之间的关系由对立变为对话，将我们的任务由寻求关于"自我"的"真理"转变为彰显"自我"的"自由"。"自由"既呈现为个体追求兴趣的自由，又呈现为个体与一切不公正社会问题进行抗争的自由。这种权力通过个体自创的语汇将自己对诗歌与小说中的隐性残酷现象的关注彰显出来。自创的语汇是一次性的，即使自己也绝不再使用，也是不断更新的，即使自己使用也要重新创造。在这个过程中，个体不仅可以使隐性残酷现象看起来更坏，使自身尽量减少甚至避免出现类

---

① 参见理查德·罗蒂：《后形而上学希望》，黄勇、张国清编译，第 278 页。

② Jeffrey W. Robbins, "Richard Rorty: A Philosophical Guide to Talking About Religion", in: Richard Rorty (ed.), *An Ethics For Today: Finding Common Ground Between Philosophy and Religion*, XVⅡ.

③ Ibid., XIX.

似的行为，而且可以让人们形成个体之间的团结感，使人们在想象中对未来理想社会充满希望，增强对团结感的信心。按照罗蒂对公共领域与私人领域的划分，罗蒂伦理思想的美学维度可分为内外两个层面，其内在层面指罗蒂伦理思想美学维度的私人层面，其外在层面指罗蒂伦理思想美学维度的公共层面，其内在层面彰显的是自我的文学性，其外在层面彰显的是自我的社会性。

结语

罗蒂伦理思想的美学维度的独特性既呈现了他创造新思想的内在逻辑，也呈现了他对当代诸多哲学思想的批判继承与创造性转化，更呈现了罗蒂美学思想的丰富性。就罗蒂创造新思想的内在逻辑而言，罗蒂伦理思想的美学维度呈现出不同的特性，每个特性都与其他哲学家思想繁复地交缠在一起，需要我们在多重比较中细细分析、总结。就罗蒂对当代诸多哲学思想的批判继承与创造性转化而言，罗蒂对中国当代美学思维方式、话语与研究方法的变革具有一定启发意义。这虽然只涉及罗蒂伦理思想美学维度的独特性，却为我们从范畴与批评层面深入探究罗蒂的审美观及罗蒂对美学的理论贡献奠定了基础。

【本文为湖南省社会科学评审委员会课题“罗蒂审美伦理思想中国化的当代意义研究”(批准号 XSP19YBZ144)的阶段性成果】

(作者单位：湘潭大学文学与新闻学院)

学术编辑：张　冰